普通高等教育
软件工程 "十三五"规划教材

工业和信息化普通高等教育
"十三五"规划教材

13th Five-Year Plan Textbooks
of Software Engineering

算法设计与分析

王幸民 张晓霞 ◎ 主编

闫鹏飞 杨崇艳 薛晋东 ◎ 副主编

Design and Analysis
of Computer Algorithms

人民邮电出版社
北京

图书在版编目（CIP）数据

算法设计与分析 / 王幸民，张晓霞主编. -- 北京：
人民邮电出版社，2018.1（2024.7重印）
普通高等教育软件工程"十三五"规划教材
ISBN 978-7-115-47266-3

Ⅰ. ①算… Ⅱ. ①王… ②张… Ⅲ. ①电子计算机－
算法设计－高等学校－教材②电子计算机－算法分析－高
等学校－教材 Ⅳ. ①TP301.6

中国版本图书馆CIP数据核字(2017)第287497号

内 容 提 要

本书以程序设计为基础，数据结构为工具，六大核心算法为目标，系统地介绍了算法设计中典型问题的求解过程。

全书内容包括算法设计与分析基础、递归算法、分治算法、贪心算法、动态规划算法、回溯算法、分支限界算法、实验指导。六大核心算法后都配有典型问题的 C++代码实现，并结合实验指导辅助读者进行算法实践训练。

本书结构清晰，内容翔实，通俗易懂，深入浅出，兼顾理论和实践，可作为高等学校计算机或软件工程专业学生的教材，也可作为工程技术人员的参考书。

◆ 主　　编　王幸民　张晓霞
　　副 主 编　闫鹏飞　杨崇艳　薛晋东
　　责任编辑　邹文波
　　责任印制　沈　蓉　彭志环
◆ 人民邮电出版社出版发行　北京市丰台区成寿寺路 11 号
　　邮编　100164　电子邮件　315@ptpress.com.cn
　　网址　http://www.ptpress.com.cn
　　固安县铭成印刷有限公司印刷
◆ 开本：787×1092　1/16
　　印张：13.25　　　　　2018 年 1 月第 1 版
　　字数：335 千字　　　2024 年 7 月河北第 15 次印刷

定价：45.00 元

读者服务热线：(010)81055256　印装质量热线：(010)81055316
反盗版热线：(010)81055315

　　"算法设计与分析"是计算机科学的核心问题，该课程已经成为计算机科学与技术专业及软件工程专业课程体系中一门重要的必修课。本课程目的是通过对计算机领域的许多常见问题和有代表性算法的学习和研究，使读者了解并掌握算法设计的一些主要方法，提高分析问题的基本技能，达到独立设计算法和分析其复杂度的水平。

　　全书共 7 章。第 1 章介绍算法的基本概念，并对分析算法复杂度的准则及本书用到的基本数据结构的知识做了简要的介绍。第 2 章至第 7 章分别介绍常用的算法设计方法，它们分别是递归算法、分治算法、贪心算法、动态规划算法、回溯算法和分支限界算法。本书选取具有代表性的问题，讲解这些经典算法的思路。另外，为了便于读者掌握各类基本算法，书后附有算法应用的练习。

　　本书主要体现了如下特点。

　　（1）以算法设计为主线来组织素材，针对具体问题类，深入分析了算法设计思路、设计步骤、算法描述及算法复杂度等；从问题建模、算法设计与分析、算法改进等方面给出适当的描述，在理论上为实际问题的算法设计与分析提供了清晰、整体的思路和方法。与常见的算法和数据结构教材有所不同，本书并没有过多关注细节，算法描述采用伪码，力求突出对问题本身的分析和求解方法的阐述。

　　（2）在本书内容的组织上，不仅围绕问题类展开，将不同方法用于求解同一问题并进行讲解，便于读者把握问题分析的发展脉络，还通过比较分布在不同章节、求解同一问题的不同算法，让读者了解算法的设计过程。同时，在各章中还将同一算法的设计方法和设计策略用于不同问题的求解，更便于读者体会、掌握算法设计的思路。

　　（3）本书的素材来自作者多年的教学积淀，选材适当，组织合理，先引入基本概念和数学基础知识，然后进行算法设计与分析的核心内容讲解。在叙述中不但注意理论的严谨，也精选了大量生动有趣的例子，每章都配有难度适当的练习，适合教学使用。

　　本书框架由多位教学一线的老师共同讨论制定。参与编写的老师分工如下：杨崇艳编写第 1 章，张晓霞编写第 2 章、第 5 章，王幸民编写第 3 章、第 4 章，闫鹏飞编写第 6 章和实验指导，薛晋东编写第 7 章。

　　在编写的过程中参考了国内外多种版本的算法设计与分析以及计算复杂性方面的教材、论文和专著，从中吸取了一些优秀的思路和素材，在此一并向有关作者致谢。

编　者
2018 年 1 月

目 录 CONTENTS

第1章 算法设计与分析基础 ····· 1

1.1 算法概述 ····················2
  1.1.1 什么是算法 ················ 2
  1.1.2 学习算法的重要性 ·········· 6
1.2 问题的求解过程 ···········6
  1.2.1 问题及问题的求解过程 ······ 6
  1.2.2 算法设计与算法表示 ········ 7
  1.2.3 算法确认和算法分析 ········ 8
1.3 算法的复杂性分析 ·········8
  1.3.1 算法评价的基本原则 ········ 9
  1.3.2 影响程序运行时间的因素 ···10
  1.3.3 算法复杂度 ··············· 11
  1.3.4 使用程序步分析算法 ·······14
  1.3.5 渐近表示法 ·············· 15
1.4 算法设计中常见的重要问题类型 ······18
  1.4.1 排序问题 ················ 18
  1.4.2 查找问题 ················ 19
  1.4.3 图问题 ·················· 19
  1.4.4 组合问题 ················ 20
  1.4.5 几何问题 ················ 20
  1.4.6 数值问题 ················ 21
  1.4.7 其他常见问题 ············ 21
1.5 常用的算法设计方法 ·······22
  1.5.1 数值计算算法 ············ 23
  1.5.2 非数值计算算法 ·········· 24
1.6 小结 ······················28
练习题 ························29

第2章 递归算法 ···········31

2.1 递归算法的思想 ··········32
  2.1.1 递归算法的特性 ·········· 32
  2.1.2 递归算法的执行过程 ······· 32

2.1.3 递推关系 ················ 33
2.2 递归法应用举例 ··········37
  2.2.1 汉诺塔问题 ·············· 37
  2.2.2 斐波那契数列问题 ········· 39
  2.2.3 八皇后问题 ·············· 40
2.3 典型问题的 C++程序 ······43
2.4 小结 ······················ 48
练习题 ························ 48

第3章 分治算法 ···········50

3.1 分治算法的思想 ··········51
3.2 排序问题中的分治算法 ·····52
  3.2.1 归并排序 ················ 53
  3.2.2 快速排序 ················ 55
3.3 查找问题中的分治算法 ·····57
  3.3.1 折半查找 ················ 57
  3.3.2 选择问题 ················ 59
3.4 组合问题中的分治算法 ···· 60
  3.4.1 最大子段和问题 ·········· 60
  3.4.2 棋盘覆盖问题 ············ 62
3.5 典型问题的 C++程序 ······ 64
3.6 小结 ······················70
练习题 ························71

第4章 贪心算法 ···········72

4.1 贪心算法的思想 ··········73
  4.1.1 问题的提出 ·············· 73
  4.1.2 贪心算法设计思想 ········· 73
  4.1.3 贪心算法的基本要素 ······· 74
  4.1.4 贪心算法的求解过程 ······· 74
4.2 组合问题中的贪心算法 ·····75
  4.2.1 背包问题 ················ 75
  4.2.2 多机调度问题 ············ 77

4.3 图问题中的贪心算法 78
   4.3.1 单源最短路径问题 78
   4.3.2 最小代价生成树 80
4.4 典型问题的 C++程序 84
4.5 小结 92
练习题 92

第5章 动态规划算法 94
5.1 动态规划算法的思想 95
5.2 查找问题中的动态规划算法 97
   5.2.1 最优二叉搜索树 97
   5.2.2 近似串匹配问题 100
5.3 图问题中的动态规划算法 102
   5.3.1 多段图问题 102
   5.3.2 每对结点间的最短距离 105
5.4 组合问题中的动态规划算法 108
   5.4.1 0/1 背包问题 108
   5.4.2 最长公共子序列 112
   5.4.3 流水作业调度 115
5.5 典型问题的 C++程序 120
5.6 小结 125
练习题 126

第6章 回溯算法 128
6.1 回溯算法的思想 129
   6.1.1 基本概念 129
   6.1.2 基本思路 130
   6.1.3 回溯算法的适用条件 132
   6.1.4 回溯算法的效率估计 132
6.2 组合问题中的回溯算法 133
   6.2.1 装载问题 133
   6.2.2 0/1 背包问题 134
   6.2.3 n 皇后问题 136
   6.2.4 图的 m 着色问题 139
   6.2.5 子集和数问题 141
6.3 图问题中的回溯算法 143
   6.3.1 深度优先搜索 143
   6.3.2 货郎（TSP）问题 143

6.3.3 最大团（MCP）问题 145
6.3.4 哈密顿环问题 146
6.4 算法效率的影响因素及改进途径 148
   6.4.1 影响算法效率的因素 148
   6.4.2 回溯算法的改进途径 148
6.5 典型问题的 C++程序 148
6.6 小结 163
练习题 163

第7章 分支限界算法 165
7.1 分支限界算法的思想 166
7.2 求最优解的分支限界算法 168
   7.2.1 FIFO 分支限界算法 169
   7.2.2 LC 分支限界算法 170
7.3 组合问题中的分支限界算法 171
   7.3.1 0/1 背包问题 171
   7.3.2 带限期的作业排序 173
7.4 图问题中的分支限界算法 177
   7.4.1 旅行商问题 177
   7.4.2 单源点最短路径问题 180
7.5 典型问题的 C++程序 182
7.6 小结 186
练习题 186

附录 实验指导 188
实验一 递归与分治算法 189
   1.1 实验目的与要求 189
   1.2 实验课时 189
   1.3 实验原理 189
   1.4 实验题目 189
   1.5 思考题 190
实验二 贪心算法 190
   2.1 实验目的与要求 190
   2.2 实验课时 190
   2.3 实验原理 190
   2.4 实验题目 191
   2.5 思考题 192
实验三 动态规划算法 192

3.1　实验目的与要求 192

3.2　实验课时 193

3.3　实验原理 193

3.4　实验题目 193

3.5　思考题 195

实验四　回溯算法 **195**

4.1　实验目的与要求 195

4.2　实验课时 195

4.3　实验原理 195

4.4　实验题目 196

4.5　思考题 197

实验五　分支限界算法 **197**

5.1　实验目的与要求 197

5.2　实验课时 198

5.3　实验原理 198

5.4　实验题目 198

5.5　思考题 198

参考文献 **202**

01 第1章 算法设计与分析基础

　　计算机系统中的任何软件都是按一个个特定的算法来予以实现的。用什么方法来设计算法，如何判定一个算法的性能，设计的算法需要多少运行时间、多少存储空间，这些问题都是在开发一个软件时必须考虑的。算法性能的好坏，直接决定了软件性能的优劣。

　　本章将主要介绍算法、算法设计、算法分析的基本概念，以及常见重要问题的类型和常用算法的设计方法。

1.1 算法概述

1.1.1 什么是算法

算法研究是计算机科学的主要任务之一。利用计算机解决一个实际问题时，首先是选择一个合适的数学模型表示问题，以便抽象出问题的本质特征，其次就是寻找一种算法，作为问题的一种解法。那么什么是算法，算法有什么基本特征，算法的组成有哪些?

1. 算法的定义

算法是解题方案的准确而完整的描述，也就是解题的方法和步骤。下面举两个例子来说明算法。

例1.1 有10道数学应用题的作业，必须一道题、一道题地解答，解答每道题的过程是相同的：看题→思考→解答，然后验算检查有无错误，若没错就做下一道题；若有错，就重做。直到10道题都解答完，这次作业才算完成。解题的方法和步骤如图1-1所示。

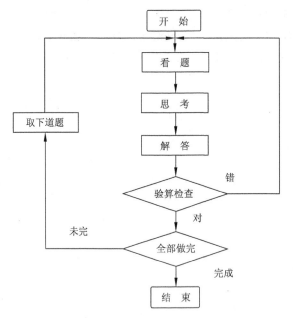

图 1-1　解题的方法和步骤

一个学生做任何作业都可以按这个"算法"执行，每次执行都产生相应的结果，这个算法的执行者是人而不是机器。

例1.2 求任意两个整数 m 和 n（$0<m<n$）的最大公约数，称为欧几里德算法，记为 $\gcd(m, n)$。作为例子，这里用了三种方法来解决这一问题，用以阐明算法概念的以下几个要点。

（1）算法的每一个步骤都必须清晰、明确。

（2）算法所处理的输入的值域必须仔细定义。

（3）同样一种算法可以用几种不同的形式来描述。

（4）可能存在几种解决相同问题的算法。

（5）针对同一个问题的算法可能会基于完全不同的解题思路，而且解题速度也会有显著不同。

【程序 1-1】欧几里得递归算法。

```
void swap(int &a, int &b)
    { int c;
      c=a; a=b; b=c;
    }
int rgcd(int m, int n)
    { if(m==0) return n;
      return rgcd(n%m, m);
    }
int gcd(int m, int n)
    { if (m>n) swap(m, n);
      return rgcd(m, n);
    }
```

【程序 1-2】欧几里得迭代算法。

```
int gcd(int m, int n)
    { if (m==0) return n;
      if (n==0) return m;
      if (m>n) swap(m, n);
      while(m>0)
          { int c=n%m; n=m; m=c; }
      return n;
    }
```

【程序 1-3】gcd 的连续整数检测算法。

```
int gcd(int m, int n)
    { int t ;
      if (m==0) return n;
      if (n==0) return m;
      int t=m>n?n:m;
      while (m%t || n%t) t--;
      return t;
    }
```

计算机科学中讨论的算法是由计算机来执行的，也可由人模拟它用笔和纸执行。算法中最低层的操作是对用存储器实现的变量进行赋值，这样整个算法就是一个信息变换器，对任意一组给定的输入值，产生一组唯一确定的输出结果值。

对算法（Algorithm）一词给出精确的定义是很难的。算法是用计算机解决某一类特定问题的一组规则的有穷集合，或者说是对特定问题求解步骤的一种描述，它是指令的有限序列。

也可以说，算法是将输入转化为输出的一系列计算步骤，它取某些数值或数值的集合作为输入，并产生某些值或值的集合作为输出。因此，算法是将输入转化为输出的一系列计算步骤。计算机科学中，算法已经逐渐成了用计算机解决问题的精确、有效方法的代名词。

简而言之，算法就是有效求出问题的解，对问题的求解过程进行精确的描述。那么一个算法应该具有哪些基本特征呢？

2. 算法的特征

算法通常具有以下几个特征。

（1）输入（Input）

一个算法可以有零个或多个输入。这些输入是在算法开始之前给出的量，它们取自于特定对象的集合，通常体现为算法中的一组变量。如【程序 1-1】中有两个输入 m、n。当然，有些算法也可以没有输入，如求 10 以内素数的算法。

（2）输出（Output）

一个算法必须具有一个或多个输出，以反映算法对输入数据加工后的结果。这些输出是同输入有某种特定关系的量，实际上是输入的某种函数。不同取值的输入，产生不同的输出结果。没有输出的算法是没有意义的。如【程序 1-1】中的输出是输入 m、n 的最大公约数。

（3）确定性（Definiteness）

确定性指算法中的每一个步骤都必须是有明确定义的，必须是足够清楚的、无二义性的，不允许有模棱两可的解释，确定性保证了以同样的输入多次执行一个算法时，必定产生相同的结果，否则一定是执行者出了差错。例如，$b=2a$，多次输入 $a=2$，b 一定为 4。如【程序 1-1】中的两个输入 m、n 一定是从正整数集合中抽取的。

（4）可行性（Effectiveness）

算法中所有的操作都必须足够基本，使算法的执行者或阅读者明确其含义以及如何执行。它们可以通过已经实现的基本运算执行有限次数来实现；每种运算至少在原理上均能由人用纸和笔在有限的时间内完成。如"增加变量 x 的值"或"把 x 和 y 的最大公因子赋给 z"都不够明确，前者不知增加多少，后者不知如何去操作。

（5）有穷性（Finiteness）

算法的有穷性是指算法必须总能在执行有限步骤之后终止，且每一步的时间也是有限的。如果一个算法需要执行千万年，显然就失去了实用价值。如【程序 1-1】对输入的任意正整数 m、n，再把 m 除以 n 的余数赋值给 n，从而使 n 值变小，如此重复进行，最终使 $n=0$，算法终止。再如 1 除以 3 等于 0.3333…，如果规定保留小数点第几位后，按照四舍五入的方法计算，就可以确定一个值，而不是无穷计算下去。

3. **算法的基本要素**

一个算法通常由两种基本要素组成：一是对数据对象的运算和操作，二是算法的控制结构。

（1）对数据对象的运算和操作

在一般的计算机系统中，基本的运算和操作有如下四类。

① 算术运算：主要包括加、减、乘、除等运算。

② 逻辑运算：主要包括与、或、非等运算。

③ 关系运算：主要包括大于、小于、等于、不等于等运算。

④ 数据传输：主要包括赋值、输入、输出等操作。

（2）算法的控制结构

一个算法的功能不仅取决于选用的操作，而且还与各操作之间的执行顺序有关，算法中各操作之间的执行顺序称为算法的控制结构。

一个算法一般都可以用顺序、选择、循环（当型循环或直到型循环）三种控制结构组成。如例 1.1 中，"看题→思考→解答"是顺序执行，"验算检查"对错是选择控制结构，对就继续执行，错则重做是循环控制结构。

4. **算法的描述工具**

描述算法可以有多种方式。

（1）自然语言

自然语言就是人们日常使用的语言，可以是汉语、英语或其他语言。自然语言描述方法就是直接将设计者完成任务的思维过程用其母语描述下来。用自然语言描述算法非常接近人类的思维习惯，是一种非形式描述方法。初学者可以首先使用这种方法描述完成任务的步骤，然后再转换成其他描述。

（2）流程图

流程图是用规定的图形、流程线、文字说明表示算法的方法，是一种图形方式的描述手段。流程图可以清晰地描述出完成解题任务的方法及步骤，它是使用最早的算法描述工具。它的优点是非常直观。

（3）N-S 流程图

N-S 流程图是 1973 年提出的一种新的流程图形式，其名称来源于提出它的两位英国学者 I.Nassi 和 B.Shneiderman。N-S 流程图也是图形方式的描述手段，N-S 流程图简称 N-S 图。

在 N-S 图中去掉了容易引起麻烦的流程线，不允许随意使用转移控制，全部算法都写在一个框内，框内还可以包含其他框。这种流程图适用于结构化程序设计，能清楚地显示出程序的结构，是一种结构化的流程图。

N-S 图的优点是简洁，但当嵌套层数太多时，内层的方框将越画越小，从而会影响图形的清晰度。

（4）伪代码

伪代码是用介于自然语言和计算机语言之间的文字和符号来描述算法，是一种描述语言。它不用图形符号，因此比较紧凑、简洁，也比较好懂，与程序语言的形式非常接近，也容易转化为高级语言程序，是常用的算法描述方法。

伪代码只是一种描述程序执行过程的工具，是一种在程序设计过程中表达想法的非正式的符号系统，是面向读者的，不能直接用于计算机，实际使用时还需转换成某种计算机语言来表示。

无论采用何种算法描述方式，若最终要在计算机中执行，都需要转换为相应的计算机语言程序。

5. 算法与程序和数据结构的关系

（1）算法与程序

算法的概念与程序（Program）十分相似，但也有很大的不同。

算法代表了对特定问题的求解，算法是行为的说明，是一组逻辑步骤。而计算机程序则是算法用某种程序设计语言的表述，是算法在计算机上的具体实现。执行一个程序就是执行一个用计算机语言表述的算法。因此算法也常常被称为一个可行的过程。

算法在描述上一般使用半形式化的语言，而程序是用形式化的计算机语言描述的，是使用一些特殊编程语言表达的算法。算法对问题求解过程的描述可以比用程序描述粗略些，算法经过细化以后可以得到计算机程序。

一个算法可以用不同的编程语言编写出不同的程序，但它们遵循的逻辑步骤是相同的，它们都表达同样的算法，它们不是同样的程序。例如，对于同一个菜肴的制作步骤，可以分别使用英语、法语和日语写成。这是不同的三个菜谱，但是它们都表达同一个操作步骤。

程序并不都满足算法所要求的特征，例如，"操作系统"是一个在无限循环中执行的程序，不具备"有穷性"的特征，因而"操作系统"是一种程序而不是一个算法。

（2）算法与数据结构

不了解施加于数据上的算法就无法决定如何构造数据，可以说算法是数据结构的灵魂；相反地，算法的结构和选择又常常在很大程度上依赖于数据结构，数据结构则是算法的基础。算法与数据结构是密不可分的，二者缺一不可。因此有人说："算法 + 数据结构 = 程序"。

1.1.2 学习算法的重要性

算法是计算机科学的基础，更是程序的基石，只有具有良好的算法基础才能成为训练有素的软件人才。对计算机类专业的学生来说，学习算法是十分必要的。因为你必须知道来自不同计算领域的重要算法，你也必须学会设计新的算法、确认其正确性并分析其效率。

随着计算机应用的日益普及，各个应用领域的研究人员和技术人员都在使用计算机求解他们各自专业领域的问题，他们需要设计算法、编写程序、开发应用软件，所以学习算法对于越来越多的人来说变得十分必要。

计算机的操作系统、语言编译系统、数据库管理系统以及各种各样的计算机应用软件，都要用具体的算法来实现。因此算法设计与分析是计算机科学与技术的一个核心问题，也是一门重要的专业基础课程。

通过对算法设计与分析这门课程的学习，读者就能掌握算法设计与分析的方法，再利用这些方法去解决软件开发中所遇到的各种问题，去设计相应的算法，并对所设计的算法做出科学的评价。无论是计算机专业技术人员，还是使用计算机的其他专业技术人员，算法设计与分析都是非常重要的。

1.2 问题的求解过程

软件开发的过程就是计算机求解问题的过程，使用计算机解题的核心就是进行算法设计，算法是为解决特定问题而采取的有限操作步骤，是对解决方案准确而完整的描述。

算法是精确定义的，可以认为算法是问题程序化的解决方案。

1.2.1 问题及问题的求解过程

当前情况和预期的目标不同就会产生问题，求解问题（Problem Solving）是寻找一种方法来实现目标。问题的求解过程（Problem Solving Process）是人们通过使用问题领域的知识来理解和定义问题，并凭借自身的经验和知识去选择和使用适当的问题求解策略、技术和工具，将一个问题的描述转换成对问题求解的过程，如图1-2所示。

计算机求解问题的关键之一是寻找一种问题求解策略（Problem Solving Strategy），得到求解问题的算法，从而得到问题的解。

一个计算机程序的开发过程就是使用计算机求解问题的过程。软件工程（Software Engineering）将软件开发和维护过程分成若干阶段，称为系统生命周期（System Life Cycle）或软件生命周期。

通常把软件生命周期划分为：分析（Analysis）、设计（Design）、编

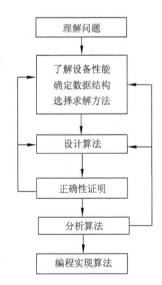

图1-2 问题求解的过程

码（Coding or Programming）、测试（Testing）和维护（Maintenance）5 个阶段。前 4 个阶段属于开发期，最后一个阶段处于运行期。

算法设计的整个过程，可以包含问题需求的说明、数学模型的拟制、算法的详细设计、算法的正确性验证、算法的实现、算法分析、程序测试和文档资料的编制。在此我们只关心算法的设计和分析。

现在给出在算法设计和分析过程中所要经历的一系列典型步骤。

（1）理解问题（Understand the Problem）：在设计算法前首先要做的就是完全理解所给出的问题。明确定义所要求解的问题，并用适当的方式表示问题。

（2）设计方案（Devise a Plan）：求解问题时，考虑从何处着手，考虑选择何种问题求解策略和技术进行求解，以得到问题求解的算法。

（3）实现方案（Carry Out the Plan）：实现求解问题的算法，使用问题实例进行测试、验证。

（4）回顾复查（Look Back）：检查该求解方法是否确实求解了问题或达到了目的。

（5）评估算法，考虑该解法是否可以简化、改进和推广。

1.2.2　算法设计与算法表示

1. 算法问题的求解过程

算法问题的求解过程本质上与一般问题的求解过程是一致的。求解一个算法问题，需要先理解问题。通过最小阅读对问题的描述，充分理解所求解的问题。

算法一般分为两类：精确算法和启发式算法。精确算法（Exact Algorithm）总能保证求得问题的解；启发式算法（Heuristic Algorithm）通过使用某种规则、简化或智能猜测来减少问题求解的时间。

对于最优化问题，一个算法如果致力于寻找近似解而不是最优解，被称为近似算法（Approximation Algorithm）。如果在算法中需做出某些随机选择，则称为随机算法（Randomized Algorithm）。

2. 算法设计策略

使用计算机的问题求解策略主要指算法设计策略（Algorithm Design Strategy）（技术）。算法设计策略是使用算法解题的一般性方法，可用于解决不同计算领域的多种问题。这是创造性的活动，学习已经被实践证明是有用的一些基本设计策略是非常有用的。值得注意的是要学习设计高效的算法。算法设计方法主要有：分治策略、贪心算法、动态规划、回溯法、分支限界法等。我们将在后面的章节中陆续介绍。

3. 算法的表示

算法需要用一种语言来描述，算法的表示是算法思想的表示形式。显然，用自然语言描述算法时，往往一个人认为明确的操作，另一个人却觉得不明确或者尽管两个人都觉得明确了，但实际上有着不同的理解，因此，算法应该用无歧义的算法描述语言来描述。

计算机语言既能描述算法，又能实际执行。在这里，我们将采用 C++语言来描述算法。C++语言的优点是数据类型丰富，语句精炼，功能强，效率高，可移植性好，既能面向对象又能面向过程。用 C++语言来描述算法可使整个算法结构紧凑，可读性强，便于修改。

在课程中，有时为了更好地阐明算法的思路，我们还采用 C++语言与自然语言相结合的方式来描述算法。

1.2.3　算法确认和算法分析

确认一个算法是否正确的活动称为算法确认（Algorithm Validation），其目的在于确认一个算法是否能正确无误地工作，即证明算法对所有可能的合法输入都能得出正确的答案。

1．算法证明

算法证明与算法描述语言无关。使用数学工具证明算法的正确性，称为算法证明。有些算法证明简单，有些算法证明困难。在本课程中，仅对算法的正确性进行一般的非形式化的讨论和通过对算法的程序实现进行测试。

证明算法正确性的常用方法是数学归纳法。如【程序 1-1】中求最大公约数的递归算法 rgcd，可用数学归纳法证明如下：

设 m 和 n 是整数，$0 \leq m < n$。若 $m=0$，则因 $gcd(0, n)=n$，程序 rgcd 在 $m=0$ 时返回 n 是正确的。归纳法假定当 $0 \leq m < n < k$ 时，函数 rgcd(m, n)能在有限时间内正确返回 m 和 n 的最大公约数，那么当 $0 < m < n = k$ 时，考察函数 rgcd(m, n)，它将具有 rgcd$(n\%m, m)$的值。这是因为 $0 \leq n\%m < m$ 且 $gcd(m, n)=gcd(n \% m, m)$，故该值正是 m 和 n 的最大公约数，证毕。

如果要表明算法是不正确的，举一个反例，即给出一个能够导致算法不能正确处理的输入实例就可以。

2．算法测试

程序测试（Program Testing）是指对程序模块或程序总体，输入事先准备好的样本数据（称为测试用例，Test Case），检查该程序的输出，来发现程序存在的错误及判定程序是否满足其设计要求的一项活动。

调试只能指出有错误，而不能指出它们不存在错误。测试的目的是发现错误，调试是诊断和纠正错误。大多数情况下，算法的正确性验证是通过程序测试和调试排错来进行的。

3．算法分析

根据算法分析与设计的步骤，在完成算法正确性检验之后，要做的工作就是算法分析。

算法分析（Algorithm Analysis）是对算法利用时间资源和空间资源的效率进行研究。算法分析活动将对算法的执行时间和所需的存储空间进行估算。算法分析不仅可以预计算法能否有效地完成任务，而且可以知道在最好、最坏和平均情况下的运算时间，对解决同一问题不同算法的优劣做出比较。

当然在算法写成程序后，便可使用样本数据，实际测量一个程序所消耗的时间和空间，这称为程序的性能测量（Performance Measurement）。

1.3　算法的复杂性分析

一个问题如果采用了合适的算法，其解决问题的速度将会大大提高。那么评价一个算法的好坏，主要看执行算法时需要花费的计算机 CPU 时间的多少和需要占用的计算机存储空间的大小。因此，算法的分析就是对其时间效率和空间效率两个方面进行比较。

这里讨论衡量算法效率的时间复杂度和空间复杂度。

1.3.1　算法评价的基本原则

算法的优劣是经过分析后得出的结果，而为判断算法的效率对其进行的分析即算法分析。但是效率分析并不是算法分析的唯一目的，虽然算法追求的目标是速度，但算法必须首先正确才有存在的意义。

不过，正确性和时间分析并不是算法分析的唯一任务，如果两个算法的时间效率是一样的，就要对算法实现的空间进行比较，空间使用较少的为优。在某些情况下，两个算法的时间、空间效率都有可能相同或相似，这时就要分析算法的其他属性，如稳定性、健壮性、实现难度等，并以此来判断到底应该选择哪一个算法。通常一个好的算法应该考虑达到以下目标。

1.　正确性

一个好的算法的前提就是算法的正确性（Correctness）。不正确的算法没有任何意义。

在给定有效输入后，算法经过有限时间的计算，执行结果满足预先规定的功能和性能要求，答案正确，就称算法是正确的。算法应当满足具体问题的需求，否则，算法的正确与否的衡量准则就不存在了。

"正确"一词的含义在通常用法上有很大差别，大体可分为四层。

（1）程序不含语法错误。

（2）程序对几组输入数据能够得出满足规格说明要求的结果。

（3）程序对于精心选择的典型、苛刻而带有刁难性的几组输入数据能够得出满足规格说明要求的结果。

（4）程序对于一切合法的输入数据都能产生满足规格说明要求的结果。

达到第 4 层意义上的正确是极为困难的，所有不同输入数据的数据量大得惊人，逐一验证是不现实的，在实际上，通常以第 3 层意义下的正确作为一个程序是否合格的标准。

对于大型程序，可以将它分解为小的相互独立的模块，分别进行验证。而小模块程序则可以使用数学归纳法、软件形式方法等加以验证。

2.　可读性（Readability）

算法主要是为了方便用户的阅读与交流，其次才是机器的执行。因此，算法应该易于理解、调试和修改，可读性好则有助于用户对算法的理解。

3.　健壮性和可靠性

健壮性（Robustness）是指当输入数据非法时，算法也能适当地做出反应或进行处理，而不会产生莫名其妙的输出结果。即当程序遇到意外时，能按某种预定方式做出适当处理。例如，求一个凸多边形面积的算法，是采用求各三角形面积之和的策略来解决问题的。当输入的坐标集合表示的是一个凹多边形时，不应继续计算，而应报告输入错误，并且返回一个表示错误或错误性质的值，以便在更高的抽象层次上进行处理。

正确性和健壮性是相互补充的。

程序的可靠性指一个程序在正常情况下能正确地工作，而在异常情况下也能做出适当处理。

4. 效率

效率（Efficiency）包括运行程序所花费的时间以及运行这个程序所占用的存储空间。算法应该有效使用存储空间，并具有高的时间效率。

通俗地说，效率是指算法的执行时间，对于同一个问题，如果有多个算法可以解决，执行时间短的效率高，存储量需求指算法执行过程中所需要的最大存储空间，效率与低存储量需求这两者都与问题的规模有关，求 100 个人的平均分与求 10000 个人的平均分所花的执行时间或运行空间显然有一定差别。

对于规模较大的程序，算法的效率问题是算法设计必须面对的一个关键问题，目标是设计复杂性尽可能低的算法。

5. 简明性

简明性是指算法应该思路清晰、层次分明、容易理解、利于编码和调试，即算法简单、程序结构简单。

简单的算法效率不一定高，要在保证一定效率的前提下力求得到简单的算法。简明性（Simplicity）是算法设计人员努力争取的一个重要特性。

6. 最优性（Optimality）

最优性指求解某类问题中效率最高的算法，即算法的执行时间已达到求解该类问题所需时间的下界。最优性与所求问题自身的复杂程度有关。

例 1.3　在 n 个不同的数中找最大数的算法 Find max(L, n)。

输入：数组 L，项数 n。

输出：L 中的最大项 max。

```
max=L[1];  i=2;
while( i<=n )
{   if (max<L[i] )  max=L[i];
    i=i+1;
}
```

因为 max 是唯一的，其他的 $n-1$ 个数必须在比较后被淘汰。一次比较至多可淘汰 1 个数，所以至少需要 $n-1$ 次比较。即在有 n 个数的数组中找数值最大的数，并以比较作为基本运算的算法至少要做 $n-1$ 次比较。Find max 算法是最优算法。

一般来说，正确性和可读性都比效率重要，一个在某些情况下会得出错误结果的算法，即使效率再高，也是没有意义的。当然在基本保证正确的前提下，效率也是非常重要的。

1.3.2　影响程序运行时间的因素

一个程序的运行时间是程序运行从开始到结束所需的时间。影响程序运行时间的因素主要有以下几方面。

1. 程序所依赖的算法

求解同一个问题的不同算法，其程序运行时间一般不同。一个好的算法运行时间较少。算法自身的好坏对运行时间的影响是根本的和起作用的。

2. 问题的规模和输入数据

程序的一次运行是针对所求解问题的某一特定实例而言的。因此分析算法性能需要考虑的一个基本问题是所求解问题实例的规模，即输入数据量，必要时也考虑输出的数据量。此外问题的规模必须考虑数据的数值大小；再有需要说明的是即使是在同一计算机系统运行同一个程序，问题实例的规模也相同，由于输入数据的状态（如排列次序）不同，所需的时间和开销也会不同。

3. 计算机系统的性能

算法运行所需要的时间还依赖于计算机的硬件系统和软件系统。

1.3.3　算法复杂度

算法的复杂性是算法效率的度量，是评价算法优劣的重要依据。一个算法的复杂程度体现在运行该算法所需要的计算机资源的量上。这个量应该只依赖于算法要解的问题的规模、算法的输入和算法本身的函数。而计算机的资源最重要的是时间资源和空间（存储器）资源，需要时间资源的量称为时间复杂性，需要空间资源的量称为空间复杂性。

算法的复杂度主要包括时间复杂度和空间复杂度。

1. 算法的时间复杂度

算法的时间复杂度指算法运行所需时间，也指执行算法所需要的计算工作量。

（1）度量算法的工作量

一个算法是由基本运算和控制结构（顺序、选择、循环）构成的，则算法执行时间取决于两者的综合效果。为了便于比较同一个问题的不同算法，通常的做法是：从算法中选取一种对于所研究的问题来说是基本的运算，以该基本运算重复执行的次数作为算法的工作量。例如：在考虑两个矩阵相乘时，可以将两个实数之间的乘法运算作为基本运算，而对于所用的加法（或减法）运算可以忽略不计。

算法所执行的基本运算次数还与问题的规模有关。例如，两个 20 阶矩阵相乘与两个 3 阶矩阵相乘所需要的基本运算（即两个实数的乘法）次数显然是不同的。前者需要更多的运算次数，因此，在分析算法的工作量时，还必须对问题的规模进行度量。

综上所述，算法的工作量用算法所执行的基本运算次数来度量，而算法所执行的基本运算次数是问题规模的函数。即算法的工作量=$f(n)$，n 是问题的规模。

例如，两个 n 阶矩阵相乘所需要的基本运算（即两个实数的乘法）次数为 n^3，即计算工作量为 n^3，也就是时间复杂度为 n^3。

（2）算法的执行时间绝大部分花在循环和递归上

对于循环语句的时间代价一般用以下三条原则分析：

① 对于一个循环，循环次数乘以每次执行简单语句的数目即为其时间代价。

② 对于多个并列循环，可先计算每个循环的时间代价，然后按加法规则计算总代价。

③ 对于多层嵌套循环，一般可按乘法规则计算。但如果嵌套是有条件的，为精确计算其时间代价，要仔细累加循环中简单语句的实际执行数目，以确定其时间代价。

对于递归算法，一般可把时间代价表示为一个递归方程。解这种递归方程最常用的方法是进行递归扩展，通过层层递归，直到递归出口，然后再进行化简。

下面给出一类递归方程的求解方法。设递归方程为

$$\begin{cases} T(1) = 1 \\ T(n) = aT(n/b) + \text{d}(n) \quad (a,b \text{ 为正常数}) \end{cases}$$

递归扩展过程如下：

$$T(n)=aT(n/b)+\text{d}(n)$$
$$= a(aT(n/b^2)+ \text{d}(n/b))+\text{d}(n)$$
$$= a^2 (T(n/b^2)) + a\text{d}(n/b) +\text{d}(n)$$
$$= a^2 (aT(n/b^3)+\text{d}(n/b^2))+ a\text{d}(n/b) +\text{d}(n)$$
$$= a^3 T(n/b^3) + a^2\text{d}(n/b^2) + a\text{d}(n/b) +\text{d}(n)$$
$$=\cdots\cdots$$
$$= a^i T(n/b^i) + \sum_{j=0}^{j=i-1} a^j \text{d}(n/b^j)$$

（3）时间复杂度（Time Complexity）

为了避免考虑计算机系统的性能对算法分析的影响，假定算法（程序）在一台抽象的计算机模型上运行。

设抽象机提供 m 个基本运算（也可称为语句）组成的运算集 $O = \{O_1, O_2, \cdots, O_m\}$，每个运算都是基本的，他们的执行时间是有限常量。同时，设执行第 i 个运算 O_i 所需的时间是 α_i，$1 \leqslant i \leqslant m$。因此一个算法对于给定输入在抽象机上的一次运行过程，表现为执行一个基本运算的序列。

设有一个在抽象机上运行的算法 A，I 是某次运行时的输入数据，其规模 n，则算法 A 的运行时间是 n 和 I 的函数 $T(n,I)$。另外设在该次运算中抽象机的第 i 个基本运算 O_i 的执行次数是 β_i，$1 \leqslant i \leqslant m$，$\beta_i$ 也是 n 和 I 的函数 $\beta(n,I)$。那么，算法 A 在输入为 I 时的运行时间是：

$$T(n,I) = \sum_{i=1}^{m} \alpha_i \beta_i(n,I)$$

（4）最好、最坏和平均时间复杂度

在具体分析一个算法的工作量时，还会存在这样的问题：对于一个固定的规模算法所执行的基本运算次数是否相同呢？下面我们举例进行说明。

例 1.4 在长度为 n 的一维数组中查找值为 x 的元素。

若采用顺序搜索法，即从数组的第一个元素开始，逐个与被查值 x 进行比较，显然，如果第一个元素恰为 x，则只需要比较 1 次，但如果 x 为数组的最后一个元素，或者 x 不在数组中，则需要比较 n 次才能得到结果。因此，在这个问题的算法中，其基本运算（比较）的次数与具体被查值 x 有关。

因此，在算法规模 n 相同，但输入的数据 I 不同，算法所需的时间开销也会不同。如果算法执行所需的基本运算的次数取决于某一特定输入，这样就存在最好 $B(n)$、最坏 $W(n)$ 和平均 $A(n)$ 情况。

最坏情况指在规模为 n 时，算法所执行的基本运算的最大次数。平均情况指用各种特定输入下的基本运算次数的数学期望值来度量算法的工作量。

设 $I \in D_n$，D_n 是规模为 n 的所有合法输入的集合，并设 I' 和 I^* 分别是 D_n 中使得算法运行有最好和最坏的情况的实例（输入数据），$P(I)$ 是实例 I 在具体应用中被使用的概率，则算法的上述三种情况时间复杂度可分别定义如下：

$$B(n) = \min\{T(n,I)|I \in D_n\} = T(n,I')$$

$$W(n) = \max\{T(n,I)|I \in D_n\} = T(n,I^*)$$

$$A(n) = \sum_{I \in D_n} P(I)T(n,I)$$

这三种时间复杂度从不同角度反映算法的效率，但各有局限性。在很多情况下，各种输入数据集出现的概率很难确定，算法的平均复杂度也就难以确定，其中比较容易分析和计算，且也最具有实际价值的是最坏情况时间复杂度。$W(n)$的计算比 $A(n)$方便得多，由于 $W(n)$实际上是给出了算法工作量的上界，因此它比 $A(n)$更具有实用价值。因此本书算法分析的重点集中在最坏情况时间复杂度的分析和计算上。

下面通过一个例子来说明算法复杂度的平均情况分析和最坏情况分析。

例 1.5　在例 1.4 中采用顺序搜索法，在长度为 n 的一维数组中查找值为 x 的元素，即从数组的第一个元素开始，逐个与被查值 x 进行比较，基本运算为 x 与数组元素比较。

首先考虑平均性态分析，设被查项 x 在数组中出现的概率为 q，则 $t_i = i$（$1 \leqslant i \leqslant n$，当 x 为数组中第 i 个元素时，则需要比较 i 次），或 $t_i = n$（$i = n+1$，当 x 不在数组中时，需要和数组中所有元素比较）。

如果假设 x 出现在数组中每个位置的可能性是一样的，则 x 出现在每一个位置的概率为 q/n，而 x 不在数组中的概率为 $1-q$。则 $p_i = q/n$（当 $1 \leqslant i \leqslant n$ 时），或 $p_i = 1-q$（当 $i = n+1$ 时）。

$$A(n) = \sum_{i=1}^{n+1} p_i t_i = \sum_{i=1}^{n} \frac{q}{n} \cdot i + (1-q) \cdot n$$

$$= (n+1)q/2 + (1-q) \cdot n$$

如果 x 一定在数组中 $q=1$，$A(n)=(n+1)/2$，这就是说，顺序搜索法查找时，平均情况下需检查数组的一半元素。

再考虑最坏情况分析，最坏情况就是 x 在数组的最后一个元素或 x 不在数组中的时候。

$$W(n) = \max\{t_i | 1 \leqslant i \leqslant n+1\} = n$$

还有一种类型的时间效率称为分摊效率，它并不针对算法的单次运行，而是计算算法在同一数据结构上执行一系列运算的平均时间。

2. 算法的空间复杂度（Space Complexity）

算法的空间复杂度是指算法运行所需的存储空间。

一个算法所占用的存储空间包括算法程序所占的空间、输入的初始数据所占的空间以及算法执行过程中所需要的额外空间，分为以下两部分。

（1）固定空间需求（Fixed Space Requirement）

固定空间与所处理数据的大小和个数无关。即与问题实例的特征无关，主要包括程序代码、常量、简单变量、定长成分的结构变量所占的空间。

（2）可变空间需求（Variable Space Requirement）

可变空间与算法在某次运行中所处理的特定数据的规模有关。这部分存储空间包括数据元素所占的空间，以及算法执行所需的额外空间。

若输入数据所占空间只取决于问题本身和算法无关，则只需要分析除输入和程序之外的额外空间，否则应同时考虑输入本身所需空间。若额外空间相对于输入数据量来说是常数，则称此算法为原地工作。

根据算法执行过程中对存储空间的使用方式，我们又把对算法空间代价的分析分成两种情形：静态分析和动态分析。

① 静态分析

一个算法静态使用的存储空间，是指在算法执行前，可以通过对程序静态的分析确定的使用空间，称为静态空间。

在静态空间分析中，值得注意的是数组（静态数组），它占用了大部分静态空间。

② 动态分析

一个算法在执行过程中以动态方式使用的存储空间是指在算法执行过程中动态分配的存储空间，它们从程序的表面形式上不能完全确定，我们把在算法执行过程中才能确定的空间称为动态空间。动态空间的确定主要由两种情况构成：一是函数的递归；二是调用动态分配（Malloc）和回收（Free）函数。

应当注意的是，空间复杂度一般按最坏情况来分析。在许多实际问题中，为了减少算法所占的存储空间，通常采用压缩存储技术，以便尽量减少不必要的额外空间。

1.3.4 使用程序步分析算法

1. 度量一个程序的执行时间通常有两种方法

（1）事后统计的方法

因为很多计算机内部都有计时功能，有的甚至可精确到毫秒级，不同算法的程序可通过运行程序时测试该程序在所选择的输入数据下实际运行所用的时间，以分辨不同算法的优劣。

通过一个算法在给定输入下所执行的总的语句条数来计算算法的时间复杂度，有两个缺陷：一是必须先运行依据算法编制的程序；二是所得时间的统计量依赖于计算机的硬件、软件等环境因素，有时容易掩盖算法本身的优劣，因此人们常采用另一种事前分析估算的方法。

（2）事前分析估算的方法

一个用高级语言编写的程序在计算机上运行时所消耗的时间取决于以下几个因素。

① 选用了怎样的算法。

② 问题的规模。例如，求 100 以内还是 10000 以内的素数。

③ 书写程序的语言。对于同一个算法实现语言的级别越高，执行效率就越低。

④ 编译程序所产生的机器代码的质量。

⑤ 机器执行指令的速度。

显然，同一个算法用不同的语言实现，或者用不同的编译程序进行编译，或者在不同的计算机上运行时效率均不同。这表明使用绝对的时间单位衡量算法的效率是不合适的。

在不考虑计算机系统因素的影响下，对算法自身的特性进行事前分析，即在算法实际运行前分析算法的效率，这种分析结果显然不可能是程序运行时间的具体值，而是运行时间的一种事前估计。

2. 使用程序步分析算法

程序步（Program Step）是指在语法上或语义上有意义的程序段，该程序段的执行时间必须与问题实例的规模无关。

程序步的概念可以进一步简化算法的分析，它并不是直接计算总的语句执行条数，而是将若干条语句合并成一个程序步来计算。

【程序 1-4】 求数组元素累加之和的迭代程序。

```
float Sum(float list[], const int n)
{
    float tempsum=0.0;
    count ++;                        //针对赋值语句
    for (int i=0; i<n; i++ )
    {
        count ++;                    //针对 for 循环语句
        tempsum+ =list[i];
        count ++;                    //针对赋值语句
    }
    count ++;                        //针对 for 的最后一次执行
    count ++;                        //针对 return 语句
    return tempsum;
}
```

程序步为：$2n+3$

引入程序步的目的是为了简化算法的事前分析，不同的程序步在计算机上的实际执行时间通常是不同的，程序步并不能确切反映程序运行的实际时间。而且一个程序在一次运行中的总程序步的精确计算往往也是困难的。

1.3.5　渐近表示法

在分析解决同一个问题的两个算法中，如果一个算法比另外一个算法多一个步骤，我们会认为这两个算法的效率没有什么不同，如果多 10 个、100 个步骤，这两个算法的效率是否有区别？问题的核心就是我们需要有一个衡量标准，在此标准内的算法的效率被认为是差不多的，而超过这个范围，效率就有很大的不同，所以我们需要讨论对数量级的表述。

考虑算法在输入规模趋向无穷时的效率分析就是所谓的渐近分析。在忽略具体机器、编程或编译器的影响下，只考察输入规模 n 趋向无穷时算法效率的表现，即我们关注的是趋势。

一般来说，当 N 单调增加且趋于 ∞ 时，$T(N)$ 也将单调增趋于 ∞。对于 $T(N)$，如果存在函数 $T'(N)$，使得当 $N \to \infty$ 时有 $(T(N)-T'(N))/T(N) \to 0$，那么我们就说 $T'(N)$ 是 $T(N)$ 当 $N \to \infty$ 时的渐近性态。在数学上，$T'(N)$ 是 $T(N)$ 当 $N \to \infty$ 时的渐进表达式。例如，$3N^2+4N\log_2 N+7$ 与 $3N^2$。

渐近表示大大降低了分析算法的难度，免除精确计数的负担，从而是算法分析的任务变得可以控制。下面引入各种具体的渐近表示，使得有望使用程序步在数量级上估计一个算法的执行时间，从而实现算法的事前分析。

1. 运行时间的上界（大 O 记号）

设函数 $f(n)$ 和 $g(n)$ 是定义在非负整数集合上的正函数，如果存在正整数 n_0 和正常数 c，使得当 $n \geqslant n_0$ 时，有 $f(n) \leqslant cg(n)$，就称 $f(n)$ 的阶至多是 $O(g(n))$，记作 $f(n) = O(g(n))$，称为大 O 记号（Big Oh Notation），如图 1-3 所示。

这个定义的意义是：当 n 充分大时有上界，且 $g(n)$ 是它

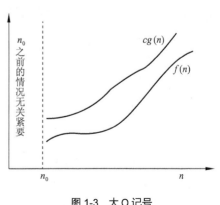

图 1-3　大 O 记号

的一个上界，即 $f(n)$ 的增长至多像 $g(n)$ 那样快。它用以表示一个算法运行时间的上界。对于给定的 f 可有无数个 g 与之对应，在算法分析中，应当选择最小的函数 g 作为 f 的上界。

例 1.6　$f(n) = 2n + 3 = O(n)$。

当 $n \geqslant 3$ 时，$2n+3 \leqslant 3n$，所以可选 $c=3$，$n_0 = 3$。对于 $n \geqslant n_0$，$f(n)=2n+3 \leqslant 3n$，所以 $f(n) = O(n)$，即 $2n+3=O(n)$。这意味着，当 $n \geqslant 3$ 时，程序 1-4 的不会超过 $3n$，$2n+3=O(n)$。

例 1.7　$f(n) = 10n^2 + 4n + 2 = O(n^2)$。

对于 $n \geqslant 2$ 时，有 $10n^2 + 4n + 2 \leqslant 10n^2 + 5n$，并且当 $n \geqslant 5$ 时，$5n \leqslant n^2$，因此可选 $c = 11$，$n_0 = 5$；对于 $n \geqslant n_0$，$f(n) = 10n^2 + 4n + 2 \leqslant 11n^2$，所以 $f(n) = O(n^2)$。

例 1.8　$f(n) = 2n^2+3$，$g(n)=n^2$。

当 $n \geqslant 3$ 时，$2n^2+3 \leqslant 3n^2$，所以，可选 $c=3$，$n_0 = 3$。对于 $n \geqslant n_0$，$f(n)= 2n^2+3 \leqslant 3n^2$，所以 $f(n) = O(n^2)$，即 $2n^2+3=O(n^2)$。

例 1.9　$f(n) = n! = O(n^n)$。

对于 $n \geqslant 1$，有 $n(n-1)(n-2) \cdots 1 \leqslant n^n$，因此，可选 $c=1$，$n_0=1$。对于 $n \geqslant n_0$，$f(n)= n! \leqslant n^n$，所以，$f(n) = O(n^n)$。

例 1.10　$10n^2 + 9 \neq O(n)$。

使用反证法，假定存在 c 和 n_0，使得对于 $n \geqslant n_0$，$10n^2 + 9 \leqslant cn$ 始终成立，那么有 $10n + 9/n \leqslant c$，即 $n \leqslant c/10 - 9/(10n)$ 总成立。但此不等式不可能总成立，取 $n=c/10+1$ 时，该不等式便不再成立。

定理 1：如果 $f(n)=a_m n^m+a_{m-1}n^{m-1}+\cdots+a_1 n+a_0$ 是 m 次多项式，且 $a_m > 0$，则 $f(n)=O(n^m)$。

证明：取 $n_0 = 1$，当 $n \geqslant n_0$ 时，有

$$f(n)= a_m n^m+ a_{m-1}n^{m-1}+ \cdots + a_1 n + a_0$$
$$\leqslant |a_m|n^m + |a_{m-1}|n^{m-1}+ \cdots + |a_1|n + |a_0|$$
$$\leqslant (|a_m| + |a_{m-1}|/n + \cdots + |a_1|/n^{m-1} + |a_0|/n^m)\, n^m$$
$$\leqslant (|a_m| + |a_{m-1}| + \cdots + |a_1| + |a_0|)\, n^m$$

可取 $c =|a_m| + |a_{m-1}| + \cdots + |a_1| + |a_0|$，定理得证。

使用大 O 记号及下面定义的几种渐近表示法表示的算法时间复杂度，称为算法的渐近时间复杂度（Asymptotic Complexity），简称时间复杂度。

只要适当选择关键操作，算法的渐进时间复杂度可以用关键操作的执行次数之和来计算。一般地，关键操作的执行次数与问题的规模有关，是 n 的函数。在很多情况下，它是算法中执行次数最多的操作（程序步）。关键操作通常是位于算法最内层循环的程序步（或语句）。

【程序 1-5】矩阵乘法

```
for (i=0; i<n; i++)                    //n+1
    for (j=0; j<n; j++)                //n(n+1)
    { c[i][j]=0;                       //n²
        for (k=0; k<n; k++)            //n²(n+1)
            c[i][j]+=a[i][k]*b[k][j];  //n³
    }
```

2. 运行时间的下界（Ω 记号）

设有函数 $f(n)$ 和 $g(n)$ 是定义在非负整数集合上的正函数，如果存在正整数 n_0 和正常数 c，使得当 $n \geqslant n_0$ 时，有 $f(n) \geqslant cg(n)$，就称 $f(n)$ 的阶至少是 $\Omega(g(n))$，记作 $f(n) =\Omega(g(n))$，称为 Ω 记号（Omega

Notation），如图 1-4 所示。

这个定义的意义是：当 n 充分大时有下界，且 $g(n)$ 是它的一个下界，$f(n)$ 的增长至少像 $g(n)$ 那样快。它用以表示一个算法运行时间的下界。

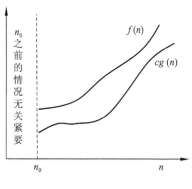

例 1.11　$f(n)=2n+3=\Omega(n)$。

对所有 n，$2n+3 \geqslant 2n$，可选 $c=2$，$n_0=0$。对于 $n \geqslant n_0$，$f(n)=2n+3 \geqslant 2n$，所以，$f(n)=\Omega(n)$，即 $2n+3=\Omega(n)$。

例 1.12　$f(n)=2n^2+3$，$g(n)=n^2$。

对所有 n，$2n^2+3 \geqslant 2n^2$，可选 $c=2$，$n_0=1$。对于 $n \geqslant n_0$，$f(n)=2n^2+3 \geqslant 2n^2$，所以，$f(n)=\Omega(n^2)$。

图 1-4　Ω 记号

例 1.13　$f(n)=10n^2+4n+2=\Omega(n^2)$。

对所有 n，$10n^2+4n+2 \geqslant 10n^2$，可选 $c=10$，$n_0=0$。对于 $n \geqslant n_0$，$f(n)=10n^2+4n+2 \geqslant 10n^2$，所以 $f(n)=\Omega(n^2)$。

定理 2：如果 $f(n)=a_m n^m+a_{m-1}n^{m-1}+\cdots+a_1 n+a_0$ 是 m 次多项式，且 $a_m>0$，则 $f(n)=\Omega(n^m)$。

3. 运行时间的准确界 （Θ 记号）

设有函数 $f(n)$ 和 $g(n)$ 是定义在非负整数集合上的正函数，如果存在正整数 n_0 和正常数 c_1 和 c_2（$c_1 \leqslant c_2$），使得当 $n \geqslant n_0$ 时，有 $c_1 g(n) \leqslant f(n) \leqslant c_2 g(n)$，就称 $f(n)$ 的阶是 $\Theta(g(n))$，则记作 $f(n)=\Theta(g(n))$，称为 Θ 记号（Theta Notation），如图 1-5 所示。

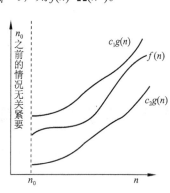

即 $f(n)=\Theta(g(n))$ 当且仅当 $f(n)=O(g(n))$ 且 $f(n)=\Omega(g(n))$，此时称 $f(n)$ 与 $g(n)$ 同阶。这个定义的意义是：$f(n)$ 的增长像 $g(n)$ 一样快。

例 1.14　$f(n)=2n+3=\Theta(n)$，即 $2n+3=\Theta(n)$。

例 1.15　$f(n)=2n^2+3$，$g(n)=n^2$。则可以取 $n_0=3$，$c_1=1$，$c_2=3$。

图 1-5　Θ 记号

例 1.16　$f(n)=10n^2+4n+2=\Theta(n^2)$。

定理 3：如果 $f(n)=a_m n^m+a_{m-1}n^{m-1}+\cdots+a_1 n+a_0$ 是 m 次多项式，且 $a_m>0$，则 $f(n)=\Theta(n^m)$。

4. 算法按时间复杂度分类

算法按计算时间可分为两类，凡渐近时间复杂度有多项式时间限界的算法称作多项式时间算法（Polynomial Time Algorithm），而渐近时间复杂度为指数函数限界的算法称作指数时间算法（Exponential Time Algorithm）。

最常见的多项式时间算法的渐近时间复杂度之间的关系为：

$O(1)<O(\log_2 n)<O(n)<O(n\log_2 n)<O(n^2)<O(n^3)$

最常见的指数时间算法的渐近时间复杂度之间的关系为：

$O(2^n)<O(n!)<O(n^n)$

随着 n 的增大，算法在所需时间上非常悬殊，如图 1-6 所示。

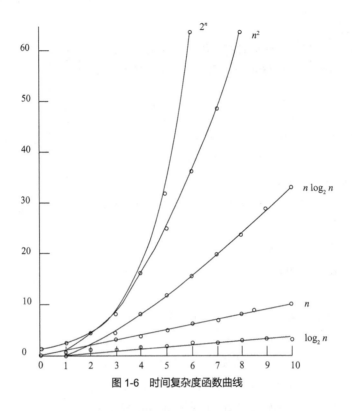

图 1-6　时间复杂度函数曲线

1.4　算法设计中常见的重要问题类型

随着计算机应用领域的广泛，问题求解所涉及的算法也越来越多样。但不论算法如何多样，它们通常都可以由一些求解基本问题的算法组合而成。下面简单介绍计算机在求解问题过程中经常遇到的一些基本问题，它们是后续章节中介绍具体的算法设计技术时引以为例的。

1.4.1　排序问题

排序（Sorting）是指将给定的数据集合中的元素按照一定的标准来安排先后次序的过程，如图1-7所示。

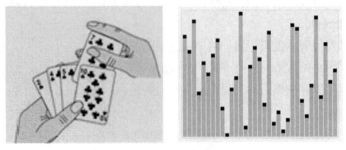

图 1-7　两个排序问题的例子

由于排序是人们在日常生活中频繁遇到的问题，因此排序问题在算法设计与分析中占有非常重要的地位。计算机科学家对排序算法的研究经久不衰，目前已经提出了成百上千种排序算法，如插入排序、选择排序、归并排序和快速排序等，每个排序算法在时空开销以及其他方面各有特点。在实际应用中，通常需要结合具体的问题选取最合适的排序算法。

1.4.2　查找问题

查找（Searching）问题是在给定的集合中寻找一个给定的值。即按照指定的关键字，从给定的数据集合中找出关键字指定数据元素的过程，若找到一个这样的数据元素，则称为查找成功，否则称为查找失败，如图 1-8 所示。

图 1-8　查找问题是信息处理的重要问题

查找是从大量数据中找出所需要的数据来，因此，查找在计算机应用领域中同样占有举足轻重的地位。在宏观方面，随着知识大爆炸时代的到来，从海量数据中查找有用信息的要求日益迫切，且已经成为制约社会发展的关键技术。目前快速发展的搜索引擎技术所要解决的主要问题就是信息的查找问题。在微观方面，数据的查找在算法设计中也是频繁出现的子问题，比如从数组中查找某个元素的值等。目前，计算机科学家也已提出了许多种查找算法，比如顺序查找、二分法查找（折半查找）、分块查找、二叉排序树查找和哈希查找（散列表）等。每种查找算法都有自己的优缺点，需要结合具体的实际应用来选择最合适的算法。

查找问题一般需要结合另外两种操作一起考虑：在数据集合中添加和删除元素的操作。这种情况下，必须仔细选择数据结构和算法，从各种操作的需求之间找到一个平衡。

1.4.3　图问题

图（Graph）是由顶点集和边集构成的集合。在实际的应用中，许多问题通过抽象和建模常常可以化为图问题，如最大流问题、多播路由问题等。

图问题的求解经常需要涉及图的基本算法，包括图的遍历算法（深度优先算法、广度优先算法）、最短路径算法（Dijkstra 算法）以及有向图的拓扑排序等方面的内容。有些图问题非常复杂，目前甚至还无法设计出高效的求解算法。如图 1-9 和图 1-10 所示为两个经典的图问题，哥尼斯堡七桥问题和图着色问题。

哥尼斯堡七桥问题要求找出一次走遍七座桥，每座桥只走过一次，且最后回到出发点的地方。

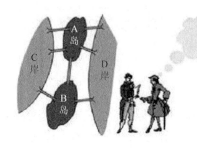 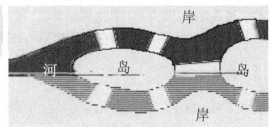

图 1-9　哥尼斯堡七桥问题

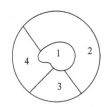 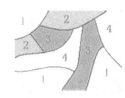 

图 1-10　着色问题

图的着色问题要求给定一个无向图和 m 种颜色，给无向图的每个顶点着一种颜色，使相邻顶点之间具有不同的颜色。人们在实践中得到的结论是：在每张地图上，最多使用四种颜色，就能给所有公共边界的地区着上不同的颜色。实践中存在这样的结果，但是要在理论上予以证明却不那么容易。这是数学史上的一个困扰人们多年的著名难题。

1.4.4　组合问题

组合问题是计算领域中最难的问题。组合问题（Combinatorial Problem）通常要求从离散的空间中寻找到一个对象，使之能够满足特定的标准（如满足某种最优化性质）。组合问题的范畴非常广泛，人们在日常生活中遇到的大部分离散问题都可以归结为组合问题，如航船运输路线、工作指派、货物装箱等。在计算机应用领域中，许多最难解的问题都是组合问题。尤其是当问题的规模较大时，很难设计出有效的算法在可以忍受的时间内求解这些问题。图 1-11 所示为经典的组合优化问题，旅行商问题（Travelling Sales Problem，TSP）。

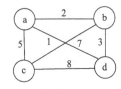

旅行家要旅行 n 个城市然后回到出发的城市，要求各个城市经历且仅经历一次，并要求所走的路程最短。这个问题又称为货郎担问题、邮递员问题、售货员问题。如图 1-11 所示的一条最优路径是：a→d→b→c→a。

图 1-11　TSP 问题的例子

1.4.5　几何问题

几何问题（Geometric Problem）指的是处理点、线和面这些几何对象的一类问题，随着计算机性能的提升，计算机图形学、模式识别和游戏开发等领域取得了较快的发展，这些领域的研究经常涉及一些计算几何的问题，如图形的裁剪、光照效果、三维成像等。图 1-12 所示为两个经典的计算几何问题：凸包问题和最近点对问题等。

一组平面上的点，求一个包含所有点的最小的凸多边形，这就是凸包问题了。这可以形象地想成这样：在地上放置一些不可移动的木桩，用一根绳子把他们尽量紧地圈起来，这就是凸包了。凸包是由某些点构成的多边形。注意不用人的直觉，而是用计算机怎样解决这个问题！凸包问题如图 1-12（a）所示。一个二维平面上给出 n 个点，如何找到这 n 的点之间的存在的最小距离？有没有小于 $O(n^2)$ 的方案？如图 1-12（b）所示是平面上的最近点问题。

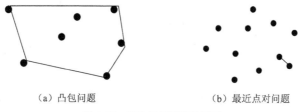

（a）凸包问题　　　　　　　　（b）最近点对问题

图 1-12　两个几何问题的例子

1.4.6　数值问题

数值问题（Numerical Problem）指的是一类涉及连续性的数学问题，如解方程和方程组、计算定积分、求函数的最大值等。在日常生活和科学研究中许多问题通过建模常常可以化为一个定义域为连续域的数值化问题，因此，数值问题是算法设计中的一个重要研究方向。经过多年的发展，计算机科学家已经提出了许多成熟的数值算法，如大规模方程组的求解算法、复杂函数的求导算法以及解决函数化问题的牛顿法和共轭梯度法等。此外，由于问题的定义域具有连续的性质，解空间无穷大，采用计算机来求解这些问题通常只能得到近似的解。

1.4.7　其他常见问题

1. 最大子段和问题

给定 n 个整数组成的序列 $a_1, a_2, \cdots, a_n$，求该序列形如 $\sum_{k=i}^{j} a_k$ 的子段和的最大值。

例如，当序列为 $\{-2, 11, -4, 13, -5, -2\}$ 时，最大子段和为：

$$\sum_{k=2}^{4} a_k = 11 + (-4) + 13 = 20$$

2. 找钱问题

一套钱币由几种不同的面值构成。如果机器自动给顾客找钱，请给出一种策略，使得钱币的数量最少。

例如，假设一套钱币共由 10 分、5 分、1 分的面值构成，要找给顾客 1 角 5 分钱，一种显然的方案是：$10 \times 1 + 5 \times 1 = 15$，共需要钱币 2 个。这是一个最优方案。

如果这套钱币的构成是 11 分、5 分和 1 分，同样要找给顾客 1 角 5 分钱，则最优方案是什么？

3. 背包问题

"背包问题"的基本描述是：给定 n 种物品和一个背包，物品 i 的重量是 w_i，其价值为 v_i，背包的容量为 C。如何选择装入背包的物品，使得背包中物品总价值最大？

0-1 背包问题：如果背包问题的每一种物品都不能分割：要么装入，要么不装入，不能装入一部分，又该如何选择物品，使得装入背包后总价值最大？

0-1 背包问题的特例：物品价值和重量成正比。

例如，设有 $n=8$ 个体积分别为 54，45，43，29，23，21，14，1 的物体和一个容积为 $C=110$ 的

背包，问选择哪几个物体装入背包可以使其装得最满（最优解：43+23+29+14+1=110）。

4. 多段最短路径问题

多段图是一个带权的有向连通图，顶点能够划分为 k 部分，第一部分和第 k 部分各是一个顶点，分别是始点和终点，第 j 部分结点发出的所有有向弧都指向了第 j+1 部分的结点。要求在多段图中寻找一条从始点到终点的路径，使得路径的权值之和最小。图 1-13 所示的最优值是 16。

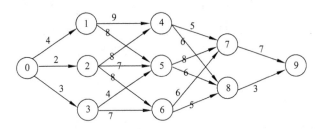

图 1-13　多段最短路径问题

5. n 皇后问题

会下国际象棋的人都很清楚，国际象棋中的"皇后"在横线、竖线、斜线都能上不限步数地吃掉其他棋子。问在 8×8= 64 个方格的棋盘上如何能摆上八个皇后而使它们谁也不能被吃掉！这就是高斯 1850 年提出的著名的八皇后问题。现已知此问题共有 92 种解，但只有 12 种是独立的，其余的都可以由这 12 种利用对称性或旋转而得到。

如果棋盘是 $n×n$ 的格子，又该如何摆放这些皇后呢？这就是 n 皇后问题。

6. 假币问题

一堆钱币共有 n 个，其中一个是假币，比其他钱币轻，给你一架没有砝码的天平，如何用最少的次数把假币找出来？

如果事先只知道假币和真币不一样重，而不知道它是轻还是重呢？如果是这种情况，给你 12 个钱币，其中一个是假币，你能使用天平 3 次把假币找出来吗？

7. （字符）串处理问题

字符串是由若干字符构成的有限序列。在文本中查找一个给定的词称为字符串匹配问题。字符串匹配问题算法有：蛮力字符串匹配、Horspool 算法、Boyer-Moore 算法等。

1.5　常用的算法设计方法

算法是解决问题方法的精确描述，但并不是所有问题都有算法。有的问题经研究可行，则有相应的算法，有些问题不能说明可行，则没有相应的算法，但不是说这类问题没有结果。例如猜想问题，有结果，然而目前还没有算法。

解题算法是一个有穷的动作序列，动作序列中仅有一个初始的动作，序列中每个动作的后继动作是确定的，序列的终止表示问题得到解答或问题没有解答。

算法可分为数值计算算法和非数值计算算法两大类，简介如下，详见各章。

1.5.1　数值计算算法

数值计算算法主要用于科学计算，如求解方程的根、建立数学模型、梯形法求积分等。在这类运算中，算术运算居于主要地位。

1. 迭代法

迭代法适用于方程或方程组的求解，是用间接方法求解方程近似根的一种常用算法。

2. 插值法

插值法又称为内插法，往往只知道它在某区间中若干点的函数值，这时候做出适当的特定的函数，使得在这些点上取已知值，并且在这个区间内其他各点上就用这个特定函数所取的值作为函数 $f(x)$ 的近似值，这种方法称为插值法。如果这个特定函数是多项式，就称为"插值多项式"或"内插多项式"。

3. 差分法

差分方程用于求解微分方程的近似解。

4. 归纳法

归纳法是通过列举足够多（但不是全部）的特殊情况，经过分析，最后找出一般的关系，它比穷举法更能反映问题的本质，并且可以解决列举量为无限的问题。但是，从一个实际问题中总结归纳出一般的关系，并不是一件容易的事情，尤其是要归纳出一个数学模型就更为困难。从本质上讲，归纳就是通过观察一些简单而特殊的情况，最后总结出有用的结论或找出解决问题的有效途径。

归纳是一种抽象，是从特殊现象中找出一般的关系的过程。

5. 递推法

递推是指从已知的初始条件出发，逐次推出所要求的各中间结果和最后结果。

递推法实际上是需要抽象为一种递推关系，然后按照递推关系式求解。递推法通常表现为两种方式：一个是简单到一般，另一个是将一个复杂问题逐步推到一个已知的简单问题。这两种方式反映了两种不同的递推方向，前者往往用于计算级数，后者往往与回归配合成为递归。

例如，有递推公式 $I_n = 5 \times I_n{-}1{-}3$（其中：$I_0 = 1$ 是递推的初始条件），可以如下递推求解：

$I_1 = 5 \times 1{-}3 = 2$

$I_2 = 5 \times 2{-}3 = 7$

$I_3 = 5 \times 7{-}3 = 32$

······

6. 减半递推技术

减半是指将问题的规模减半，而问题的性质不变，递推就是重复"减半"的过程。

下面举例说明利用减半递推技术设计算法的基本思想。

例 1.17　设方程 $f(x){=}0$ 在区间 $[a,b]$ 上有实根，且 $f(a)$、$f(b)$ 异号，利用二分法求该方程在区间 $[a,b]$ 上的一个实根。

首先取给定区间的中点 $c{=}(a{+}b)/2$，然后判断 $f(c)$ 是否为 0，若 $f(c){=}0$，则 c 为所求的根，求解过程结束。若 $f(c){\neq}0$，则根据以下原则将原区间减半。

若 $f(a) \times f(c){<}0$，取原区间的前半部分；若 $f(b) \times f(c){<}0$，则取区间后半部分。

最后判断减半后的区间长度是否已经很小，若|a−b|<ξ，则过程结束，取(a+b)/2 为根的近似值，若|a−b|≥ξ，则重复上述减半过程。

7. 递归法

人们在解决一些复杂问题时，为了降低问题的复杂程度（如问题的规模等），一般是将问题逐层分解，最后归纳为一些最简单的问题，这种将问题逐层分解的过程，实际上并没有对问题进行求解，而只是当解决了最后那些最简单的问题后，再沿着原来分解的逆过程逐步进行综合，这就是递归的基本思想。

递归是一种特别有用的工具，不仅在数学中广泛应用，在日常生活中也常常遇到。例如大家熟知的数学定义：

$$n! \begin{cases} 1 & n \\ n \times (n-1)! & n \geqslant 1 \end{cases}$$

1.5.2 非数值计算算法

非数值计算算法主要用于数据管理、实时控制以及人工智能等领域。该类算法中逻辑判断通常占主导地位，算术运算则居于相对次要的地位。主要处理的内容是图形信息和字符信息。

1. 列举法

列举法（也称穷举法）的基本思想是：根据提出的问题列出所有可能的情况，并用问题中给定的条件检验哪些是需要的，哪些是不需要的，即搜索所有可能的情形，从中找出符合要求的解。因此列举法常用于解决"是否存在"与"有多少种可能"等类型的问题。例如，求解不定方程的问题。

当列举的可能情况较多时，执行列举算法的工作量将会很大，因此在用列举法设计算法时，使方案优化，尽量减少运算工作量，是应该重点注意的。通常，在设计列举算法时，只要对实际问题进行详细分析，将与问题有关的知识条理化、完备化、系统化，从中找到规律或对所有可能的情况进行分类，引出一些有用的信息，就可以大大减少列举量。

举例说明利用列举法解决问题时如何对算法进行优化。

例 1.18 求解百鸡问题（百钱买百鸡）设每只母鸡 3 元，每只公鸡 2 元，每只小鸡 0.5 元，现在要用 100 元买 100 只鸡，请设计买鸡方案。

【程序 1-6】假设买母鸡 i 只，公鸡 j 只，小鸡 k 只，根据题义粗略算法如下：

```
main ( )
{
    int i,j,k,M,N;
    for(i=0;i<=100;i++)
        for(j=0;j<=100;j++)
            for (k=0;k<=100;k++){
                M=i+j+k;
                N=3*i+2*j+0.5*k;
                if((M==100)&&(N==100))
                    printf("%5d%5d%5d\n",i, j, k);}
}
```

在算法中共嵌套有 3 层循环，每层循环各需要循环 101 次，因此总循环次数为 101³，但只要对问题进行分析，发现还可以对这个算法进行优化以减少大量不必要的循环次数。

首先，考虑到母鸡 3 元一只，因此，母鸡最多只能买 33 只，即算法中的外循环没有必要从 0 到

100，而只需要从 0 到 33 就可以了。

其次，考虑到公鸡为 2 元一只，因此，公鸡最多买 50 只，又考虑到公鸡的列举是在算法的第二层循环中，此时已经买了 i 只母鸡，且买一只母鸡的价钱相当于买 1.5 只公鸡，因此，由第一层循环已经确定买 i 只母鸡的前提下，公鸡最多只能买 50-1.5i 只，即第二层对 j 的循环只需从 0 到 50-1.5i 就可以了。

最后，考虑到买的总鸡数为 100，而由第一层循环已确定买 i 只母鸡，由第二层循环已确定买 j 只公鸡，因此，买小鸡的数量只能是 k=100-i-j，即第 3 层循环已经没有必要了。

【程序 1-7】 经过以上分析，可以将算法改写为：

```
main( )
{
int i,j,k;
    for(i=0;i<=33;i++)
    for(j=0;j<=50-1.5*i;j++)
    {
        k=100-i-j;
        if(3*i+2*j+0.5*k==100.0)
        printf("%5d%5d%5d\n",i,j,k);
    }
}
```

算法总循环次数变为：$\sum_{i=0}^{33}(51-1.5i) \approx 894$

可以看出使方案优化，可以减少运算工作量，循环次数从原始的 1013 减少到 894 次，方案优化是很重要的。

列举法的特点是算法简单，但当列举的可能情况较多时，执行列举的算法工作量将会很大。

2. 分治算法

分治算法（Divide and Conquer）是自顶向下、分而治之的方法，其思想是把一个大规模的问题分成若干个规模较小的、与原问题类型相同的子问题，使得从这些规模较小问题的解易于构造整个问题的解。通过对子问题的求解，并把子问题的解合并起来从而构造出整个问题的解，即对问题分而治之。

如果子问题的规模仍然相当大，不能用简单的方法求得它的解，这时可以对此子问题重复地应用分治策略。典型的应用分治策略的例子是二分检索法。

分治算法处理问题的算法可以自然地写成一个递归的过程。

一个用分治法编写的过程通常包括以下几部分：基值处理部分（即把问题分到足够小后要进行的处理）、分解问题的部分、递归调用部分和合并处理部分。

【程序 1-8】 一般分治法程序的框架如下：

```
return_type d_and_c( objArray *p , int i , int j )
{
    int temp ;
    if(simple(p,i,j))
        return solve(p,i,j);
    temp=divide(p,i,j);
    return(combine(d_and_c(p,i,temp-1),d_and_c(p,temp,j)));
}
```

分治策略应用得较广泛。除了二分检索法以外，还有快速排序算法、归并排序算法、梵塔问题等都可以用分治策略求解。

3. 贪心算法（Greedy）

如果从某一给定的集合中选出一个子集，能够满足题目所给的要求，这个子集就是一个可行解。可行解不一定是唯一的。贪心算法把构造可行解的工作分成许多阶段来完成。在各个阶段，选择那些在某些意义下是局部最优的方案，期望各阶段的局部最优的选择带来整体最优。

但是，贪心算法不是每次都能成功地产生出一个整体最优解。贪心算法在每一阶段都保持着局部最优，而各阶段结果合起来，总的结果可能是不令人满意的，甚至有可能是坏的结果。

贪心算法是一种可以快速得到满意解（但不一定是最优解）的方法。方法的"贪婪"性反映在对当前的情况，总是做最大限度地选择，即满足条件的均入选，然后分别展开，最后使得一个问题得解。这个方法不考虑回溯，也不考虑每次选择是否符合最优解的条件，但最终能得到接近最优结果的选择。例如，货郎担问题、背包问题。

4. 动态规划算法

动态规划算法（Dynamic Programming）与分治法的共同点是把一个大问题分解为若干较小的子问题，通过求解子问题而得到原问题的解。不同点是分治法每次分解的子问题数目比较少，子问题之间界限清楚，处理的过程通常是自顶向下进行；动态规划算法分解的子问题可能比较多，而且子问题相互包含，为了重用已经计算的结果，要把计算的中间结果全部保存起来，通常是自底向上进行。

例 1.19 求组合数 C_5^3。

我们知道组合数有这样的一个递推式：

$$\begin{cases} C_m^n = C_{m-1}^n + C_{m-1}^{n-1}, & m > n > 0; \\ C_m^n = 1 & n = 0 \text{或} m = n。 \end{cases}$$

求 C_5^3 构造的表如图 1-14（a）所示。

可以把前面构造的表改造一下：去掉 $n = 0$ 的那行，剩下的表中的左下角三个元素是不必要的（求 C_5^3 时不必求出它们），右上角的三个表目都空着没用，去掉这六个表目，把剩下的错开的表平移对齐，下标从 0 开始编址，得到如图 1-14（b）所示的矩阵。

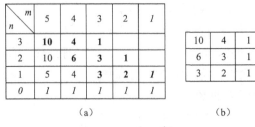

（a）   （b）

图 1-14　求组合数

5. 回溯算法

在工程上，有些实际问题很难归纳出一组简单的递推公式或直观的求解步骤，并且也不能进行无限的列举，对于这类问题一种有效的方法是"试"，如同我们走迷宫，不通后顺原路返回一步，换别的路线再进行试探，直到走出迷宫。

回溯算法（Backtracking）就是通过对问题的分析，找出一个解决问题的线索，然后沿着这个线索逐步试探，对于每一步的试探，若试探成功就得到问题的解；若试探失败，就逐步回退，换别的路线再进行试探。

回溯算法是一种选优的搜索方法，按照选优的条件向前搜索，以达到目标；但是当搜索到某一步的时候，发现原先的选择并不优或者达不到目标时，就退回一步重新选择。这种走不通就退回再走的技术就是回溯法。典型的例子有：八皇后问题、四色问题。

应用回溯算法解问题时，这问题的解需能表示为一个元组，可以用树形结构来表示这些元组，从树根到树叶之间的路径就是一个元组（一个可能的解）。回溯算法通过系统的搜索来确定问题的解，解问题就相当于以一种顺序来周游这棵解答树。

按照顺序进行试探，这是至关重要的，它保证了搜索的系统性和彻底性。穷举测试是对所有的叶子都一一访问，而回溯的方法是从树根开始，边试探边往下走，若在某一层次查明不符合题意，则不往下走，砍掉以下的树杈，跳到另一杈上继续试探着往下走。这样边走边砍，砍掉大量的树杈，从而省掉大量的测试。一旦走到叶子，就找到了一组解。

【程序 1-9】一般回溯算法的程序结构如下：

```
void 函数名 (void)
{
    准备初值;
    do
    {
        while(范围未超界并且工作未完成)
        {
            分析条件;                                /* 保证不满足条件不往下走 */
            if(成功)
                { 进入堆栈;
                  由第一选择开始进入下一层次;            /* 往下走 */
                }
                else 本层更换选择;                    /* 横向走 */
            }
            if(工作未完成)
            {
                弹出堆栈;
                原来的上一层更换为下一选择;            /* 回溯，上层横向走 */
            }
        }while(全部工作未完成);
        输出;
    }
}
```

6. 分支限界算法

与回溯算法相似，分支限界算法（Branch and Bound）也是一种在表示问题解空间的树上进行系统搜索的方法。所不同的是，回溯算法使用了深度优先策略，而分支限界算法一般采用广度优先策略或者采用最大收益（或最小损耗）策略，同时还利用最优解属性的上下界来控制搜索的分支。典型应用有：背包问题等。

以上简单介绍了几种工程上常用的算法设计的基本方法，实际上，算法设计的方法还有很多。

1.6　小结

本章介绍有关算法的基本概念、算法设计的基本流程、算法复杂性分析的一些原理和方法，主要包括以下几个知识点。

算法指的是有若干条指令组成的有穷序列，它具有五大特征：有零个或多个输入、至少有一个输出、确定性、可行性、有穷性。

在设计算法求解问题时，一般需要经过五个步骤：理解问题、确定算法的运行环境、设计算法、分析算法和编程实现。对算法研究主要包括算法的设计、表示、确认和分析。

算法的复杂性分析主要包含时间和空间两个方面，前者衡量算法完成任务所需要的时间消耗，后者则用于衡量算法在执行过程中所需要的存储空间的大小。

空间代价分析分成两种情形：静态分析和动态分析。静态空间分析中，值得注意的是数组（静态数组），动态空间的确定主要考虑两种情况：函数的递归调用和空间的动态分配/回收。

算法的时间复杂性由算法中基本操作的次数来衡量。算法的执行时间绝大部分花在循环和递归上，循环的时间代价一般可以用加法规则和乘法规则估算；对于递归算法，一般可以解递归方程计算。算法的运行时间可以用程序步来衡量。

算法的时间和空间效率（时间复杂度和空间复杂度）是衡量一个算法性能的重要标准，对于算法的性能分析可以采用事前分析和事后策略形式进行。算法分析通常使用渐近表示法对一个算法时间和空间需求做事前分析。算法复杂度的渐近表示法用于在数量级上估算一个算法的时空资源消耗。

本章还简单介绍了算法所求解的主要问题类型和常用的算法设计技术。

求解实际的应用问题所涉及的算法常常会比较复杂，但是他们都可以由一些求解基本问题的算法组合而成，掌握求解这些基本问题算法的原理是设计出高效的求解复杂问题算法的基础。算法设计与分析的重要问题包括排序问题、查找问题、图问题、组合问题、数值问题和几何问题等。

搜索一个数据结构就是以一种系统的方式访问该数据结构中的每一个结点，对树和图的搜索和遍历是许多算法的核心。如人工智能问题的求解过程就是搜索状态空间树。通过系统地检查问题的状态空间树中的状态，寻找一条从起始状态到答案状态的路径作为搜索算法的解。

对于解决问题，穷举法是万能的，但效率低；搜索是最优化问题的通用解法。以下这些方法的共同之处则是运用技巧避免穷举测试。

分治算法通过把问题化为较小的问题来解决原问题，从而简化或减少了原问题的复杂度。

贪心算法通过分阶段地挑选最优解，较快地得到整体的较优解，在问题要求不太严格的情况下，可以用这个较优解替代需要穷举所有情况才能得到的最优解；贪心算法既可能得到次优解，也可能得到最优解，依赖于具体问题的特点和贪心策略的选取。

动态规划算法用填表的方法保存了计算的中间结果，从而避免了大量重复的计算。

回溯算法跳过大量无需测试的元组，可快速得到需要的解。

分支限界算法是在系统搜索问题解的空间时，加入上下界的条件检查以达到有效剪枝的目的。

练 习 题

1.1 什么是算法？它与计算过程和程序有什么区别？

1.2 程序证明和程序测试的目的各是什么？

1.3 用欧几里德算法求 31415 和 14142 的最大公约数。估算一下【程序 1-2】的算法比【程序 1-3】的算法快多少倍？

1.4 名词解释：问题、问题求解、问题求解过程、软件生命周期。

1.5 算法研究主要有哪些方面？

1.6 简述衡量一个算法的主要性能标准。说明算法的正确性和健壮性的关系。

1.7 简述影响一个程序运行时间的因素。

1.8 什么是算法的时间复杂度和空间复杂度？什么是最好、平均和最坏情况时间复杂度？

1.9 什么是算法的事先分析，什么是事后测试？

1.10 什么是程序步？引入程序步概念对算法的时间分析有何意义？

1.11 确定下列各程序段的程序步，确定划线语句的执行次数，计算它们的渐近时间复杂度。

（1）
```
i=1;x=0;
do{
    x++; i=2*i;
}while(i<n);
```

（2）
```
for(int i=1; i<=n; i++)
    for(int j=1; j<=i; j++)
        for(int k=1;k<=j; k++)
            x++;
```

（3）
```
x=n; y=0;
while(x>=(y+1)*(y+1))
    y++;
```

（4）
```
m=0;
for(int i=0;i<n;i++)
    for(int j=2*i;j<n;j++)
        m++;
```

1.12 使用定义证明下列等式的正确性。

（1）$5n^2-8n+2=O(n^2)$

（2）$5n^2-8n+2=\Omega(n^2)$

（3）$5n^2-8n+2=\Theta(n^2)$

1.13 设有 $f(n)$ 和 $g(n)$ 如下所示，分析 $f(n)$ 为 $O(g(n))$、$\Omega(g(n))$ 还是 $\Theta(g(n))$。

（1）$f(n) = 20n + \log_2 n$，$g(n) = n + \log_2^3 n$

（2）$f(n) = n^2 + \log_2 n$，$g(n) = n\log_2^2 n$

（3）$f(n) = (\log_2 n)^{\log_2 n}$，$g(n) = n/\log_2 n$

（4）$f(n) = \sqrt{n}$，$g(n) = \log_2^5 n$

（5） $f(n) = n2^n$, $g(n) = 3^n$

1.14 请简述算法有哪些特征。

1.15 简述算法设计的一般流程。

1.16 评价一个好的算法，应是从哪几方面来考虑的？

1.17 简述 $O(f)$ 和 $\Omega(f)$ 之间的差别。

1.18 按渐进阶排列以下表达式： $4n^2, \log_2 n, 3^n, 20n, 2, n^{2/3}, n!$

1.19 求下列函数的渐进表达式： $3n^2+10n$, $n^2/10+2n$, $21+1/n$, $\log_2 n^3$, $10\log_2 3^n$

1.20 列举出算法设计与算法分析的重要问题类型。

02 第2章　递归算法

　　递归算法是一种通过自身调用自身或间接调用自身来达到问题解决的算法。递归的基本思想是把一个要求解的问题划分成一个或多个规模更小的子问题，这些规模更小的子问题应该与原问题保持同一类型，然后用同样的方法求解规模更小的子问题。例如在 n 件产品中有 1 件次品的存在，所有产品的外形一样而重量有差异，如何能尽快通过称重的方法将次品找出呢？最直观的解题思路是先将产品分为相等或相近的两组，进行称重后必然有一端重一端轻，此时还无法判断次品所在；然后继续对每部分的 $n/2$ 个产品再进行分组和称重，如果平衡则这部分的 $n/2$ 个产品都为正品，即次品在另外那部分中，否则次品就在这 $n/2$ 个产品中。这样寻找次品的范围就减少了一半。依照这种方法不断缩小次品的范围，直到最后一对一找出次品。

　　处理重复性计算时，递归往往使函数的定义和算法的描述简单明了、易于理解、容易编程和验证。任何利用计算机求解的问题所需的计算时间与其规模是相关的。问题的规模越小，解题所需的时间通常也越小，从而较容易处理。因此很多复杂问题使用了递归技术能够给出非常直观的解法，结构简洁清晰，易于算法分析。在计算机软件领域，递归算法是不可或缺的。

2.1 递归算法的思想

2.1.1 递归算法的特性

利用递归算法解决的问题通常具有如下三个特性。

（1）求解规模为 n 的问题可以转化为一个或多个结构相同、规模较小的问题，然后从这些小问题的解能方便地构造出大问题的解。相邻两次重复之间有紧密的联系，前一次要为后一次做准备（通常前一次的输出就作为后一次的输入）。

（2）递归调用的次数必须是有限的，每次递归调用后必须越来越接近某种限制条件。

（3）必须有结束递归的条件（边界条件）来终止递归。当递归函数符合这个限制条件时，它便不在调用自身，即当规模 $n=1$ 时，能直接得解。

递归思想就是用与自身问题相似但规模较小的问题来描述自己。递归算法的执行过程划分为递推和回归两个阶段。在递推阶段，把规模为 n 的问题的求解推到比原问题的规模较小的问题求解，且必须要有终止递归的条件。在回归阶段，当获得最简单情况的解后，逐级返回，依次得到规模较大问题的解。

例如，求阶乘问题。要求解 $n!$，可以先将这个问题转化成求解 $n \times (n-1)!$，而要求 $(n-1)!$ 又可以转化成求解 $(n-1) \times (n-2)!$，有规律的递减，直到 $1!$ 结束。当得到 $n=1$ 的解之后，再返回来，不断地把所得到的解进行运算或处理，直到得到规模为 n 的问题的解为止。这就是基于归纳的递归算法的思想方法。如图 2-1 所示，递归过程在实现时，自身调用自身，层层向下进行，求解原问题的解时次序则正好相反。

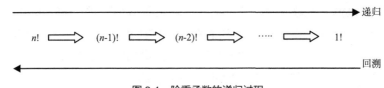

图 2-1 阶乘函数的递归过程

2.1.2 递归算法的执行过程

适于递归描述的问题很多，比较有代表性的问题如全排列、组合、深度优先搜索等。在数据结构中，树、二叉树和列表常采用递归方式来定义。需要注意的是，用递归描述问题并不表示程序也一定要直接用递归实现。

递归算法由于不断地进行函数调用，需要保存中间结果以及进行参数的传递，递归方法算法的运行效率较低，无论耗费的计算时间还是占用的存储空间（频繁地进行函数调用和参数传递）都比非递归算法要多，在这种情况下，若采用循环或递归算法的非递归实现，将会大大提高算法的执行效率。

例 2.1 求 $f(n) = 2^n$。

当 $n=1$ 时，$f(1) = 2^1 = 2$ 可以作为递归出口。当 $n>1$ 时，原问题 $f(n)$ 可以分解为 $f(n) = 2^n = 2 \times 2^{n-1} = 2 \times f(n-1)$，因此原问题 $f(n)$ 的求解可以转化为求解规模更小的子问题 $f(n-1)$，$f(n-1)$ 和 $f(n)$ 具有同一问题类型，只是规模更小。因此这个问题可以用如下递归方程来表示：

$$f(n) = \begin{cases} 2 & n = 1 \\ 2 \times f(n-1) & n > 1 \end{cases}$$

例如求 $f(3)$ 递归计算过程，如图 2-2 所示，沿着箭头方向，需要求解的问题规模越来越小，这样 $n=1$ 时，需要计算 $f(1)$，就到了递归出口。递归调用结束，接着就是逐步把计算出来的子问题的值传递回去，从而得到原问题的解。

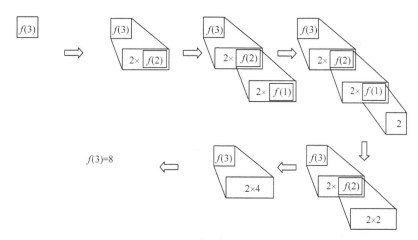

图 2-2　$f(3)=2^3$ 的递归计算过程

令 $T(n)$ 表示递归算法求解例 2.1 所需要的计算时间，则有

$$T(n) = \begin{cases} \Theta(1) & n = 1 \\ T(n-1) & n > 1 \end{cases}$$

容易求得其解为 $T(n)=O(n)$。如果采用迭代算法则计算过程为 $f(1)=2$，$f(2)=2 \times f(1)=4$，$f(3)=2 \times f(2)=8$。

从上面的例子可以看出，递归算法的计算过程是由复杂到简单再到复杂，而迭代算法的计算过程是由简单到复杂，因此迭代算法的效率更高，在实际的求解过程中更常用。因此，能够避免用递归的时候，尽量避免或者使用相应的迭代算法来实现。递归方法容易用数学归纳法证明算法的正确性，因此为设计算法、调试程序带来了很大的方便。

2.1.3　递推关系

递推关系常用来分析递归算法的时间和空间代价。

递推方程（Recurrence Equation）是自然数上一个的函数 $T(n)$，它使用一个或多个小于 n 时的值的等式或不等式来描述。递推方程也称为递推关系或递推式。算法运行时间复杂度主要由关于问题规模的高阶项决定，因此当实际描述并解决一个递归方程时，可以忽略递归出口、顶和底等技术细节，例如：

$$T(n) = \begin{cases} \Theta(1) & n = 1 \quad \text{递归出口} \\ T(\lfloor n/2 \rfloor) + T(\lceil n/2 \rceil) + \Theta(n) & n > 1 \quad \text{顶} \\ & \quad\quad\quad\quad\quad \text{底} \end{cases}$$

忽略递归出口、顶和底后，得到简化的递归方程：

$$T(n) = 2T(n/2) + \Theta(n)$$

这样便于求解。注意递推方程必须有一个初始条件（也称边界条件）。计算递推式通常有三种方法：替换方法、迭代方法和公式法。

1. 替换方法（Substitution Method）

替换方法要求首先猜测递推式的解（渐进复杂度的上、下界），然后用数学归纳法证明是否存在满足条件的解。虽然替换方法比较有效，但只应用于比较容易猜出递归解的情形。

例2.2 $T(n) = 2T(\lfloor n/2 \rfloor) + n$。

首先猜测出解为 $T(n) = O(n\lg n)$，证明存在某个常数 c，使得 $T(n) \leq cn\lg n$。假定这个解对 $\lfloor n/2 \rfloor$ 成立，即 $T(\lfloor n/2 \rfloor) \leq c\lfloor n/2 \rfloor \lg(\lfloor n/2 \rfloor)$。将其对递归方程作替换，则

$$
\begin{aligned}
T(n) = 2T(\lfloor n/2 \rfloor) + n \ &\leq 2(c\lfloor n/2 \rfloor \lg(\lfloor n/2 \rfloor)) + n \\
&\leq cn\lg(n/2) + n \\
&\leq cn\lg n - cn\lg 2 + n \\
&= cn\lg n - cn + n \\
&\leq cn\lg n
\end{aligned}
$$

当 $c \geq 1$ 时，上式显然成立，按照 O 符号的定义，证明了猜测是正确的。

例2.3 选择排序算法运行时间的递归方程为 $T(n) = T(n-1) + (n-1)$。

为求解它，猜测 $T(n) = O(n^2)$。假定 $T(n-1) \leq c(n-1)^2$，则

$$
\begin{aligned}
T(n) &= T(n-1) + (n-1) \\
&\leq c(n-1)^2 + n - 1 \\
&= cn^2 - 2cn + c + n - 1 \\
&\leq cn^2 - 2cn + 2c + n - 1 \\
&= cn^2 - (2c-1)(n-1) \\
&\leq cn^2
\end{aligned}
$$

当 $c \geq 1$ 时，上式显然成立，证明了猜测是正确的。需要注意在上述证明过程中，没有考虑初始条件，而初始条件是归纳法成立的基础。上例归纳证明的初始条件是 $T(1) \leq c$，只要选择足够大的 $c \geq 1$ 即成立。由于大多数时候初始条件的满足显而易见，所以在证明时通常忽略这个步骤。只在初始条件的满足并不明显的时候才会单独对初始条件进行讨论。

2. 迭代方法（Iteration Method）

迭代方法的思想是扩展递推式，将递推式先转换成一个和式，然后计算该和式，得到渐近复杂度。迭代方法需要较多的数学运算。

例2.4 使用迭代方法分析 $T(n) = 2T(n/2) + n^2$。

$$
\begin{aligned}
T(n) &= 2T(n/2) + n^2 \\
&= 2(2T(n/4) + (n/2)^2) + n^2 \\
&= 2((n/2)^2 + 2((n/2^2)^2 + 2((n/2^3)^2 + 2((n/2^4)^2 + \cdots + 2((n/2^i)^2 + 2T(n/2^{i+1}))) \ldots)))) + n^2
\end{aligned}
$$

而当 $n/2^{i+1} = 1$ 时，迭代结束。上式小括号展开，可得：

$$T(n) = 2(n/2)^2 + 2^2(n/2^2)^2 + \cdots + 2^i(n/2^i)^2 + 2^{i+1}T(n/2^{i+1}) + n^2$$

这恰好是一个树形结构，由此可引出递归树法。所谓递归树法就是将抽象递归表达式具体化的最佳图形表示，这种递归树给出了一个算法递归执行的成本模型。为分析方便起见，假定 n 是 2 的整数幂，该模型以输入规模为 n 开始，一层层地分解，直到输入规模为 1 为止。如图 2-3 所示给出该递推方程的递归树的导出过程。递归树的每个结点有两个域：函数的时间复杂度 $T(n)$ 和问题规模大小为 n 时的非递归代价。根结点的每个子结点都代表了这个问题规模降解后的一个子问题的复杂度，这样递归地分解问题，直到叶子结点的复杂度为 1 为止。

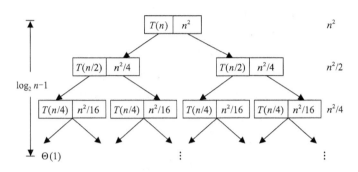

图 2-3　表达式 $T(n)=2T(n/2)+n^2$ 的递归树

每一结点都将当前的自由项 n^2 留在其中，而将两个递归项 $T(n/2) + T(n/2)$ 分别摊给了它的两个子结点，如此循环。图中所有节点之和为：$[1 + 1/2 + (1/2)^2 + (1/2)^3 + \cdots + (1/2)^i]\, n^2 = 2n^2$，可知其时间复杂度为 $O(n^2)$。

使用递归树（Recursion Tree）可以形象地看到递推式的迭代过程，即可以方便地将求解一个问题的时间用求解该问题的子问题的时间来表示。通过写出递归算法时间复杂度的递归方程，然后利用求解递归方程的方法，求出递归算法的时间复杂度。下面举例说明对给定的递归方程，通过构造递归树来求解的方法。

例 2.5　解递推方程 $T(n) = 2T(n/2) + n$。

本例中，根结点的规模为 n，每层的非递归复杂度为 n。从根结点出发扩展成两棵子树，第二层每个结点的规模为 $n/2$，非递归代价各为 $n/2$。直到达到边界条件（初始条件），即 $\dfrac{n}{2^{i-1}} = 1$ 时，递归结束。如图 2-4 所示递归树的高度（层数）$\log_2 n+1$，根结点的复杂度是所有非叶结点的非递归复杂度和叶子结点的复杂度之和，这样树中所有层的代价和便是递推方程的解 $\Theta(n\log_2 n)$。

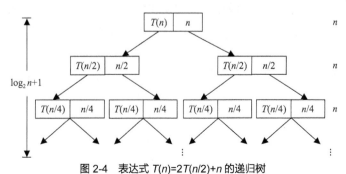

图 2-4　表达式 $T(n)=2T(n/2)+n$ 的递归树

递归树是分析和计算递归方程的一个重要工具。它可以直观地表示出递归函数的复杂度，并使读者易于理解。需要注意的是，在证明过程中没有考虑初始条件，而初始条件是归纳法能够成立的基础。由于大多数时候初始条件的满足显而易见，所以在证明时通常会忽略这个步骤。

3. 公式法（Master Method）

前面的两种方法，替换法要将答案猜的刚好并不容易，而且即使猜测的答案正确，也不一定能够容易地证明。递归树法尽管直观，很多情况下可以直接看出答案，但不一定可靠，就像任何使用省略号的方法一样，而将每一层都画出来又不现实。因此使用起来并不方便。对于一般形式的递归方程，可以使用公式法，更加方便快捷地得到递归方程的解。

递归方程的一般形式为：

$$T(n) = \begin{cases} O(1) & n=1 \\ aT(n/b) + f(n) & n>1 \end{cases}$$

该递归方程表示将一个规模为 n 的问题划分为 a 个规模为 n/b 的子问题，其中 a、b 是常数，且 $a \geq 1$，$b>1$，$f(n)$ 是一渐近正函数。分别递归地解决 a 个子问题，解每个子问题所需的时间为 $T(n/b)$。划分原问题和合并子问题的解所需的时间由 $f(n)$ 决定。当然 n/b 可能不是整数，但忽略顶或底，并不影响算法运行时间复杂度的分析。而实际中，$T(n/b)$ 可能指 $T(\lfloor n/b \rfloor)$ 或 $T(\lceil n/b \rceil)$。

$$\begin{aligned} T(n) &= aT(n/b) + f(n) \\ &= a^2 T(n/b^2) + af(n/b) + f(n) \\ &= a^3 T(n/b^3) + a^2 f(n/b^2) + af(n/b) + f(n) \\ &= a^{\log_b n} T(1) + a^{\log_b n-1} f(\frac{n}{b^{\log_b n-1}}) + \cdots + a^2 f(n/b^2) + af(n/b) + f(n) \\ &= n^{\log_b a} T(1) + \sum_{j=0}^{\log_b n-1} a^j f(n/b^j) \\ &= \Theta(n^{\log_b a}) + \sum_{j=0}^{\log_b n-1} a^j f(n/b^j) \end{aligned}$$

到此，抽象的递归式分为两部分：$n^{\log_b a}$ 是一个恒定的数量级，$\sum_{j=0}^{\log_b n-1} a^j f(n/b^j)$ 是一个类似级数的求和。而根据渐近表示的性质，两项之和的数量级小于两项之中的较大项的数量级。因此，只要将上式两项比较，取其较大者即可。而对于 $\sum_{j=0}^{\log_b n-1} a^j f(n/b^j)$ 一项来说，a、b 都是常数，起主导作用的是函数 f 的渐近数量级。因此，我们只要比较函数 f 和 $\Theta(n^{\log_b a})$ 即可。则 $T(n)$ 分三种情形来计算：

（1）若 $f(n) < n^{\log_b a}$，也就是对某常数 $\varepsilon > 0$，有 $f(n) = O(n^{\log_b a-\varepsilon})$，或者说 $f(n)$ 比 $n^{\log_b a}$ 的渐近增长要慢，且慢一个因子 n^ε，则 $T(n) = \Theta(n^{\log_b a})$；

（2）若 $f(n) = n^{\log_b a}$，也就是两项的数量级相当，就给这个数量级乘 $\log_2 n$，$f(n) = \Theta(n^{\log_b a})$，则 $T(n) = \Theta(n^{\log_b a} \log_2 n)$；

（3）若 $f(n) > n^{\log_b a}$，对某常数 $\varepsilon > 0$，有 $f(n) = \Omega(n^{\log_b a+\varepsilon})$，且对某个常数 $c < 1$ 和所有足够大的 n，$f(n)$ 比 $n^{\log_b a}$ 的渐近增长要快 n^ε，有 $af(n/b) \leq cf(n)$，则 $T(n) = \Theta(f(n))$。

可以简单地说，递归方程的右侧的两项，哪项变化得快，$T(n)$ 就属于哪项的数量级。

例 2.6　$T(n) = 5T(n/2) + n^2$。

解：$a=5$，$b=2$，$f(n)=n^2$，$\log_b a = \log_2 5 \approx 2.32$，对于 $\varepsilon > 0$ 且 $\varepsilon \approx 0.32$ 时，$f(n) = n^2 < n^{\lg 5-\varepsilon} = n^{2.32-\varepsilon}$，

则 $T(n) = \Theta(n^{\log_2 5})$。

例 2.7　$T(n) = 2T(n/2) + n$。

解：$a = 2$，$b = 2$，$f(n) = n$，$\log_b a = \log_2 2 = 1$，即 $f(n) = n\log_b a = n\log_2 2 = n$，则 $T(n) = \Theta(n^{\log_2 2} \lg n) = \Theta(n \lg n)$。

例 2.8　$T(n) = 5T(n/2) + n^3$。

解：$a = 5$，$b = 2$，$f(n) = n^3$，$\log_b a = \log_2 5 \approx 2.32$，$f(n) = n^3 < n^{\log_2 5 + \varepsilon} = n^{2.32 + \varepsilon}$。对于 $\varepsilon > 0$ 且 $\varepsilon \approx 0.68$ 时，对于常数 $c < 1$ 和所有足够大的 n，有 $af(n/b) \leqslant cf(n)$，即 $5(n/2)^3 \leqslant cn^3$，$5n^3/8 \leqslant cn^3$，取 $c = 5/8 < 1$，则 $T(n) = \Theta(n^{\log_2 5}) = \Theta(n^3)$。

但是并非所有的递推式都可以用公式法求解。

例 2.9　$T(n) = 2T(n/2) + n\log_2 n$。

解：$a = 2$，$b = 2$，$f(n) = n\log_2 n$，$n^{\log_b a} = n^{\log_2 2} = n^1 = n$，但由于某些 $f(n)$ 不满足以上任一情况，即 $f(n)$ 只是渐近大于 n，而不是多项式大于 n，$f(n)$ 与 $n^{\log_b a}$ 的比值是 $\log_2 n$，对于任意正数 ε，$\log_2 n$ 渐近小于 n^ε，故此例不能使用公式法求解。

但以上三种方法具有极大地普遍性，可用于多种场合。

2.2　递归法应用举例

很多看上去复杂的问题，采用递归法求解就变得非常简单了。下面介绍一些运用递归算法的经典问题。

2.2.1　汉诺塔问题

1. 问题描述

汉诺塔（Tower of Hanoi）问题是源于印度一个古老传说。印度教的主神大梵天创造世界的时候，在印度北部佛教圣地贝拿勒斯神庙里，安放了一块黄铜板，板上插着三根金刚石柱子，在其中一根柱子上从下往上按照大小顺序摆着 64 片黄金圆盘。汉诺塔示意图如图 2-5 所示。大梵天命令婆罗门按照以下规则把圆盘按大小顺序重新摆放在另一根柱子上：

在三根柱子之间一次只能移动一个圆盘。

移动的时候始终只能小圆盘压着大圆盘。

盘子只能在三个柱子上存放。

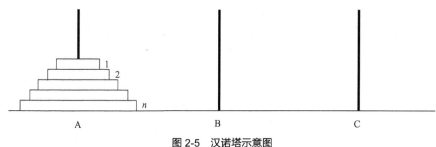

图 2-5　汉诺塔示意图

2．递归算法的思想

假设有 n 个金盘,三根相邻的柱子标号为 A,B,C,并且 A 柱上金盘由小到大依次编号为 $1,2,\cdots$, n。现要把按金字塔状叠放着的 n 个不同大小的圆盘,一个一个移动到柱子 C 上。当只有一个盘子时, 即 $n=1$,则只需经过一次移动将盘子从 A 柱到 C 柱;当 $n>1$ 时可以把最上面 $n-1$ 个金盘看作是一个 整体。这样 n 个金盘就分成了两部分:上面 $n-1$ 个金盘和最下面的 1 个金盘。移动金盘的问题就转 换为以下步骤来执行:

（1）借助 C 柱,将 $n-1$ 个金盘从 A 柱上移动到 B 柱上。

（2）将编号为 n 的金盘直接从 A 柱移动到 C 柱上。

（3）借助 A 柱,将 $n-1$ 个金盘从 B 柱移动到 C 柱上。

其中第（2）步只移动一个金盘,第（1）步和第（3）步虽然不能直接解决,但把移动 n 个金盘 的问题变成了移动 $n-1$ 个金盘的问题,使问题的规模变小了。如果再把第（1）步和第（3）步分别 分成类似的三个子问题,移动 $n-1$ 个金盘的问题就可以转换为移动 $n-2$ 个金盘的问题,以此类推, 从而将整个问题得以解决。因此,汉诺塔问题是一个典型的递归问题。

3．递归算法描述

汉诺塔问题的递归算法用伪代码描述如下。

移动函数 Move 用伪代码描述如下:

【输入】圆盘总数即问题规模 n。

【输出】每一步移动方案。

（1）如果问题规模 $n=1$,将盘子从 A 柱直接移动到 C 柱,则算法结束;

（2）当问题规模 $n>1$ 时,需先将 A 柱上的 n 个盘子移到 C 柱上。

递归函数 Hanoi 用伪代码描述如下:

【输入】圆盘总数即问题规模 n。

【输出】移动的次数。

（1）如果问题规模 $n=1$,将盘子从 A 柱直接移动到 C 柱,则算法结束;

（2）当问题规模 $n>1$ 时,需先将 A 柱上的 $n-1$ 个盘子借助 C 柱移到 B 柱上;

（3）再将 A 柱上的第 n 个盘子移动到 C 柱;

（4）然后将 B 柱上的 $n-1$ 个盘子借助 A 柱移到 C柱上;

（5）完成 A 柱到 C 柱的移动。

4．递归算法分析

下面给出三个金盘的执行过程,如图 2-6 所示。图 2-6 所示图形称为递归树。事实上,对于递归 算法,都可以构造出一棵递归树,借助递归树,我们很容易看出算法执行的过程,而且便于分析递 归算法的时间复杂度。

分析汉诺塔问题,移动金盘所花费的时间可表示为:

$$T(n)=\begin{cases} 1 & n=1 \\ 2T(n-1)+1 & n>1 \end{cases}$$

先对个例进行计算: $T(1)=1$; $T(2)=3=2^2-1$; $T(3)=7=2^3-1$; $T(4)=15=2^4-1$; $T(5)=31=2^5-1$; $T(6)=63=2^6-1$;看起来似乎 $T(n)=2^n-1$, $n\geqslant 1$。

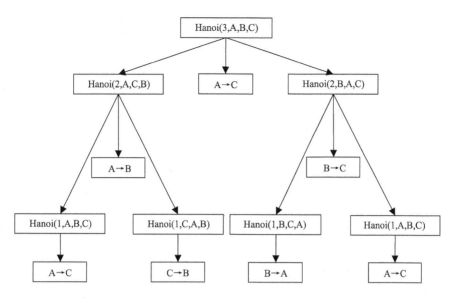

图 2-6　Hanoi 问题 3 个金盘的执行过程

用归纳法证明，当 $n=1$ 时，$T(1)=1$，结论成立。归纳假设当 $k<n$ 时，有 $T(k)=2^k-1$，那么当 $k=n$ 时，$T(n)=2T(n-1)+1=2(2^{n-1}-1)+1=2^n-1$。因此对所有 $n \geqslant 1$，$T(n)=2^n-1=\Theta(2^n)$。

$$
\begin{aligned}
T(n) &= 2T(n-1)+1 \\
&= 2(2T(n-2)+1)+1 \\
&= 2^2 T(n-2)+2+1 \\
&= 2^3 T(n-3)+2^2+2+1 \\
&\vdots \\
&= 2^{n-1} T(1)+\cdots+2^2+2+1 \\
&= 2^{n-1}+\cdots+2^2+2+1 \\
&= 2^{n-1}+\cdots+2^2+2+1 \\
&= 2^n-1
\end{aligned}
$$

汉诺塔递归算法的时间复杂度为 $O(2^n)$。当 n 很大时，要移动金盘的次数为 18 446 744 073 709 551 615，如果每秒移动一次，需要 500 亿年以上，众僧们即便是耗尽毕生精力也不可能完成金片的移动了。所以说指数时间算法仅对于规模很小的问题是有意义的。

2.2.2　斐波那契数列问题

1. 问题描述

著名的数列—斐波那契数列（Fibonacci），可以定义为：

$$
F(n)=\begin{cases}
0 & n=0 \\
1 & n=1 \\
F(n-1)+F(n-2) & n>1
\end{cases}
$$

2. 递归算法思想

根据这个定义可以得到无穷数列：0，1，1，2，3，5，8，13，21，34，55，…，显然，为求解

第 n 个斐波那契数，必须先计算 $F(n-1)$ 和 $F(n-2)$，而计算 $F(n-1)$ 和 $F(n-2)$ 又必须先计算 $F(n-3)$ 和 $F(n-4)$，以此类推，直至 $F(0)$ 和 $F(1)$，而 $F(0)$ 和 $F(1)$ 是可以立即求得，因此该问题可以利用递归方法求解。

该算法的效率不高，每次包含两个递归调用，而这两个调用的规模仅比 n 略小。如计算 $F(5)$，则其过程如下：

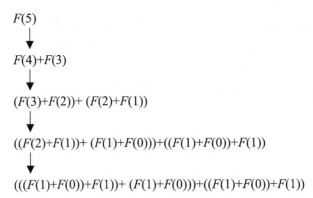

通过观察该算法的递归调用数，发现该算法效率低下，相同的函数值被一遍又一遍地重复计算。

3. 递归算法描述

斐波那契数列的递归算法用伪代码描述如下。

【输入】斐波那契数 n。

【输出】第 n 项斐波那契数，以及前 n 项斐波那契数列的和。

递归函数 fib 用伪代码描述如下：

（1）如果 $n \leqslant 2$，则返回 1；

（2）当 $n \geqslant 2$ 时，返回第 n 项斐波那契数 $F(n-1)+F(n-2)$；

（3）计算前 n 项斐波那契数列的和。

4. 递归算法分析

令 $T(n)$ 为斐波那契数列的运行时间，当 $n \geqslant 2$ 时，分析可知 $T(n)=T(n-1)+T(n-2)+2$，由归纳法证明可得：$T(n)=O(2^n)$，说明计算是以指数增长的，基本上是最坏的情形。

2.2.3 八皇后问题

1. 问题描述

八皇后问题是一个古老而著名的问题，它由数学家高斯于 1850 年提出的，问题的主要思想是：在 8×8 格的国际象棋棋盘上放置八个皇后，使得任意两个皇后不能互相攻击，即任何行、列或对角线上不得有两个或两个以上的皇后。这样的一个格局称为问题的一个解。

对于皇后问题，很难找出很合适的方法来快速地得到问题的解，一个容易想到的方法是穷举法。然而在 8×8 格的棋盘上放置 8 个棋子的方案共有 C_{64}^8 种，而这个数字是非常庞大的，所以直接使用穷举法不可行。

2. 递归算法思想

考虑到皇后攻击的特性，可以人为限定所有的皇后在不同行、不同列及不在同一条斜线上，这样所有的可能性就只有 8! =40320 种。此时问题就转换成了数字 1～8 的全排列。对于全排列问题，可以采用如下思路解决：

（1）从 1～8 中依次取出一个数字来尝试，如果此数字前面已经出现，则取下一个数字，直到找到第一个没有出现过的数字；

（2）将这个数字标记为已出现，然后以同样的方法生成全排列中的下一个数字；

（3）将这个数字标记为未出现。

显然这是一个递归定义，当列号大于棋盘的行数时递归结束。摆放的基本步骤是：将第一个棋子从第一行开始，按照列从小到大的顺序选择摆放的位置；接下来从第二行按照可行的方案，按从小到大的顺序摆放第二个棋子；在第一和第二个棋子固定的情况下，再选择可行的位置在第三行上摆放第三个棋子，以此类推。每一步的执行将使问题变成更小规模的问题而向下递归。

把棋盘的横行数定为 i，纵列数定为 j，i 和 j 的取值范围是 1～8。那么来试探第 i 行第 j 列上放置皇后棋子的可行性。每行必须放置一个棋子，并且当前这个棋子要不要放并不取决于后面的情况。可以逐行地放置每一个皇后棋子，假定第 i 行上还没有皇后棋子，因此不会受到同行上其他皇后棋子的攻击。定义一个数组 Queen[i]，令 Queen(i)=j 表示第 i 行上的皇后放置在第 j 列，例如棋盘第一行的皇后棋子放置在第 3 列，那么 Queen[1]就赋值 3。如果把程序设计成从 Queen[1]～Queen[8]都只有 1～8 其中的 1 个数值而没有重复的数字的话，就已经达到避免棋子的横向、纵向上冲突的目的了。

在此基础上，还要排除各个棋子在同一个对角线的情形。当某个皇后占了位置 (i, j) 时，对于处在同一个"从左上到右下对角线上的棋子"，它们的 $i-j$ 值是相等的；对于处在同一个"从右上到左下对角线上的棋子"，他们的 $i+j$ 值是相等的。用数组循环的方式就能逐一排除掉对角线上冲突的棋子。

求解八皇后问题递归程序需要耗费大量的计算机资源。为了降低规模和难度，先来讨论四皇后问题，从中寻找解题规律。在四皇后问题中，放置四个互不攻击的皇后，可以从上到下的逐行地考虑，即从第一行开始放置皇后棋子，按顺序一行一行放置，这样可以不用判断行冲突，而是只判断列和对角线的冲突问题。定义数组 $C[j]$ 来判断列冲突。

$$C[j] = \begin{cases} true & \text{第} j \text{列未放置皇后} \\ false & \text{第} j \text{列已放置皇后} \end{cases} \quad j = 1,2,3,4$$

如果在第 1 行第 1 列放置皇后，那么接下来只能在第 2 行第 3 列放置皇后，而第 3 行则无法放置皇后了（见图 2-7（a））；如果第 2 行第 4 列放置皇后，那么第 3 行只有第 2 列能放置皇后，而第 4 行则无法放置皇后了（见图 2-7（b）），故将第一个皇后放置在第 1 行第 1 列无法得到解决方案。

如果在第 1 行第 2 列放置皇后，那么接下来只能在第 2 行第 4 列放置皇后，遵循不同列不在同一对角线上的原则，在第 3 行第 1 列放置皇后，而第 4 行则只能在第 3 列放置皇后了（见图 2-7（c）），这样得到了四皇后问题的一个解决方案。同理，如图 2-7（d）为四皇后问题的另一个解决方案。

其中对于对角线的情形，如图 2-8 所示，$i+j$ 的值分别与阴影图案相对应。使用数组 $R[k]$ 和 $L[k]$ 来描述右上至左下的对角线（见图 2-8（a））和左上至右下的对角线（见图 2-8（b））上是否可以放置皇后，其中 $k=2,3,4,\cdots,8$。

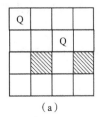 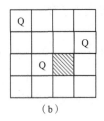 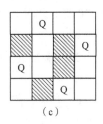 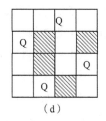

| （a） | （b） | （c） | （d） |

图 2-7　四皇后问题放置方案的讨论（图中阴影表示不可放置的棋格）

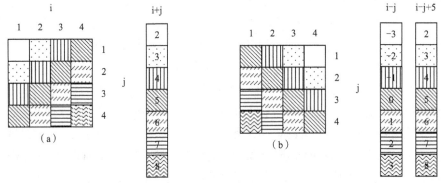

图 2-8　四皇后问题对角线上放置的评定

$$R[k] = \begin{cases} true & \text{对角线上可以放置皇后} \\ false & \text{对角线上不可放置皇后} \end{cases} \quad k = i+j \text{且} i, j = 1,2,3,4$$

$$L[k] = \begin{cases} true & \text{对角线上可以放置皇后} \\ false & \text{对角线上不可放置皇后} \end{cases} \quad k = i-j+5 \text{且} i, j = 1,2,3,4$$

如果 $R[k]$=false 且 $L[k]$=false,则表示在（i,j）位置上放置皇后棋子后，存在两条对角线冲突的问题。这样就得出在（i,j）位置上放置皇后的可行条件为：

$$nQueen = C[j] \,\&\, \&R[i+j] \,\&\, \&L[i-j+5]$$

对于八皇后问题，也可如此解决：从上到下每行放置一个皇后，而且在每一行中均从左到右逐列探索。能放则继续考虑下一行，不能则列数加 1 再探索，实在无法放置则回到上一行，让上一行的皇后所在列加 1 再继续考虑。

3. 递归算法描述

八皇后问题的递归算法用伪代码描述如下：

【输入】八皇后。

【输出】八皇后问题的摆放方案。

递归 check 函数用伪代码描述如下：

（1）数组 C、R、L 分别用来标记冲突，数组 C 代表列冲突，如果某列上已经有皇后，则为 false，否则为 true；数组 R 代表右上至左下的对角线冲突，如果某行上已经有皇后，则为 false，否则为 true；L 数组代表左上至右下的对角线冲突，如果某行上已经有皇后，则为 false，否则为 true；

（2）选择在第 i 行第 j 列（i, j）位置摆放皇后的可行条件是：$nQueen=C[j] \,\&\&R[i+j]\&\&L[i-j+9]$

（3）当 $nQueen$ 为 true 时，就可将皇后摆放在（i, j）位置；

（4）修改可行标志，包括所在列和两个对角线，判断是否放完 8 个皇后；

（5）如果没有放完 8 个皇后，则继续放下一个，这时递归调用 check(i+1)；

（6）如果放完 8 个皇后，给出该放置方案；

（7）修改可行标志，将数组 C、R、L 都设置为 true，准备下一个放置方案。

4. 递归算法分析

八皇后问题的递归算法执行时间与全排列的时间类似，是循环加递归，该算法的运行时间和皇后放置方法相关，故其时间复杂度为 O(n^3)。

2.3 典型问题的 C++程序

下面分别来看看前面提到的问题的 C++实现代码。

1. 汉诺塔问题

先从移动过程来看汉诺塔问题。

按照前面的求解思路，设递归函数 Hannoi(int n,char A,char B,char C)展示把 n 个金盘从 A 柱借助 B 柱移动到 C 柱的过程，函数 move(A,C)输出从 A 柱到 C 柱的过程：A→C。完成 Hannoi(int n, char A,char B,char C)，当 n=1 时，即 move(A,C)；当 n>1 时，按以下步骤执行：

（1）将 A 柱上面的 n–1 个盘子借助 C 柱移到 B 柱上，即 Hannoi(n–1,A,C,B)；

（2）将 A 柱上第 n 个盘子移到 C 柱上，即 move(A,C)；

（3）将 B 柱上的 n–1 个盘子借助 A 柱移到 C 柱上，即 Hannoi(n–1,B,A,C)。

递归函数 Hannoi(int n, char A,char B,char C)的第一个形参是汉诺塔的层数，每次递归后，层数就少一次，直到 n=1 时达到递归终止条件。

具体实现代码如下。

```cpp
#include<iostream>
using namespace std;
void move(int n,char x,char y)
{
    cout<<"把"<<n<<"号从"<<x<<"挪动到"<<y<<endl;
}
void Hannoi(int n,char A,char B,char C) //将 n 个盘子从 A 柱借助 B 柱移动 C 柱
{
    if(n==1)                        //递归终止条件
    move(1,A,C);
else
    {
        Hannoi(n-1,A,C,B);          //递归调用
        move(n,A,C);
        Hannoi(n-1,B,A,C);          //递归调用
    }
}
int main()
{
    int n;
```

```
    cout<<"请输入盘子的个数: "<<endl;
    cin>>n;
    Hannoi(n,'A','B','C');
    return 0;
}
```

当输入参数 n=3 时，程序运行结果如图 2-9（a）所示。

其次来看对于移动次数的求解。当 n=1 时，只有一个盘子，故移动一次即完成；当 n=2 时，由于条件是一次只移动一个盘子，且不允许大盘放在小盘上面，这样就需要先把小盘从 A 柱移动到 B 柱，然后把大盘从 A 柱移动到 C 柱，最后把小盘从 B 柱移动到 C 柱，移动 3 次完成。假设移动 n 个盘子的汉诺塔问题完成需要的次数为 $count(n)$，其完成的步骤如下：

（1）将 n 个盘子上面的 n–1 个盘子借助 C 柱从 A 柱移到 B 柱上，需要 $count(n-1)$次；

（2）将 A 柱上第 n 个盘子移到 C 柱，花费 1 次；

（3）将 B 柱上的 n–1 个盘子借助 A 柱移到 C 柱，需要 $count(n-1)$次。

因而存在以下递推关系：

$$count(n)=\begin{cases}1 & n=1\\ 2count(n-1)+1 & n>1\end{cases}$$

具体实现代码如下。

```
#include <iostream>
using namespace std;
int main()
{
    int num, count=0;
    cout<<"请输入需要移动的盘子数目: "<<endl;
    cin>>num;
    int val(int);    //函数声明

    if(num==0){
    cout<<"输入的数字必须大于 0!"<<endl;
    return -1;
    }
    else
    cout<<"需要"<<val(num)<<"次"<<endl;
    return 0;
}
int val(int n)
{
    int c;
    if(n==1) c=1;
    else c=2*val(n-1)+1;
    return c;
}
```

程序运行结果如图 2-9（b）所示，可见随着 n 值的加大，移动次数趋于一个天文数字，当盘子的数目为 64 时，移动次数为 18446744073709511615，近 19 亿亿次，如果每秒移动一次，那么需要近 5800 亿年才能完成这 64 个盘子的移动。

（a） （b）

图 2-9 汉诺塔程序运行结果（左为移动过程，右为移动次数）

2. 斐波那契数列

求斐波那契数列问题的递归思想是：当 $n=0$ 或 $n=1$ 时，斐波那契数列为 0 或 1；当 $n>1$ 时，斐波那契数列 $F(n)=F(n-1)+F(n-2)$；函数 fib 只需将定义的公式用程序语言表达即可，非常直观，程序的运行结果如图 2-10 所示。

具体实现代码如下。

```cpp
#include<iostream.h>
int fib(int n)
{
    int f=0;
    if(n==1) return 0;
    if(n==2) return 1;
    f=fib(n-1)+fib(n-2);
    return f;
}

int main()
{
    int n,i,m=0;
    cin>>n;
    m=fib(n);
    cout<<"第"<<n<<"项是"<<m<<endl;
    m=0;
    for(i=1;i<=n;i++)
        m=fib(i)+m;
        cout<<"前"<<n<<"项和是"<<m<<endl;
    return 0;
}
```

图 2-10 斐波那契数列程序运行结果

3. 八皇后问题

八皇后问题一共有 92 种不同的摆放方法。按照前面对四皇后问题的讨论，摆放时按行的顺序进行，因此只需考虑列和对角线的问题。

为了讨论皇后问题摆放的可行性，程序中使用到的三个数组 $C[j]$、$R[m]$ 和 $L[k]$ 都为布尔型且初始化时全部置为 true。其中 i 为行号，j 为列号，i，j=1，2，…，8；$m=i+j$，m=2，3，…，16；$k=i-j+9$，k=2，3，…，16。右上至左下的对角线是否可行，取决于 $R[m]$ 为 true 或 false；而左上至右下的对角线是否可行，取决于 $L[k]$ 为 true 或 false。这样可以令

$$L[i-j+9]=false$$
$$R[i+j]=false$$

来表示在（i，j）位置摆放皇后之后，通过该位置的两条对角线上不可行了。这样得出在（i，j）位置可摆放皇后的可行条件是：

$$nQueen=C[j] \&\& R[i+j] \&\& L[i-j+9]$$

其中 $i-j+9$ 是为了避免数组下标为负值，再有就是为了使 L 数组和 R 数组的下标上下界一致，均为 2，3，…，16。

在摆放第 i 个皇后时（当然在第 i 行），选择第 j 列，当 $nQueen$ 为 true 时，就可将皇后摆放在（i，j）位置。如果 Queen[i]=j，则同时使得第 j 列和过（i，j）位置的两条对角线变为不可行，即 $C[j]$=false，$R[i+j]$=false，$L[i-j+9]$=false；之后检查 i 是否为 8，如果为 8 则表明已经放完 8 个皇后，这时让方案数 Num 加 1，输出该方案下 8 个皇后在棋盘上的位置，如果未达到 8 个，则要让皇后数 i 加 1 再尝试摆放，这时递归调用 check(i+1)；如果方案不可行，则需要回溯，将前面摆放的皇后从棋盘上拿起，看看还有没有可能换一处位置摆放，这时要将被拿起的皇后的所在位置的第 j 列和两条对角线恢复为可行。

具体实现代码如下。

```cpp
#include<iostream>
using namespace std;
const int Normalize=9;              //定义常量，用来统一数组下标
int Num=0;                          //整型变量，记录方案数
int Queen[9];                       //记录 8 个皇后所占用的列号

bool C[9];                          //C[1]~C[8]布尔型变量，判断当前列是否可行
bool L[17];                         //L[2]~L[16]布尔型变量，判断(i-j)对角线是否可行
bool R[17];                         //R[2]~R[16]布尔型变量，判断(i+j)对角线是否可行

void check(int i)                   //被调用函数
{
    int j;                          //循环变量，表示列号
    int k;                          //临时变量
    for(j=1;j<=8;j++)
    {
        if((C[j]==true) &&(R[i+j]==true)&&(L[i-j+Normalize]==true))
        //表示第 i 行第 j 列可行
        {Queen[i]=j;                //占用位置(i,j)
        C[j]=false;                 //修改可行标志，包括所在列和两个对角线
        L[i-j+Normalize]=false;
```

```
        R[i+j]=false;
        if(i<8)                         //判断是否放完 8 个皇后
            {
                check(i+1);             //未放完 8 个皇后则继续放下一个
            }
        else                            //已经放完 8 个皇后
            {
                Num++;                  //方案数加 1
                cout<<"方案"<<Num<<":"<<"\t";           //输出方案号
                for(k=1;k<=8;k++)
                    cout<<k<<"行"<<Queen[k]<<"列"<<"\t";    //输出具体方案
                cout<<endl;             //换行
            }
        C[j]=true;                      //修改可行标志，回溯
        L[i-j+Normalize]=true;
        R[i+j]=true;
    }                                   //循环结束
    }
}                                       //check 函数结束

int main()                              //主函数
{
    int i;                              //循环变量
    Num=0;                              //方案数清零
    for(i=1;i<9;i++)                    //置所有列可行
        C[i]=true;
    for(i=0;i<17;i++)                   //置所有对角线可行
        L[i]=R[i]=true;
    check(1);                           //递归放置 8 个皇后，从第一行开始放
    return 0;
}
```

程序运行的结果如图 2-11 所示。其中方案 1 表示的含义是在第 1 行的第 1 列摆放第 1 个皇后，第 2 行的第 5 列摆放第 2 个皇后，第 3 行的第 8 列摆放第 3 个皇后，第 4 行的第 6 列摆放第 4 个皇后，第 5 行的第 3 列摆放第 5 个皇后，第 6 行的第 7 列摆放第 6 个皇后，第 7 行的第 2 列摆放第 7 个皇后，第 8 行的第 4 列摆放第 8 个皇后，直观效果如图 2-12 所示。其他方案含义相同。

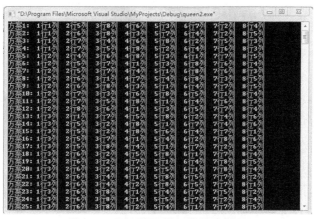

图 2-11　八皇后问题递归算法运行结果

47

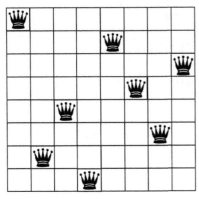 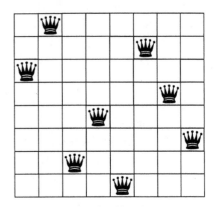

（a）方案一效果图　　　　　　　　　　　　　（b）方案八效果图

图 2-12　八皇后摆放方案的效果示意图

2.4　小结

递归实质就是实现函数自身调用或者相互调用的过程，递归和归纳关联密切，归纳法是证明递归算法正确性和进行算法分析的强有力工具。本章介绍了常用的递归算法，并使用递归法对汉诺塔、斐波那契数列及八皇后问题进行求解。

递归的运算方法，决定了它的效率较低，一是数据要不断进出，二就是存在大量的重复计算，这样使得应用递归时，输入的 n 值稍大，程序的求解就变得比较困难，所以在有些情况下，递归可以转化为效率较高的非递归。

此外本章还介绍了求解递归方程的三种方法。

练 习 题

2.1　设有 $f(n)$ 和 $g(n)$ 如下所示，分析 $f(n)$ 为 $\mathrm{O}(g(n))$ 、$\Omega(g(n))$ 还是 $\Theta(g(n))$ 。

（1）$f(n) = \log_2 n^2$　　　　　$g(n) = \log_2 n + 1$

（2）$f(n) = \log_2 n^2$　　　　　$g(n) = \sqrt{n}$

（3）$f(n) = n^2$　　　　　　　　$g(n) = (\log_2 n)^2$

（4）$f(n) = 10$　　　　　　　　$g(n) = \log_2 10$

（5）$f(n) = 2^n$　　　　　　　　$g(n) = 100n^2$

（6）$f(n) = n2^n$　　　　　　　$g(n) = 3^n$

2.2　使用递推关系式计算求阶乘 $n!$ 的递归函数的时间，要求使用替换和迭代两种方法分别计算。

2.3　画出递归方程 $T(n) = 4T(\lfloor n/2 \rfloor) + cn$ 的递归树，并给出其解的渐近界，然后用替换法证明所给出的界，其中 c 为常数。

2.4　利用递归树方法估计递归方程 $T(n) = T(n/3) + T(2n/3) + \mathrm{O}(n)$ 的解为 $T(n) = \mathrm{O}(n \lg n)$ 。

2.5　用公式法求解下列递归方程的渐近界：

（1）$T(n) = 4T(n/2) + n$

（2）$T(n) = 4T(n/2) + n^2$

（3）$T(n) = 4T(n/2) + n^3$

2.6　公式法能否应用于递归方程 $T(n) = 4T(n/2) + n^2 \lg n$？为什么？给出此递归方程的渐近上界。

2.7　假定 n 是 2 的幂，$T(n)$ 由如下递推式定义，计算 $T(n)$ 的渐近上界。

$$T(n) = \begin{cases} T(2) = 2 \\ T(n/2) + T(\sqrt{n}) + n \end{cases}$$

2.8　确定 $T(n) = 9T(n/3) + n$ 的渐近界。

2.9　利用递归求最大公约数。

2.10　卖桃子问题。某人摘下一些桃子，第一天卖掉一半，又吃了一个，第二天卖掉剩下的一半，又吃了一个，以后天天都是如此处理，到第 n 天发现只剩下一个桃子，编写递归函数，n 是参数，返回值是一共摘的桃子数。

2.11　跳马问题。在半张中国象棋的棋盘上，一匹马从左下角跳到右上角，只允许往右跳，不允许往左跳，问有多少种方案。

2.12　利用递归函数生成 n 个数的全部可能的排列，例如当 n=4 时，应该输出如下的 24 种全排列：

1234	1243	1324	1342	1423	1432
2134	2143	2314	2341	2413	2431
3124	3142	3214	3241	3412	3421
4123	4132	4213	4231	4312	4321

03

第3章　分治算法

　　顾名思义，"分治"名字本身就已经给出了一种强有力的算法设计技术，它可以用来解决各类问题。分治法（Divide and Conquer）是一种将复杂难解的问题分割为规模和结构相同或相似的子问题，通过对简单子问题求解而达到对原问题的求解目的的算法设计方法。在求解一个复杂问题时可以将其分解成若干个子问题，子问题还可以进一步分解成更小的子子问题，直到分解的子问题是一些基本问题，并且其求解方法是已知的，可以直接求解为止。分而治之的策略不但能够使原本纷繁复杂的问题变得清晰明朗，而且能够通过将问题的规模变小而降低问题求解的难度。

　　本章介绍分治算法的基本思想和一般原则及它在排序问题、查找问题和组合问题中的应用，通过对典型问题进行分析，介绍运用分治策略来求解问题的方法，最后给出三个典型问题求解的实现代码。

3.1 分治算法的思想

对于一个规模为 n 的大问题，可以通过分解为 k 个规模较小的相互独立且与原问题结构相同的子问题来进行求解。首先通过递归来求解这些子问题，然后对各子问题的解进行合并得到原问题的解，这种求解问题的思路称为分治法（Divde and Conquer）。分而治之的策略不但能够使原本纷繁复杂的问题变得清晰明朗，而且能够通过将问题的规模变小而降低问题求解难度。第 2 章所讲的递归法是分治法的实现手段。

从分治法的定义可以看出，分治法的设计思想是，将一个难以直接解决的大问题，分割成一些规模较小的相同问题，以便各个击破，分而治之。分治法在政治和军事领域也是克敌制胜的法宝。

如果原问题可以分解成 k 个子问题，$1 < k \leqslant n$，且这些子问题都可解，并利用这些子问题的解求出原问题的解，那么这种分治法就是可行的。由分治法产生的子问题往往同原问题类型一致而其规模却不断缩小，最终使子问题缩小到很容易直接求出解。这样就可以使用递归法对子问题进行求解。将求出的小规模的问题的解归并为一个更大规模的问题的解，自底向上逐步求出原来问题的解。

利用分治法求解问题，应同时满足以下四条特征。

（1）原问题的规模缩小到一定程度时可以很容易地被求解。绝大多数问题都可以满足这一点，因为问题计算的复杂性一般是随着问题规模的减小而减小。

（2）原问题可以分解为若干个规模较小的同构子问题。这一点是应用分治法的前提，此特征反映了递归的思想。满足该要求的问题通常称该问题具有最优子结构性质。

（3）各子问题的解可以合并为原问题的解。它决定了问题的求解可否利用分治法。如果这一点得不到保证，通常会考虑使用后面要讲的贪心法或动态规划法。

（4）原问题所分解出的各个子问题之间是相互独立的，即子问题之间不包含公共的子问题。这一条涉及分治法的效率，如果各子问题是不独立的，则分治法要做许多不必要的工作，对公共的子问题进行重复操作，此时虽然也可用分治法，但一般会考虑使用后面要讲的动态规划法较好。

利用分治法求解问题的算法通常包含以下三个步骤。

（1）分解（Divide）将原问题分解为若干个相互独立、规模较小且与原问题形式相同的一系列子问题。原问题应该分为多少个子问题才较适宜？各个子问题的规模应该怎样才为适当？这些问题很难存在一个统一的答案。实践证明，在用分治法设计算法时，最好使各子问题的规模大致相同。

（2）解决（Conquer）如果子问题规模小到可以直接被解决则直接解决，否则需要递归求解各个子问题。

（3）合并（Combine）将各个子问题的结果合并成原问题的解。有些问题的合并方法比较明显；有些问题的合并方法比较复杂，或者存在多种合并方案；有些问题的合并方案不明显。究竟应该怎样合并，没有统一的模式，需要具体问题具体分析。

分治法的一般设计模式可以作以下描述。

```
divide-and-conquer(P)
{
  if (|P|<= n₀) adhoc(P);                        //若问题可以直接求解，则直接求解
  divide P into smaller subinstances P₁,P₂,...,Pₖ;  //将 P 分解为较小的子问题 P₁, P₂, …, Pₖ
  for (i=1; i<=k; i++)
    yᵢ=divide-and-conquer(Pᵢ);                   //递归求解各子问题 Pᵢ
```

```
      return merge(y₁,y₂,...,yₖ);          //将各子问题的解合并为原问题的解
}
```

其中|P|表示问题 P 的规模；n_0 为阈值，表示当问题 P 的规模不超过 n_0 时，问题容易直接解出，不必再继续分解。adhoc(P)是该分治法中的基本子算法，用于直接解小规模的问题 P。因此，当 P 的规模不超过 n_0 时，直接用算法 adhoc(P) 求解。算法 merge($y_1,y_2,...,y_k$) 是该分治法中的合并子算法，用于将 P 的子问题 $P_1,P_2,\cdots,P_k$ 的相应的解 $y_1, y_2, \cdots, y_k$ 合并为 P 的解。

分治法的典型情况如图 3-1 所示。

例如，对于给定的整数 a 和非负整数 m，采用分治法计算 am 的基本思想是：如果 $m=1$，可以简单地返回 a 的值；如果 $m>1$，可以把该问题分解为两个子问题，计算前 $\lfloor m/2 \rfloor$ 个 a 的乘积和后 $\lceil m/2 \rceil$ 个 a 的乘积，再把这两个乘积相乘得到原问题的解。所以，应用分治法得到如下计算公式：

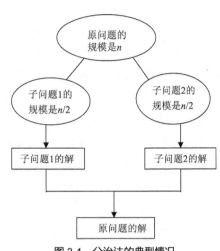

图 3-1　分治法的典型情况

$$a^m = \begin{cases} a & m=1 \\ a^{\lfloor m/2 \rfloor} \times a^{\lceil m/2 \rceil} & m>1 \end{cases}$$

如图 3-2 所示给出了 $a=3$ 和 $m=4$ 的求解过程，当 $m=1$ 时的子问题求解只是简单地返回 a 的值，而每一次的合并操作只是做一次乘法。

人们从大量实践中发现，在用分治法设计算法时，最好使子问题的规模大致相同。即将一个问题分成大小相等的 k 个子问题的处理方法是行之有效的。这种使子问题规模大致相等的做法是出自一种平衡（Balancing）子问题的思想，它几乎总是比子问题规模不等的做法要好。在本章学习中将会看到，一方面，很多情况下都取 $k=2$；另一方面，分解出来的两个子问题规模和结构应该基本相同，因为这样的做法使得算法更加平衡，效果更好。

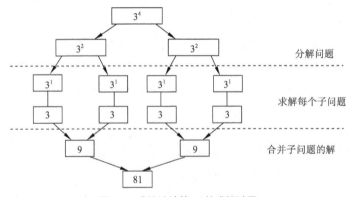

图 3-2　分治法计算 a^m 的求解过程

3.2　排序问题中的分治算法

排序（Sort）又称分类，是数据处理中经常使用的一种重要运算，人们已经设计了许多很巧妙的

排序算法。简单地说，排序是将一个元素序列调整为按指定关键字值的递增（或递减）次序排列的有序序列。分治法求解排序问题的思想很简单，只需按照某种方式将序列分成两个或多个子序列，分别进行排序，再将已排序的子序列归并成一个有序序列即可。

归并排序（Merge Sort）和快速排序（Quick Sort）是两种典型的符合分治策略的排序算法。归并排序按照记录在序列中的位置对序列进行划分，快速排序按照记录的值对序列进行划分。相比而言，快速排序以一种更巧妙的方式实现了分治技术。

3.2.1　归并排序

归并排序（Merge Sort）算法是用分治策略实现对规模为 n 的记录序列进行排序的算法。其基本思想是：将待排序记录分成大小大致相同的两个或多个子集合，分别对各子集合进行排序，最终将排好序的子集合合并成为所要求的排好序的集合。下面介绍最基本的归并排序算法：两路归并排序。

1.　问题描述

应用归并排序方法对一个规模为 n 的记录序列 a_0，a_1，$\cdots$，a_{n-1} 进行升序排列。

2.　分治策略

（1）划分：将要排序序列 a_0，a_1，$\cdots$，a_{n-1} 划分为两个长度大致相等的子序列 a_0，a_1，$\cdots$，$a_{(n-1)/2}$ 和 $a_{(n-1)/2+1}$，$\cdots$，a_{n-1}。

（2）求解子问题：分别对这两个子序列进行排序，得到两个有序子序列。

（3）合并：将这两个有序子序列合并成一个有序序列。

归并排序首先执行划分过程，将序列划分为两个子序列，如果子序列的长度为 1，则划分结束，否则继续执行划分，结果将具有 n 个要排序的记录序列划分为 n 个长度为 1 的有序子序列；然后进行两两合并，得到 $\lceil n/2 \rceil$ 个长度为 2（最后一个有序序列的长度可能是 1）的有序子序列，再进行两两合并，得到 $\lceil n/4 \rceil$ 个长度为 4 的有序序列（最后一个有序序列的长度可能小于 4），直至得到一个长度为 n 的有序序列。

3.　算法描述

设对数组 $a[0：n-1]$ 进行升序排列，归并排序的递归算法用伪代码描述如下。

A：归并排序 MergeSort 顶层用伪代码描述如下。

【输入】要排序数组 $a[0：n-1]$，待排序区间[left,right]。

【输出】升序序列 $a[0]\sim a[n-1]$。

（1）如果 left 等于 right，则要排序区间只有一个记录，算法结束；

（2）计算划分中点：mid=(left+right)/2；

（3）对前半个子序列 $a[0]\sim a[mid]$ 进行升序排列；

（4）对后半个子序列 $a[mid+1]\sim a[right]$ 进行升序排列；

（5）归并两个升序序列 $a[0]\sim a[mid]$ 和 $a[mid+1]\sim a[right]$。

B：归并 Merge 用伪代码描述如下。

【输入】要归并的两个有序子序列 $a[s：m]$ 和 $a[m+1：t]$。

【输出】升序序列 $a[s]\sim a[t]$。

（1）给 i、j、k 分别赋初值 s、$m+1$、t；

（2）当 $i \leq m$ 且 $j \leq t$ 时，如果 $a[i] \leq a[j]$，则 $a[i{+}{+}]{-}{>}a1[k{+}{+}]$，否则 $a[j{+}{+}]{-}{>}a1[k{+}{+}]$；

（3）当 $i \leq m$ 时，$a[i{+}{+}]{-}{>}a1[k{+}{+}]$；

（4）当 $j \leq t$ 时，$a[j{+}{+}]{-}{>}a1[k{+}{+}]$；

（5）将数组 $a1[s{:}t]$ 拷贝到数组 $a[s{:}t]$ 中。

4. 算法分析

设要排序记录个数为 n，则执行一趟合并排序算法的时间复杂度为 $O(n)$，所以，归并排序算法存在如下递推式：

$$T(n) = \begin{cases} O(1) & n = 1 \\ 2T\left(\dfrac{n}{2}\right) + O(n) & n > 1 \end{cases}$$

根据主定理，归并排序的时间复杂度是 $O(n\log_2 n)$。

归并排序的合并步骤需要将两个相邻的有序子序列合并为一个有序序列，在合并过程中可能会破坏原来的有序序列，所以，合并不能就地进行。归并排序需要与要排序记录序列同样数量的存储空间，以便存放结果，因此其空间复杂度为 $O(n)$。$T(n)=O(n\log_2 n)$ 是渐进意义下的最优算法。

5. 算法举例

记录序列为（49,38,65,97,76,13,27），对其按升序进行归并排序。

（1）分解过程如图 3-3 所示。

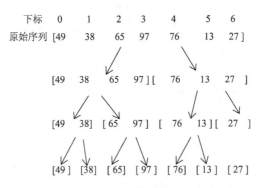

图 3-3　分解过程

（2）归并过程，如图 3-4 所示。

划分直到子序列的长度为 1；求解子问题，归并相邻两个子序列。

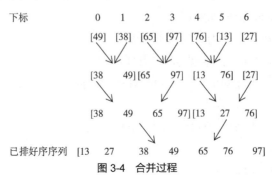

图 3-4　合并过程

3.2.2　快速排序

快速排序（Quick Sort）又称分划交换排序，是冒泡排序的一种改进。著名的计算机科学家霍尔（C.A.Hoare）给出的快速分类算法也是根据分治策略设计的一种高效率的分类算法。在快速排序中，记录的比较和交换是从两端向中间进行的，关键字值较大的记录一次就能交换到后面单元，关键字值较小的记录一次就能交换到前面单元，记录每次移动的距离较大，因而总的比较和移动次数较少。快速排序是基于分治策略的另一个排序算法。

1.　问题描述

应用快速排序方法对一个规模为 n 的记录序列 $a[\,0:n-1\,]$ 按升序排列。

2.　分治策略

（1）分划：在要排序的序列 $a[\,0:n-1\,]$ 中选定一个元素 $a[i]$ 作为分划元素，也称主元，以主元为基准元素将整个序列 $a[0:n-1]$ 划分成 3 段：左子序列 $a[0:i-1]$、主元 $a[i]$ 和右子序列 $a[i+1:n-1]$，使得左子序列 $a[0:i-1]$ 中任何元素小于等于主元 $a[i]$，右子序列 $a[i+1:n-1]$ 中任何元素大于等于主元 $a[i]$，下标 i 在划分过程中确定。

（2）求解子问题：通过递归调用快速排序算法分别对左子序列 $a[0:i-1]$ 和右子序列 $a[i+1:n-1]$ 进行排序。

（3）合并：由于左子序列 $a[0:i-1]$ 和右子序列 $a[i+1:n-1]$ 的排序是就地进行的，所以在左子序列 $a[0:i-1]$ 和右子序列 $a[i+1:n-1]$ 都已排好序后不需要执行任何计算序列 $a[\,0:n-1\,]$ 就已排好序。

在快速排序中，记录的比较和交换是从两端向中间进行的，关键字较大的记录一次就能交换到后面单元，关键字较小的记录一次就能交换到前面单元，记录每次移动的距离较大，因而比较和移动的总次数较少。

3.　算法描述

A：快速排序 QuickSort 的递归算法用伪代码描述如下。

【输入】要排序数组 $a[0:\ n-1]$，待排序区间 $[0,n-1]$。

【输出】升序序列 $a[0:\ n-1]$，即满足 $a[0]\leqslant a[1]\leqslant\cdots\leqslant a[n-1]$。

（1）从 $a[\,0:n-1\,]$ 中选择一个元素作为分划元素，该元素也称为主元，不妨假定选择 $a[p]$ 为第 1 个元素,即 p 的初值为第 1 个元素的下标；

（2）把余下的元素分划为两段 $a[0:p-1]$ 和 $a[p+1:n-1]$，使得 $a[0:p-1]$ 中的元素都小于等于主元 $a[p]$，而 $a[p+1:n-1]$ 中的元素都大于等于主元 $a[p]$；

（3）递归地使用快速排序方法对 $a[0:p-1]$ 进行排序；

（4）递归地使用快速排序方法对 $a[p+1:n-1]$ 进行排序；

（5）所得结果为已排序 $a[0:p-1]$ + $a[p]$ +已排序 $a[p+1:n-1]$，即为所求。

B：分划操作 Partition 用伪代码描述如下。

【输入】要分划数组 $a[\text{left}:\ \text{right}]$，待分划区间 $[\text{left},\text{right}]$。

【输出】分划元素 $a[p]$ 的新位置 j，即分割数组的位置。

（1）给 i，j 分别赋初值 left+1、right，$a[p]$ 赋初值为 $a[\text{left}]$。

（2）重复下述操作，直到当 $i \geqslant j$。

① 重复操作当 $i<j$ 且 $a[i] \leq a[p]$ 为真，$i+1$ 赋值 i；

② 重复操作当 $i<j$ 且 $a[j] \geq a[p]$ 为真，$j-1$ 赋值 j；

③ 如果 $i<j$，交换 $a[i]$ 与 $a[j]$。

（3）交换 $a[p]$ 与 $a[j]$。

（4）返回 j。

分划操作是快速排序的核心操作。每趟分划中究竟应当选择序列中哪个元素为主元是需要考虑的。最简单的做法是选择序列的第一个元素为主元。

对要排序的记录序列进行分划，分划的主元应遵循平衡子问题的原则，使分划后的两个子序列的长度尽量相等，这是决定快速排序算法时间性能的关键。主元的选择有多种方法，例如，可以随机选出一个记录作为主元，从而期待划分是较平衡的，或取 $a[0:n-1]$ 的中间元素，或以 $a[left]$、$a[ritgh]$ 和 $a[(left+right)/2]$ 三者的中间值作为主元。

4. 算法分析

从上述快速排序算法可以看出，如果每次分划操作后，左、右两个子序列的长度基本相等，则快速排序算法的效率最高，其最好情况时间复杂度为 $O(n\log_2 n)$；反之，如果每次分划操作所产生的两个子序列，其中之一为空序列，则快速排序算法的效率最低，其最坏情况时间复杂度为 $O(n^2)$。若总是选择左边的第一个元素为主元，则快速排序的最坏情况发生在原始序列正向有序或反向有序时。快速排序算法的平均情况时间复杂度为 $O(n\log_2 n)$。辅助空间为 $O(n)$ 或 $O(\log_2 n)$。

快速排序算法的性能取决于划分的对称性。通过修改算法 Partition，可以设计出采用随机选择策略的快速排序算法。在快速排序算法的每一步中，当数组还没有被划分时，可以在 $a[left:right]$ 中随机选出一个元素作为划分基准，这样可以使划分基准的选择是随机的，从而可以期望划分是较对称。

5. 算法举例

记录序列为：（72,26,57,60,42,48,72,80,88），对其按升序进行快速排序。

（1）分划操作

以序列最左边的元素 72 为主元，一趟分划操作如图 3-5 所示。

使用两个下标变量 i 和 j 作为指针。i 自左向右移动，而 j 自右向左移动。先移动 i，让它指向位置 1，将主元与下标为 i 的元素进行比较。如果主元大于 i 所指示的元素，则 i 右移一位，指向下一个元素，继续与主元比较。直到遇到一个元素不小于主元时，指针 i 停止右移。在如图 3-5 所示的第 1 行中，i 停止在位置 3（原 88 处）。这时，开始左移指针 j。让主元与指针 j 指示的元素比较，如果主元小于 j 所指示的元素，则 j 左移一位，指向前一个元素，继续与主元比较。直到遇到一个元素不大于主元时，指针 j 停止左移。在如图 3-5 所示的第 1 行中，j 停止在位置 8（原 60 处）。将 60 与 88 交换。下一步，继续右移 i，i 将终止在下一个遇到的不小于主元的元素处，再左移指针 j，j 将终止在下一个遇到的不大于主元的元素处。交换指针 i 和 j 所指示的两个元素，得到图中的第二行的结果。指针 i 和 j 的这种相向移动，直到 $i>j$ 时结束。如图 3-5 第 3 行所示。最后，将主元 72 与位于 j 的元素 72 交换后，结束第一趟分划操作。原序列经分划操作重新排列成如下 3 部分：

（72 26 57 60 42 48）72 （80 88）

算法要求在要排序序列的尾部设置一个大值 ∞ 作为哨兵，是为了防止指针 i 在右移过程中移出序列之外，不能终止。这种情形当初始序列以递减次序排列时就会发生。

交换次数	0	1	2	3	4	5	6	7	8	9
初始时	72	26	57	88	42	80	_72_	48	60	∞
		$i \rightarrow$							$\leftarrow j$	
1	72	26	57	60	42	80	_72_	48	88	∞
				$i \rightarrow$				$\leftarrow j$		
2	72	26	57	60	42	48	_72_	80	88	∞
						$i \rightarrow \leftarrow j$				
3	_72_	26	57	60	42	48	72	80	88	∞
						$i \rightarrow \leftarrow j$				
第1趟后	_72_	26	57	60	42	48	72	80	88	∞

图 3-5　一趟分划过程示例

（2）快速排序

完整的快速排序算法调用分划函数，以主元为轴心将下标在[left,right]范围内的序列分成两个子序列，它们的下标范围分别为[left, j−1]和[j+1,right]，然后分别递归调用自身对这两个子序列实施快速排序，将它们排成有序序列。

快速排序如表 3-1 所示。

表 3-1　快速排序示例

步数	0	1	2	3	4	5	6	7	8	9
初始时	72	26	57	88	42	80	72	48	60	∞
1	[72	26	57	60	42	48]	72	[80	88]	∞
2	[48	26	57	60	42]	_72_	72	[80	88]	∞
3	[42	26]	48	[60	57]	_72_	72	[80	88]	∞
4	[26]	42	48	[60	57]	_72_	72	[80	88]	∞
5	26	42	48	[57]	60	_72_	72	[80	88]	∞
6	26	42	48	57	60	_72_	72	80	[88]	∞
排序结果	26	42	48	57	60	_72_	72	80	88	∞

3.3　查找问题中的分治算法

查找也称搜索，搜索运算是数据处理中经常使用的一种重要运算。在一个表中搜索确定一个关键字值为给定的元素是一种常见的运算。若表中存在这样的元素，则搜索成功，搜索结果可以返回整个数据元素，也可指示该元素在表中的位置；若表中不存在关键字值等于给定值的元素，则搜索失败。用分治法求解查找问题属于分治技术的成功应用。

3.3.1　折半查找

折半查找（Binary Search）属于二分查找，它是一种效率较高的查找方法。这种方法要求序列有序，采用对半方式分割有序序列，然后逐步缩小范围直到找到或找不到该记录为止。

1. 问题描述

应用折半查找方法在一个含有 n 个元素的有序序列 $a[0:n-1]$ 中查找值为 x 的记录。若查找成功，

返回记录值为 x 在序列中的位置；若查找失败，返回失败信息。

2. 分治策略

给定已排序的序列 $a[0:n-1]$，现要在这 n 个元素中查找一特定元素 x。

很显然此问题分解出的子问题是相互独立，即在 $a[i]$ 的前面或后面查找 x 是独立的子问题，因此满足分治法的第 4 个特征。

折半查找是在元素有序的前提下进行的，否则结果出错。

（1）划分：比较待查找元素值 x 和中间位置的元素 $a[m]$ 的大小，如果 x 小，则在左边查找，如果相等，则返回下标 m，否则在右边查找；

（2）递归求解：在判断了 x 和 $a[m]$ 大小的情况下，选择左边或者右边进行递归求解；

（3）合并：由于 x 要么在左边，要么在右边，直接返回就可以了。

3. 算法描述

折半查找 BinSearch 用伪代码描述如下。

【输入】有序序列 $a[0:n-1]$，待查值 x。

【输出】若查找成功，返回记录值为 x 的位置，若查找失败，返回失败标志-1。

（1）设置初始查找区间：

low=0；high=$n-1$。

（2）测试查找区间 [low, high] 是否存在，若不存在，则查找失败；若存在，继续进行步骤（3）；

（3）取中间点 mid=(low+high)/2；比较 x 与 r[mid]，有以下三种情况：

① 若 x<r[mid]，high=mid-1；查找在左半区进行，转步骤（2）；

② 若 x>r[mid]，low=mid+1；查找在右半区进行，转步骤（2）；

③ 若 x=r[mid]，查找成功，返回记录在表中位置 mid。

4. 算法分析

折半查找在每次子问题划分的时候，只选择子问题的一个分支进行递归查找。每执行一次算法的 while 循环，待搜索数组的大小减少一半。因此，在最坏情况下，while 循环被执行了 $O(\log_2 n)$ 次。循环体内运算需要 $O(1)$ 时间，因此整个算法在最坏情况下的计算时间复杂性为 $O(\log_2 n)$。

5. 算法举例

用对半搜索算法在序列 A=（−7,−2,0,15,27,54,80,88,102）中检索 x=88，−3，102，检索过程如表 3-2 所示。

表3-2　折半查找的查找过程示例

运行轨迹示例								
x=88			x=−3			x=102		
low	high	mid	low	high	mid	low	high	mid
1	9	5	1	9	5	1	9	5
6	9	7	1	4	2	6	9	7
8	9	8	1	1	1	8	9	8
		找到	2	1	找不到	9	9	9
								找到
成功检索			不成功检索			成功检索		

思考题：给定整数 a 和非负 n，用二分法设计出求 a^n 的算法。

3.3.2　选择问题

1.　问题描述

设序列 $A=(a_1, a_2, \cdots, a_n)$，$A$ 的第 k（$1 \leqslant k \leqslant n$）小元素定义为 A 按升序排列后在第 k 个位置上的元素，给定一个序列 A 和一个整数 k，寻找 A 的第 k 小元素的问题称为选择问题（Choice Problem）。特别地，当 $k=1$，是求最小元素；而当 $k=n$ 时，就是求最大元素；当 $k=n/2$ 时，称为求中位数，即寻找第 $n/2$ 小元素的问题称为中值问题。这里为方便起见，数组下标从 1 开始。

2.　分治策略

如果使用快速排序中所采用的分划方法，以主元为基准，将一个表划分成左右两个子表，左子表中的所有元素均小于或等于主元，而右子表中的元素均大于或等于主元。

设无序序列长度为 n，假定经过一趟分划，分成两个左右子表，其中左子表是主元及其左边元素的子表 $a[1:p]$，设其长度为 p，右子表是主元右边元素的子表 $a[p+1:n]$。则：

（1）若 $k=p$，则主元就是第 k 小元素；

（2）若 $k<p$，则第 k 小元素必定在左子表中，需求解的子问题成为在左子表中求第 k 小元素；

（3）若 $k>p$，则第 k 小元素必定在右子表中，需求解的子问题成为在右子表中求第 $k-p$ 小元素。

无论哪种情况，或者已经将选择问题的查找区间减少一半（如果主元恰好是序列的中值）。分治思想如图 3-6 所示。

$$[a_1 a_2 \cdots a_k \cdots a_{p-1}] \quad a_p \quad [a_{p+1} a_{p+2} \cdots a_n] \qquad [a_1 a_2 \cdots a_{p-1}] \quad a_p \quad [a_{p+1} a_{p+2} \cdots a_k \cdots a_n]$$

$$\text{均} \leqslant a_p \qquad \text{主元} \qquad \text{均} \geqslant a_p \qquad\qquad \text{均} \leqslant a_p \qquad \text{主元} \qquad \text{均} \geqslant a_p$$

（a）若 $k<p$，则 a_p 在左半区间　　　　　（b）若 $k>p$，则 a_p 在右半区间

图 3-6　选择问题的分治思想

3.　算法描述

选择问题 SelectMink

【输入】无序序列 $A=(a_1, a_2, \cdots, a_n)$，位置 k。

【输出】返回第 k 小的元素值。

（1）设置初始查找区间：$i=1$，$j=n$；

（2）以 a_i 为主元对序列（$a_i, \cdots, a_j$）进行一次分划，得到主元在序列中的位置 p；

（3）将主元位置 p 与 k 比较：

① 如果 $k=p$，则将 a_i 作为结果返回；

② 如果 $k<p$，则 $j=p-1$，转步骤（2）；

③ 如果 $k>p$，则 $i=p+1$，转步骤（2）。

4.　算法分析

与快速排序类似，选择问题算法 SelectMink 的效率取决于主元的选取。如果每次分划的主元恰好是序列的中值，则可以保证处理的区间比上一次减半，由于在一次分划后，只需要处理一个子序列，因此比较次数的递推式为：

$$T(n) = \begin{cases} O(1) & n=1 \\ T\left(\dfrac{n}{2}\right) + O(n) & n>1 \end{cases}$$

使用扩展递归技术对递推式进行推导，得到该递推式的解是 $O(n)$，这是最好情况；如果每次分划的主元恰好是序列中的最大值或最小值（例如，在找最小元素时总是在最大元素处分划），则处理区间只能比上一次减少 1 个，比较次数的递推式是：

$$T(n) = \begin{cases} O(1) & n=1 \\ T(n-1) + O(n) & n>1 \end{cases}$$

使用扩展递归技术对递推式进行推导，得到该递推式的解是 $O(n^2)$，这是最坏情况；平均情况下，假设每次划分的主元是分划序列中的一个随机位置的元素，则处理区间按照一种随机的方式减少，可以证明，该算法可以在 $O(n)$ 的平均时间内找出 n 个元素中的第 k 小元素。

5. 算法举例

在序列（41，76，55，19，59，63，12，47，67）中，求第 4 小元素。计算过程如表 3-3 所示。

表 3–3　随机选主元选择算法示例

分划	r	p	i	j	1	2	3	4	5	6	7	8	9	10
0	6	7	1	10	41	76	55	19	59	63	12	47	67	∞
1	6	3	1	6	[12	47	55	19	59	41]	63	[76	67]	∞
2	5	6	4	6	[19	12	41	[55	59	47]	63	[76	67]	∞
3	4	4	4	4	[19	12	41]	[47	55]	59	[63]	[76	67]	∞

表中 r 指示本趟随机选择的主元下标，i 和 j 为当前处理的子区间的下标范围，p 指示分划操作后主元的下标，主元用加下划线表示。例如，对初始序列在[1,10]中随机选择 6，即 63 为主元，执行第一趟分划操作，分为两个子序列（12,47,55,19,59,41）、主元 63 和（76,67），其中主元 63 位于 $p=7$ 处。由于 $k=4$ 且 $k<p$，所以需在左子序列中继续选择第 4 小元素。第二趟分划在[1,6]中随机选择 6，即 41 为主元，分成（19,12）、主元 41 和（55,59,47,63）两个子序列。由于 $k=4$ 且 $k>p$ 故需在下标[4,6]的子序列中选择第 1 小元素。第三趟分划在[4,6]中随机选择 5，即 59 为主元，分划成两个子序列（47,55）、主元 59 和（63）。此时 $k=4$ 且 $k<p$，在左子序列继续选择第 1 小元素。第四趟分划主元为 47，分划结果有 $k=p=4$，因此 47 就是第 4 小元素。

3.4　组合问题中的分治算法

3.4.1　最大子段和问题

1. 问题描述

给定长度为 n 的整数序列 $(a_0, a_1, \cdots, a_{n-1})$，最大子段和问题（Sum of Largest Sub-Segment Problem）要求该序列形如 $a_i + \cdots + a_j$ 的最大值（$0 \le i \le j \le n-1$）。例如，$(-2,11,-4,13,-5,2)$ 的最大子段和为 20，所求子区间为[1,3]。

2. 分治策略

求最大子段和问题，从结构上是非常适合分治法的。我们不妨从小规模数据分析，当序列只有一个元素的时候，最大的和只有一个可能，就是选取本身；当序列有两个元素的时候，只有三种可能，选取左边元素、选取右边元素、两个都选，这三个可能中选取一个最大的就是当前情况的最优解；对于多个元素的时候，最大的和也有三个情况，从左区间中产生、从右区间产生、左右区间各选取一段。因此不难看出，这个算法是基于分治思想的，每次二分序列，直到序列只有一个元素或者两个元素。当只有一个元素的时候就返回自身的值，有两个的时候返回三个中最大的，有多个元素的时候返回左、右、中间的最大值。

分治思想如图 3-7 所示。

（1）划分：按照平衡子问题的原则，将序列（a_0，a_1，…，a_{n-1}）划分成长度相同的两个子序列（a_0，a_1，…，$a_{(n-1)/2}$）和（$a_{(n-1)/2+1}$、…、a_{n-1}），则会出现以下三种情况。

① 序列（a_0，a_1，…，a_{n-1}）的最大子段和等于（a_0，a_1，…，$a_{(n-1)/2}$）的最大子段和；

② 序列（a_0，a_1，…，a_{n-1}）的最大子段和等于（$a_{(n-1)/2+1}$，…，a_{n-1}）的最大子段和；

③ 序列（a_0，a_1，…，a_{n-1}）的最大子段和等于 $a_i+a_{i+1}+\cdots+a_j$ 的最大子段和，且 $0 \leqslant i \leqslant (n-1)/2$，$(n-1)/2+1 \leqslant j \leqslant n-1$。

（2）求解子问题：对于划分阶段的情况①和②可递归求解，情况③需要分别计算 $s1=\max\{\sum_{k=i}^{(n-1)/2} a_k\}$（$0 \leqslant i \leqslant (n-1)/2$），$s2=\max\{\sum_{k=(n-1)/2+1}^{j} a_k\}$（$(n-1)/2+1 \leqslant j \leqslant n-1$）则 $s1+s2$ 为情况③的最大子段和。

（3）合并：比较在划分阶段三种情况下的最大子段和，取三者之中的较大者为原问题的解。

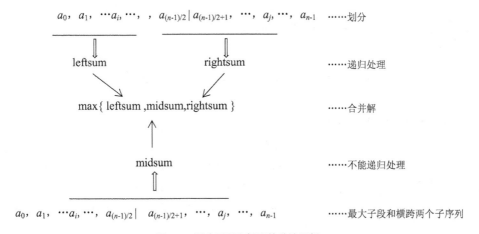

图 3-7　最大子段和问题的分治思想

前两种情形符合子问题递归特性，所以递归可以求出。对于第 3 种情形，则需要单独处理。第 3 种情形必然包括了 $(n-1)/2$ 和 $(n-1)/2+1$ 两个位置，这样就可以利用穷举的思路求出：以 $(n-1)/2$ 为终点，往左移动扩张，求出子段和最大的一个 leftmax1；以 $(n-1)/2+1$ 为起点，往右移动扩张，求出子段和最大的一个 rightmax1；则 leftmax1+rightmax1 是第 3 种情况可能的最大值。

分治法的难点在于第 3 种情形的理解，这里应该抓住第 3 种情形的特点，也就是中间有两个定点，然后分别往两个方向扩张，以遍历所有属于第 3 种情形的子区间，求得最大的（$n-1$）/2 个，如果要求得具体的区间，稍微对 3.5 节中代码做些修改即可。

3. 算法描述

最大子段和 Maxsum 用伪代码描述如下。

【输入】序列 $a[0:n-1]$。

【输出】最大子段和 max。

（1）设置初始值：

max=0；left=0，right=$n-1$；

（2）如果 left=right，则 max 取（0，a[left]）的较大者；

（3）取中间点 mid=(left+right)/2，有以下三种情况：

① 递归计算左区间[left，mid]的最大子段和 leftsum（第 1 种）；

② 递归计算右区间[mid+1，right]的最大子段和 rightsum（第 2 种）；

③ 分别计算区间[left，mid]的最大子段和 leftsum1，区间[mid+1，right]的最大子段和 rightsum1，leftsum1+rightsum1 赋值给 midsum（第 3 种）。

（4）计算 leftsum、rightsum 和 midsum 的最大者，即为 max，将 max 返回。

4. 算法分析

分析算法的时间性能，对应划分得到的情况①和②，需要分别递归求解，对应情况③，两个并列循环的时间复杂度是 O(n)，所以，存在如下递推式：

$$T(n) = \begin{cases} O(1) & n=1 \\ 2T\left(\dfrac{n}{2}\right) + O(n) & n>1 \end{cases}$$

根据主定理，该算法的时间复杂度为 O($n\log_2 n$)。

5. 算法举例

给定序列$(a_0,a_1,a_2,a_3,a_4,a_5)$=(-5,11,-4,13,-4,-2)，求该序列的最大子段和。

求解过程：

（1）赋初值 maxsum=0，left=0，right=5；

（2）因 left<right，计算 mid=(left+right)/2=2；

（3）递归计算子序列（a_0,a_1,a_2）=(-5,11,-4)的最大子段和 leftsum=11；

（4）递归计算子序列（a_3,a_4,a_5）=(13,-4,-2)的最大子段和 rightsum=13；

（5）从右向左计算（a_0,a_1,a_2）最大子段和 leftsum1=7，从左向右计算（a_3,a_4,a_5）最大子段和 rightsum1=13；

（6）计算 midsum=leftsum1+rightsum1=7+13=20 ；

（7）计算 leftsum、midsum 和 rightsum 的最大值为 20，即为所求的 maxsum=20。

3.4.2 棋盘覆盖问题

1. 问题描述

在一个 $2^k \times 2^k$（$k \geq 0$）个方格组成的棋盘中，恰有一个方格与其他方格不同，则称该方格为特殊方格，且称该棋盘为一个特殊棋盘。显然，特殊方格在棋盘上出现的位置有 4^k 种情形，因而有 4^k 种不同的特殊棋盘，如图 3-8 所示的特殊棋盘是当 $k=2$ 时 16 个特殊棋盘中的一个。棋盘覆盖问题（Board

Cover Problem）要求用如图 3-8 所示的 4 种不同形状的 L 型骨牌覆盖给定棋盘上除特殊方格以外的所有方格，且任何两个 L 型骨牌不得重叠覆盖。容易知道，在任何一个 $2^k \times 2^k$ 的棋盘覆盖中，用到的 L 型骨牌个数恰为（4^k-1)/3。

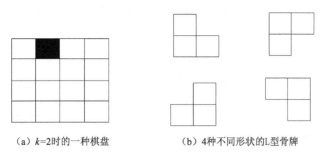

（a）$k=2$ 时的一种棋盘　　　　　（b）4 种不同形状的 L 型骨牌

图 3-8　棋盘覆盖问题示例

2. 分治策略

如何应用分治策略求解棋盘覆盖问题呢？整个算法的过程就是不断地"分"，然后分别地"治"，将棋盘"分"到足够小的时候，"治"起来就变得简单轻松了。

分治的技巧在于如何划分棋盘，使划分后的棋盘的大小相同，并且每个子棋盘均包含一个特殊方格，从而将原问题分解为规模较小的棋盘覆盖问题。对于 $k>0$ 时，可将 $2^k \times 2^k$ 的棋盘划分为 4 个 $2^{k-1} \times 2^{k-1}$ 的子棋盘，如图 3-9（a）所示。这样划分后，由于原棋盘只有一个特殊方格，所以，这 4 个子棋盘中只有一个子棋盘包含该特殊方格，其余 3 个子棋盘中没有特殊方格。为了将这 3 个没有特殊方格的子棋盘转化为特殊棋盘，以便采用递归方法求解，可以用一个 L 型骨牌覆盖这 3 个较小棋盘的会合处，如图 3-9（b）所示，从而将原问题转化为 4 个较小规模的棋盘覆盖问题。递归地使用这种划分策略，直至将棋盘分割为 1×1 的子棋盘。

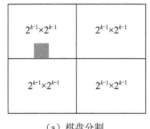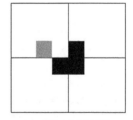

（a）棋盘分割　　　　　　　　　（b）构造相同子问题

图 3-9　棋盘的分割与构造示例

3. 数据结构

采用上述分治算法可以编写成一个递归函数，从而解决了棋盘覆盖问题。棋盘及特殊方格表示如图 3-10 所示。数据结构的设计如下：

（1）棋盘：可以用一个二维数组 board[size][size]表示一个棋盘，其中 size=2^k，size 表示棋盘的行数或列数。为了在递归处理的过程中使用同一个棋盘，将数组 board 设为全局变量。

（2）子棋盘：整个棋盘用二维数组 board[size][size]表示，其中

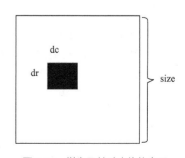

图 3-10　棋盘及特殊方格的表示

的子棋盘由棋盘左上角的下标 tr、tc 和棋盘大小 s 表示。

（3）特殊方格：用 board[dr][dc] 表示特殊方格，dr 和 dc 是该特殊方格在二维数组 board 中的下标。

（4）L 型骨牌：一个 $2^k \times 2^k$ 的棋盘中只有一个特殊方格，所以，用到 L 型骨牌的个数为 $(4^k-1)/3$，将所有 L 型骨牌从 1 开始连续编号，用一个全局变量 tilte 表示，该全局变量初值为 0。

4. 算法分析

从算法的划分策略可知，$T(k)$ 满足如下递归式（3-6）：

$$T(k) = \begin{cases} O(1) & k=1 \\ 4T(k-1) & k>1 \end{cases} \tag{3-6}$$

解此递归方程 $T(k)=O(4^k)$，由于覆盖一个 $2^k \times 2^k$ 棋盘所需的 L 型骨牌个数恰为 $(4^k-1)/3$，故该算法是一个在渐近意义下最优的算法。

3.5 典型问题的 C++ 程序

下面来看看分治算法对问题的 C++ 实现的具体程序。

1. 快速排序问题

具体实现的代码如下。

```cpp
#include <iostream>
using namespace std;
//===============================================
//函数名称：partition
//函数功能：实现对序列a[x]~a[y]进行划分
//函数参数说明：a[]:要排序的序列，x和y分别为该序列的最小下标和最大下标
//函数返回值：int
//===============================================
int partition(int * a, int left, int right)
{
  int i=left, j=right+1;
  do
    {
      do i++; while(a[i]<a[left]);
      do j--; while(a[j]>a[left]);
      if(i<j){int t=a[i]; a[i]=a[j]; a[j]=t;}
    } while(i < j);
  int t=a[left]; a[left]=a[j]; a[j]=t;
  return j;
}
//===============================================
//函数名称：quickSort
//函数功能：对序列a[x]~a[y]快速排序
//函数参数说明：a[]:要排序的序列，x和y分别为该序列的最小下标和最大下标
//函数返回值：void
//===============================================
void quickSort(int * a, int x, int y)    //快速排序，区间为[x,y]
{
    if(x<y)//如果只有一个元素，不用排序
```

```
    {
        //划分成左右两个部分（尽量等长），m 返回的是划分基准元素所在的位置
        int m = partition(a,x,y);
        //递归解决左右两边的排序
        quickSort(a,x,m-1);
        quickSort(a,m+1,y);
        //不用合并，此时已经有序
    }
}
//===============================================
//函数名称：main
//函数功能：对具体序列 a[0]~a[n-1]快速排序
//函数参数说明：
//函数返回值：int
//===============================================
int main()
{
    int n,i;
    int a[100];
    cout<<"请输入数组的规模 n: ";
    cin>>n;
    cout<<"\n 请输入按要排序的"<<n<<"个元素: ";
    for( i = 0; i < n; i ++) scanf("%d",&a[i]);        //输入数据
    cout<<"\n 输出排序前的"<<n<<"个元素: ";
    for( i = 0; i < n; i ++) printf("%d ",a[i]);       //输入数据
    cout<<endl;
    quickSort(a,0,n-1);
    cout<<"\n 输出排序后的"<<n<<"个元素: ";
    for( i = 0; i < n; i ++) printf("%d ",a[i]);
    printf("\n\n\n");
    return 0;
}
```

程序运行结果如图 3-11 所示。

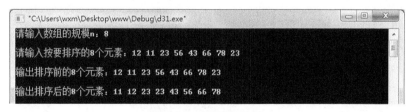

图 3-11　程序执行结果

2. 二分搜索问题

该类问题可以通过以下两种方式实现。

（1）非递归实现

具体实现的代码如下。

```
#include <iostream>
using namespace std;
//===============================================
```

```
//函数名称: binarySearch1
//函数功能: 在有序序列a[left]~a[right]中进行查找元素v
//函数参数说明:  a[]:要查找的序列, left 和 right 分别为该序列的最小下标和最大下标, v 为待查的元素
//函数返回值: int
//===================================================
int binarySearch(int a[], int left, int right, int v)    //半开区间[left,right)
{
    int mid;
    while(left <= right)
    {
        mid = (right+left)/2;
        if(v == a[mid]) return mid+1;                    //找到了
        else if(v < a[mid]) right = mid-1;               //在左边
        else left = mid+1;                               //在右边
    }
    return -1;
}
//===================================================
//函数名称: main
//函数功能: 在具体的升序序列a[0]~a[n-1]中查找元素x
//函数参数说明:
//函数返回值: int
//===================================================
int main()
{
    int n,x,y;
    int a[100];
    cout<<"请输入数组的规模n: ";
    cin>>n;
    cout<<"\n请输入要查找的数:";
    cin>> x;
    cout<<"\n请输入按升序排列的"<<n<<"个的元素: ";
    for(int i = 0; i < n; i ++) scanf("%d",&a[i]);       //输入数据
    cout<<endl;
    y=binarySearch(a,0,n-1,x);
    if(y!=-1)
            cout << "找到数"<<x<<"位于数组中的第"<<y<<"元素\n" <<endl;
    else
            cout<<"没找到! \n"<<endl;
    return 0;
}
```

程序第1次运行结果如图3-12所示。

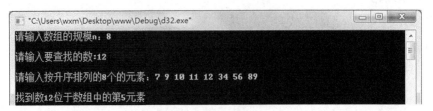

图3-12 程序执行结果

程序第 2 次运行结果如图 3-13 所示。

图 3-13　程序执行结果

（2）递归实现

具体实现的代码如下。

```cpp
#include <iostream>
using namespace std;
//=================================================
//函数名称：binarySearch2
//函数功能：在有序序列 a[left]~a[right]中进行查找元素 v
//函数参数说明：a[]:要查找的序列，left 和 right 分别为该序列的最小下标和最大下标，v 为待查的元素
//函数返回值：int
//=================================================
int binarySearch(int * a, int left, int right, int v)      //半开区间[left,right]
{
    if(right-left == 1)                                     //递归边界处理
      { if(v == a[left]) return left +1;
          else return -1;                                  //所查找元素不存在
      }
    else                                                   //尚未达到边界，继续划分
    {
        int m = left + (right-left)/2;
        if(v == a[m]) return m+1;
        else if(v < a[m])                                  //在左边查找
            return binarySearch(a,left,m,v);
        else                                               //在右边查找
            return binarySearch(a,m+1,right,v);
    }
}

//=================================================
//函数名称：main
//函数功能：在具体的升序序列 a[0]~a[n-1]中查找元素 x
//函数参数说明：
//函数返回值：int
//=================================================
int main()
{
    int n,x,y;
    int a[100];
    cout<<"请输入数组的规模 n: ";
    cin>>n;
```

```
        cout<<"\n 请输入要查找的数:";
        cin>> x;
        cout<<"\n 请输入按升序排列的"<<n<<"个的元素: ";
        for(int i = 0; i < n; i ++) scanf("%d",&a[i]);           //输入数据
        cout<<endl;
        y=binarySearch(a,0,n-1,x);
            if(y!=-1)
                cout << "找到数"<<x<<"位于数组中的第"<<y<<"元素\n" <<endl;
            else
                cout<<"没找到! \n"<<endl;
        return 0;
}
```

程序第 1 次运行结果如图 3-14 所示。

图 3-14   程序执行结果

程序第 2 次运行结果如图 3-15 所示。

图 3-15   程序执行结果

二分搜索在每次子问题划分的时候，只选择子问题的一个分支进行递归查找，从而 $T(n) =O(\log_2 n)$，当然，前提条件是元素有序。

3. 最大子段和问题

具体实现的代码如下。

```
#include<iostream>
#include<time.h>
#include<Windows.h>
using namespace std;
#define MAX 10000
//=================================================
//函数名称: maxSum1
//函数功能: 计算序列 a[left]~a[right]的最大子段和
//函数参数说明: a[]:待计算的序列，left 和 right 分别为该序列的最小下标和最大下标
//函数返回值: int
//=================================================
int maxSum1(int a[],int left, int right)
{
```

```
        int maxsum=0;
        if(left==right)                                    //如果序列长度为1，直接求解
        {
            if(a[left]>0)  maxsum=a[left];
            else maxsum=0;
        }
        else
        {
            int midr=(left + right) / 2;                   //划分
            int leftsum=maxSum1(a,left,mid);               //对应情况1，递归求解
            int rightsum=maxSum1(a, mid + 1, right);       //对应情况2， 递归求解
            int leftsum1=0;
            int lefts=0;
            for(int i=mid; i>=left; i--)                   //求解 leftsum1
            {
                lefts+=a[i];
                if(lefts>leftsum1) leftsum1=lefts;         //左边最大值放在 leftsum1
            }
            int rightsum1=0;
            int rights=0;
            for(int j=center + 1; j <= right; j++)         //求解 rightsum1
            {
                rights+=a[j];
                if(rights>rightsum1) rightsum1=rights;
            }
            midsum=leftsum1+rightsum1;                     //计算第 3 种情况的最大子段和
            if(midsum<leftsum) maxsum=leftsum; //合并，在 midsum、leftsum、rightsum 中取最大值
            else maxsum=midsum;
            if(maxsum<rightsum) maxsum=rightsum;
        }
        return maxsum;
}
//================================================
//函数名称: main
//函数功能: 求序列 a[0]~a[n-1]的最大子段和
//函数参数说明:
//函数返回值: int
//================================================
int main()
{
    int num[MAX];
    int i;
    const int n = 40;
    LARGE_INTEGER begin,end,frequency;
    QueryPerformanceFrequency(&frequency);
    //生成随机序列
    cout<<"生成随机序列: ";
    srand(time(0));
    for( i=0; i<n; i++)
        {
            if(rand()%2==0)
                num[i]=rand();
```

```
            else
                num[i]=(-1)*rand();
            if(n<100)
                cout<<num[i]<<" ";
        }
    cout<<endl;
    cout<<"\n 分治法:"<<endl;
    cout<<"最大字段和: ";
    QueryPerformanceCounter(&begin);
    cout<<maxSum1(num,0,n)<<endl;
    QueryPerformanceCounter(&end);
    cout<<"时间:"
    <<(double)(end.QuadPart - begin.QuadPart) / frequency.QuadPart
    <<"s"<<endl;
    system("pause");
    return 0;
}
```

程序运行结果如图 3-16 所示。

图 3-16　程序执行结果

3.6　小结

分治法是一种非常有用的算法设计技术，分治法设计的算法一般是递归的。分析递归算法的时间得到一个递推方程。本章通过分类对排序问题、选择问题及组合问题等典型问题进行讨论，详细介绍了如何运用分治法设计算法的方法，以及分析算法的时间和空间复杂度的方法，说明了分治法的思想及其应用。从这些例子中可以看出，分治法在求解问题的时候往往存在着如下一些特点以及优势和劣势。

（1）分治法是一种"分"而"治"之的手段，它将问题划分为若干个较小的子问题。而这些子问题还可以继续划分为更小的子问题，然后递归地对这些小问题进行求解，然后合并小问题的解为原问题的解。

（2）尽管归并排序算法和快速排序算法都是基于分治思想，但两者是从分析问题的角度不同得到的两种不同的排序算法。两者分别使用基于"位置"和基于"基准值（主元）"的方式对原数组进行"划分"，最终实现排序。这两种排序算法的时间复杂度都是 $O(n\log_2 n)$。

（3）折半查找算法是分治思想应用的一个典型例子。该算法是建立在有序数组之上的，虽然其本身的时间复杂度仅为 $O(\log_2 n)$，但是如果算上预排序，则至少需要 $O(n\log_2 n)$。不过，对于经常需要进行查找的应用，折半查找算法具有它独特的应用优势。

（4）对于同样的问题，例如最大子段和问题，通过分治算法在提高算法效率方面有优势。

练 习 题

3.1 分治策略一定导致递归吗？如果是，请解释原因。如果不是，给出一个不包含递归的分治例子，并阐述这种分治和包含递归的分治的主要不同。

3.2 在一个序列中出现次数最多的元素称为众数。请设计算法寻找众数并分析算法的时间复杂度。

3.3 用归并排序算法对两组数组排序：

（1）（32,15,14,15,11,17,25,51）

（2）（12,25,17,19,51,32,45,18,22,37,15）

3.4 使用快速排序算法对三组数组分别排序：

（1）（24,33,24,45,12,12,24,12）

（2）（3,4,5,6,7）

（3）（23,32,27,18,45,11,63,12,19,16,25,52,14）

3.5 "金块问题"：老板有一袋金块（共 n 块，n 是 2 的幂（$n \geq 2$）），将有两名最优秀的雇员每人得到其中的一块，排名第一的得到最重的那块，排名第二的雇员得到袋子中最轻的金块。假设有一台比较重量的仪器，希望用最少的比较次数找出最重的金块。

3.6 "二分检索问题"：假定在 $A[1\cdots9]$ 中顺序存放这九个数：$-7,-2,0,5,16,43,57,102,291$，要求检索 291,16,101 是否在数组中。给定已排好序的 n 个元素 A_1，A_2，A_3，$\cdots$，A_n，找出元素 x 是否在 A 中。如果 x 在 A 中，指出它在 A 中的位置；否则，显示"没找到！"。

3.7 "循环赛日程安排问题"：设有 $n=2^k$ 个选手要进行网球循环赛，要求设计一个满足以下要求的比赛日程表：

每个选手必须与其他 $n-1$ 个选手各赛一次；

每个选手一天只能赛一次。

3.8 给定 n 个点，其坐标为（x_i, y_i）（$0 \leq i \leq n-1$），要求使用分治策略求解设计算法，找出其中距离最近的两个点。两点间的距离公式为：$\sqrt{(x_i - x_j)^2 + (y_i - y_j)^2}$

（1）写出算法的伪代码；

（2）编写 C++程序实现这一算法；

（3）分析算法的时间复杂度。

3.9 设 S 是 n（n 为偶数）个不等的正整数的集合，要求将集合 S 划分为字迹 $S1$ 和 $S2$，使得 $|S1|=|S2|=n/2$，且两个子集元素之和的差达到最大。

3.10 利用分治法计算二叉树中分支结点的个数。

04 第4章 贪心算法

　　贪心算法（Greedy Algorithm）是一种使用广泛而且十分高效的算法，它通过分析待求解的问题，制定对应的贪心策略，指导对问题解的搜索。当要求解的问题满足一定条件时，使用贪心算法进行求解能够快速找到问题的最优解，而且时间复杂度要优于求解同样问题的其他算法。然而对于某些问题，贪心算法虽然能够很快地求解问题，但并不能保证得到问题的最优解。即便如此，贪心算法还是在许多问题上取得了令人满意的结果，其求解过程的高效性使它在算法设计中占据了重要地位。贪心算法适合求解问题的最优解或近似最优解。

　　本章介绍贪心算法的设计思想及它在图问题、组合问题中的应用。通过对典型问题进行分析，学会如何使用贪心策略设计算法。

4.1 贪心算法的思想

4.1.1 问题的提出

我们来看一下找零钱问题。假设有面值为 5 元、2 元、1 元、5 角、2 角、1 角的硬币，需要找给顾客 4 元 6 角现金，怎样找零钱使找出的硬币的数量最少呢？

对于该问题，可以将找零钱的过程分为若干步，每一步只给出一枚硬币，这样每一步就是一个子问题。接下来就是依次对每个子问题进行求解了。要想拿出的硬币总数最少，对每个子问题最好的选择应该是拿出不超过该子问题所需找零总数的面值最大的硬币。对于找零 4 元 6 角的情况，第一步和第二步都应拿出一个 2 元的硬币，对于第三步，当前所需找零总数为 6 角(4 元 6 角−2 元×2)，面值不超过 6 角的硬币有 5 角、2 角和 1 角，因此应该拿出 5 角的硬币。如此继续直到找完零钱，最后得到的找零方法应为：拿出两个 2 元的硬币、一个 5 角的硬币和一个 1 角的硬币，总共付出 4 枚硬币，用这样的方法得到该问题的最优解。

倘若将问题修改为：需要找零 1 角 1 分，现只有三种面值为 7 分、5 分和 1 分的硬币。那么使用以上的方法得到的结果是：找给顾客一个 7 分的硬币和四个 1 分的硬币。而问题的最优解却是找两个 5 分的硬币和一个 1 分的硬币。可见在某些问题上，该方法并不能保证得到问题的最优解。这是由找零钱问题本身的固有特性所决定。

这种简单地从具有最大面值的币种开始，按递减的顺序考虑各种币种的方法称为贪心算法（ Greedy Algorithm ）。

4.1.2 贪心算法设计思想

最优化问题（ Optimization Problems ）是指在算法分析中有这样一类问题：它有 n 个输入，而其解就由这 n 个输入满足某些事先给定的约束条件的某个子集所组成，我们把满足约束条件的子集称为该问题的可行解。显然，可行解一般来说是不唯一的，为了衡量可行解的优劣，可以事先给出一定的标准，这些标准一般以函数形式给出——这些函数称为目标函数。那些使目标函数取极值（极大或极小）的可行解，称为最优解。

假定所有的可行解都属于一个候选解集，若该候选解集是有限集，从理论上讲可以使用穷举算法，逐个考察候选解集中的每一个候选解，检查它是否满足约束条件。若某个候选解能够满足约束条件，则它便是一个可行解。此外，还可以同时用目标函数衡量每个可行解，从中找出最优解。显然，当候选解集十分庞大时，这种方法是不可行的，即费时又不经济。如果候选解集是无限集，则无法用穷举法求解。因此，寻找到贪心算法可以用来求解问题的最优解。

贪心策略是指从问题的初始状态出发，通过若干次的贪心选择而得出最优值（或较优解）的一种解题方法。其实，从“贪心策略”一词我们便可以看出，贪心策略总是做出在当前看来是最优的选择，也就是说贪心策略并不是从整体上加以考虑，它所做出的选择只是在某种意义上的局部最优解，而许多问题自身的特性决定了该问题运用贪心策略可以得到最优解或较优解。

贪心算法是通过分步决策，每步都形成局部解，利用这些局部解来构成问题的最终解；如果要求最终的解是最优解，每步的解必须是当前步骤的最优解。所谓“用局部解构造全局解”即从问题的某一个初始解来逐步逼近给定的目标，以尽可能快地求得最优解。

在找零钱问题每一步的贪心选择中，在不超过应找零金额的条件下，只选择面值最大的硬币，而不去考虑在后面看来这种选择是否合理，而且它还不会改变决定：一旦选出了一枚硬币，就永远选定。找零钱问题的贪心选择策略是尽可能使找出的硬币最快地满足找零要求，其目的是使找出的硬币总数最慢地增加，这正体现了贪心法的设计思想。

4.1.3　贪心算法的基本要素

对于什么样的问题，贪心算法才能保证得到问题的最优解呢？只有当要求解问题同时具有最优量度标准和最优子结构性质时，算法才能保证总能找到该问题的最优解。因此，如果需要确保算法的正确性，就应该对一个要求解问题满足这两个性质进行证明。

1．最优量度标准

所谓贪心算法的最优量度标准，是指可以根据该量度标准，实行多步决策进行求解，虽然在该量度意义下所做的这些选择是局部最优的，但最终得到的解却是全局最优的。选择最优量度标准是使用贪心法求解问题的核心问题。值得注意的是，贪心算法每一步做出的选择可以依赖以前做出的选择，但决不依赖将来的选择，也不依赖于子问题的解。虽然贪心算法的每次选择也将问题简化为一个规模更小的子问题，但贪心算法某一步选择并不依赖子问题的解，每一步选择可只按最优量度标准进行。所以，对于一个贪心算法，必须证明采用的量度标准能够得到一个整体最优解。

贪心算法的当前选择可能依赖于已经做出的选择，但不依赖于尚未做出的选择和子问题，因此它的特征是自顶向下，一步一步地做出贪心选择。从全局来看，运用贪心策略解决的问题在程序的运行过程中无回溯过程。

2．最优子结构性质

所谓最优子结构特性是关于问题最优解的特性。当一个问题的最优解中包含了子问题的最优解时，则称该问题具有最优子结构特性（Optimal Substructure）。

一般而言，如果一个最优化问题的解结构具有元组形式，并具有最优子结构特性，我们可以尝试选择量度标准。如果经证明（一般用归纳法），确认该量度标准能导致最优解，便可以按算法框架设计出求解该问题的具体的贪心算法。

然而，并非对所有具有最优子结构选择的最优化问题，都能够幸运地找到最优量度标准，此时可考虑第 5 章的动态规划法求解。问题的最优子结构性质是该问题可用贪心算法求解的关键特征。

4.1.4　贪心算法的求解过程

用贪心法求解问题应该考虑如下几个方面。

（1）候选解集 C：为了构造问题的解决方案，有一个候选解集 C 作为问题的可能解，即问题的最终解均取自于候选解集 C。例如，在付款问题中，各种面值的货币构成候选解集。

（2）解集 S：随着贪心选择的进行，解集 S 不断扩展，直到构成一个满足问题的完整解。例如，在找零钱问题中，已找出的硬币构成解集。

（3）解决函数 solution：检查解集 S 是否构成问题的完整解。例如，在找零钱问题中，解决函数是已找出的硬币金额恰好等于应找零金额。

（4）选择函数 select：即贪心策略，这是贪心法的关键，它指出哪个候选对象最有希望构成问题的解，选择函数通常和目标函数有关。例如，在找零钱问题中，贪心策略就是在候选解集中选择面值最大的硬币。

（5）可行函数 feasible：检查解集中加入一个候选对象是否可行，即解集扩展后是否满足约束条件。例如，在找零钱问题中，可行函数是每一步选择的硬币和已找出的硬币相加不超过应找零金额。

利用贪心算法求解问题的的过程通常包括如下三个步骤。

① 分解：将原问题分解为若干相互独立的阶段。

② 求解：对于每个阶段求局部最优解，即进行贪心选择。在每个阶段，选择一旦做出就不可更改。做出贪心选择的依据称为贪心准则。贪心准则的制定是用贪心算法解决最优化问题的关键，它关系到问题能否得到成功解决及解决质量的高低。

③ 合并：将各个阶段的解合并为原问题的一个可行解。

贪心算法的设计模式可以做一下描述。

```
Greedy(A,n)
{
    A[0:n-1]包含 n 个输入;
    将解向量 solution 初始化为空;
    for(i=0;i<n;i++)
    {
        x=select(A);                    //从问题的某一初始解出发
        if(feasiable(solution,x))
          solution=union(solution,x);   //部分解空间进行合并
    }
    return(解向量 solution);
}
```

函数 select 按照某种量度标准从 A 中选择一个输入，把它的值赋给 x 并将其从 A 中消去。如果 x 可以包含在解向量中，union 函数将 x 与部分解向量合并，并修改目标函数。

贪心算法的优点是求解速度快，时间复杂度较低。其缺点是需要证明要求解的问题的解是最优解。

4.2　组合问题中的贪心算法

4.2.1　背包问题

1. 问题描述

已知一个载重量为 M 的背包和 n 件物品，第 i 件物品的重量为 w_i，如果将第 i 件物品全部装入背包，将有收益 p_i，这里 $w_i>0$，$p_i>0$，$0 \leqslant i \leqslant n-1$。所谓背包问题，是指求一种最佳装载方案使得装入背包中物品的收益最大。所以，背包问题是现实世界一个常见的最优化问题。

背包问题有两类：如果一件物品不能分割，只能作为整体或者装入，或者不装入，则称之为 0/1 背包问题；如果可以选择物品的一部分装入，若装入第 i 件物品的一部分 x_i（$0 \leqslant x_i \leqslant 1$），则该部分物品的重量为 $w_i x_i$，其获得收益为 $p_i x_i$。

0/1 背包问题看似简单，却无法用贪心算法求得其最优解，而只能得到它的近似解。本小节讨论

一般背包问题或简称背包问题（Knapsack Problem）。

2. 贪心策略

背包问题的解可以表示成一个 n 元组，$X=(x_0, x_1, \cdots, x_{n-1})$，$0 \leqslant x_i \leqslant 1$，$0 \leqslant i < n$，每个 x_i 是第 i 件物品装入背包中的部分。任何一种不超过背包载重能力的装载方法都是问题的一个可行解。所以，判定可行解的约束条件是：

$$\sum_{i=0}^{n-1} w_i x_i \leqslant M \qquad w_i > 0, \ 0 \leqslant x_i \leqslant 1, \ 0 \leqslant i < n$$

最优化问题的目标函数用于衡量一个可行解是否为最优解。使总收益最大的装载方案就是背包问题的最优解，所以，背包问题的最优解必须使下列目标函数取最大值：

$$\max \sum_{i=0}^{n-1} p_i x_i \qquad p_i > 0, \ 0 \leqslant x_i \leqslant 1, \ 0 \leqslant i < n$$

用贪心算法求解背包问题的关键是如何选定贪心策略，使得按照一定的顺序选择每个物品，并尽可能的装入背包，直到背包装满。至少有如下三种看似合理的贪心策略。

（1）选择重量最轻的物品，因为这可以装入尽可能多的物品，从而增加背包的总收益。但是，虽然每一步选择使背包的容量消耗得慢了，但背包的收益却没能保证迅速增长，从而不能保证目标函数达到最大。

（2）选择收益最大的物品，因为这尽可能快地增加背包的总收益。但是，虽然每一步选择获得了背包收益的极大增长，但背包容量却可能消耗得太快，使得装入背包的物品个数减少，从而不能保证目标函数达到最大。

（3）以上两种贪心策略或者只考虑背包容量的消耗，或者只考虑背包收益的增长，而为了求得背包问题的最优解，需要在背包收益和背包容量消耗二者之间寻找平衡，正确的贪心策略是选择单位重量收益最大的物品。

首先计算每种物品单位重量的价值 p_i/w_i，然后，按照贪心选择策略，将尽可能多的单位重量收益最高的物品装入背包。若将这种物品全部装入背包后，背包内的物品总重量未超过 M，则选择单位重量价值次高的物品并尽可能多地装入背包。依此策略一直地进行下去，直到背包装满为止。

当然，为了证明算法的正确性，还必须证明背包问题具有贪心选择性质。

3. 算法描述

设背包容量为 M，共有 n 个物品，物品重量存放在数组 $w[0:n-1]$ 中，物品收益存放在数组 $p[0:n-1]$ 中，问题的解存放在数组 $x[0:n-1]$ 中，贪心算法求解背包问题的算法 Knapsack 描述如下。

输入：背包容量 M，物品重量 $w[0:n-1]$，物品收益 $p[0:n-1]$。

输出：数组 $x[0:n-1]$。

（1）改变数组 w 和 p 的排列顺序，使其按照单位重量 $p[i]/w[i]$ 降序排列。

（2）将数组 $x[0:n-1]$ 初始化为 0。

（3）$i=0$。

（4）循环直到（$w[i]>M$）：

① 将第 i 个物品放入背包：$x[i]=1$；

② $M=M-w[i]$；

③ $i++$；

（5）$x[i]=M/w[i]$。

4. 算法分析

算法 Knapsack 的主要计算时间在于将各种物品依其单位重量的价值从大到小排序。因此，算法的计算时间度为 $O(n\log_2 n)$。

5. 算法举例

设有载重能力 $M=20$ 的背包和 3 件物品 0、1、2 的重量为：$(w_0,w_1,w_2)=(18,15,10)$，物品装入背包的收益为：$(p_0,p_1,p_2)=(25,24,15)$，用贪心算法求解该背包问题。

按照算法 Knapsack，首先计算单位重量比 p_i/w_i，得到 $(p_0/w_0,p_1/w_1,p_2/w_2)=(25/18,24/15,15/10)$ $=(1.39,1.6,1.5)$，并按照降序排列得到 $(p_1/w_1,p_2/w_2,p_0/w_0)=(25/18,24/15,15/10)=(1.6,1.5,1.39)$ 选择使单位重量收益最大的物品装入背包，即按照单位重量比 p_i/w_i 的非降次序选择物品。

先选入 1 号物品，再选入 2 号物品，但由于背包的容量剩余 $20-15=5$，因此 2 号物品装入 $1/2$，0 号物品不装入，这样得到的解为 $(x_0,x_1,x_2)=(0,1,1/2)$，它的总收益为 31.5，总收益为最大。

4.2.2 多机调度问题

1. 问题描述

设有 n 个独立的作业 $\{0,1,\cdots,n-1\}$，由 m 台相同的机器 $\{M_0,M_1,\cdots,M_{m-1}\}$ 进行加工处理，作业 i 所需的处理时间为 t_i（$0\leqslant i\leqslant n-1$），每个作业均可在一台机器上加工处理，但不可间断、拆分。多机调度问题（Multi-Machine Scheduling Problem）要求给出一种作业调度方案，使所给的 n 个作业在尽可能短的时间内由 m 台机器加工处理完成。

2. 贪心策略

贪心算法求解多机调度问题的贪心策略是最长处理时间的作业优先，即把处理时间最长的作业分配给最空闲的机器，这样可以保证处理时间长的作业优先处理，从而在整体上获得尽可能短的处理时间。按照最长处理时间作业优先的贪心策略，当 $m\geqslant n$ 时，只要将机器 i 的 $[0,t_i)$ 时间区间分配给作业 i 即可；当 $m<n$ 时，首先将 n 个作业按其所需的处理时间从大到小排序，然后依次顺序将作业分配给最先空闲的机器。

3. 算法描述

设 n 个作业的处理时间存储在数组 $t[0{:}n-1]$ 中，m 台机器的空闲时间存储在数组 $d[0{:}m-1]$ 中，集合 $S[m]$ 存储每台机器所处理的作业，其中集合 $S[i]$ 表示机器 i 所处理的作业，贪心算法求解多机调度问题的算法如下。

【输入】n 个作业的处理时间 $t[0{:}n-1]$，m 台机器的空闲时间 $d[0{:}m-1]$。

【输出】每台机器所处理的作业 $S[m]$。

（1）将数组 $t[0{:}n-1]$ 由大到小排序，对应的作业序号存储在数组 $p[0{:}n-1]$ 中；

（2）将数组 $d[0{:}n-1]$ 初始化为 0；

（3）for(i=0;i<m;i++)

① 将前 m 个作业分配给 m 个机器：$S[i]=\{p[i]\}$；

② $d[i]=t[i]$；

（4）for(i=m;i<n;i++)

① j=数组 $d[m]$ 中最小值对应的下标；

② 将作业 i 分配给最先空闲的机器 j；$S[j]=S[j]+\{p[i]\}$；

③ 机器 j 将在 $d[j]$ 后空闲：$d[j]=d[j]+t[i]$。

4. 算法分析

在算法中，步骤（1）将时间数组 $t[0:n-1]$ 进行排序，其时间复杂度为 $O(n\log_2 n)$，步骤（3）完成前 m 个作业的分配，其时间复杂度为 $O(m)$，步骤（4）完成后 $n-m$ 个作业的分配，则算法的时间复杂度为：$T(n)=\sum_{i=0}^{m-1}1+\sum_{i=m}^{n-1}m=m+(n-m)\times m$，通常情况下，$m<<n$，则该算法的时间复杂度为 $O(nm)$。

5. 算法举例

设有 6 个独立作业 $\{0,1,2,3,4,5\}$ 由 3 台机器 $\{M_0, M_1, M_2\}$ 加工处理，各作业所需的处理时间分别为 $\{34,22,67,51,10,90\}$，首先将这 6 个作业按照处理时间从大到小排序，则作业 $\{5,2,3,0,1,4\}$ 的处理时间分别为 $\{90,67,51,34,22,10\}$，贪心算法产生的作业调度如图 4-1 所示，具体过程如下。

（1）按照最长处理时间作业优先的贪心策略，将作业 5 分配给机器 M_0，则机器 M_0 将在时间 90 后空闲；将作业 2 分配给机器 M_1，则机器 M_1 将在时间 67 后空闲；将作业 3 分配给机器 M_2，则机器 M_2 将在时间 51 后空闲，至此，三台机器均已分配作业。

（2）在三台机器中空闲最早的是机器 M_2，将作业 0 分配给机器 M_2，并且机器 M_2 将在时间 51+34=85 后空闲。

（3）在三台机器中空闲最早的是机器 M_1，将作业 1 分配给机器 M_1，并且机器 M_1 将在时间 67+22=89 后空闲。

（4）在三台机器中空闲最早的是机器 M_2，将作业 4 分配给机器 M_2，并且机器 M_2 将在时间 85+10=95 后空闲。最后得到所需加工的最短时间为 95。

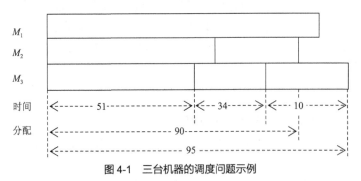

图 4-1　三台机器的调度问题示例

4.3　图问题中的贪心算法

4.3.1　单源最短路径问题

最短路径（Shortest Path）是一种重要的图算法。最短路径问题是用图中的顶点代表不同的城市，用图中的顶点之间的连线即边上权值表示不同城市之间的路径长度，在从一个顶点到另一个顶点之间的所有路径中，求权值之和最小的路径问题即为最短路径问题。它在网络理论、管道铺设、交通网络等实际工程中已得到广泛的应用。

1. 问题描述

给定带权有向图 $G=(V,E)$，V 表示图的顶点集，E 表示图的边集，其中每条边的权是非负实数。另外，还给定 V 中的一个顶点，称为源点。现在要计算从源点到所有其他各顶点的最短路径长度。这里路径长度是指路径上各边权值之和。这个问题通常称为单源最短路径问题。

2. 贪心策略

Dijkstra 算法是求解单源最短路径问题的贪心算法。其基本思想是，设置顶点集合 S 并不断地做贪心选择来扩充这个集合。一个顶点属于集合 S 当且仅当从源点到该顶点的最短路径长度已知。

初始时，S 中仅含有源点 s。设 u 是 G 的某一个顶点，把从源点 s 到 u 且中间只经过 S 中顶点的路径称为从源点 s 到顶点 u 的特殊路径，并用数组 dist 记录当前每个顶点所对应的最短路径长度。Dijkstra 算法每次从 $V-S$ 中取出具有最短路径长度的顶点 u，将顶点 u 添加到 S 中，同时对数组 dist 做必要的修改。一旦 S 包含了所有 V 中顶点，dist 就记录了从源点到所有其他顶点之间的最短路径长度。

3. 算法描述

给定带权有向图 $G=(V,E)$，V 表示图的顶点集，E 表示图的边集。图对应的邻接矩阵 g，其中 $g[i][j]$ 表示边 (i,j) 的权，数组 dist[0:n-1] 保存各终点的当前最短距离，向量数组 prev[0:n-1] 保存表示各终点当前最短路径的前一个顶点。

贪心算法求解单源最短路径问题的算法如下。

【输入】图的邻接矩阵 g[0:n-1, 0:n-1]，图的顶点数 n，源点 s。

【输出】源点 s 到其余各顶点的最短路径及长度。

（1）初始化 dist[i] =$g[s][i]$（$0 \leq i \leq n-1$），对于邻接于源点 s 的所有顶点 u，置 prev[u] =s，对于其余的顶点置 prev[i] = -1；初始化源点 s 到自身的路径长度 dist[s] 为 0。

（2）若 $V-S$ 为空，终止，否则转至（3）。

（3）从 $V-S$ 中删除 dist 值最小的顶点，将其加入到 S 中。

（4）对于与 i 邻接的所有还未到达的顶点 j，更新 dist[j] 值为 min{dist[j], dist[i] +$g[i][j]$}；若 dist[j] 发生了变化且 j 还未在 S 中，则置 prev[j] = i，并将 j 加入 S，转至（2）。

4. 算法分析

对于具有 n 个顶点和 e 条边的带权有向图，如果用带权邻接矩阵表示这个图，那么 Dijkstra 算法的主循环体需要 O(n) 时间。这个循环需要执行 $n-1$ 次，所以完成循环需要 O(n^2) 时间。算法的其余部分所需要时间不超过 O(n^2)。

5. 算法举例

给定如图 4-2 所示的带权有向图，试用 Dijkstra 算法求解源点 0 到其余各顶点的最短路径及长度。

最短路径寻找步骤如表 4-1 所示。

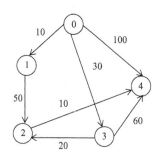

图 4-2　带权有向图

表 4-1　Dijkstra 算法求单源最短路径

步骤	S 集合	V-S 集合	dist[0] prev[0]	dist[1] prev[1]	dist[2] prev[2]	dist[3] prev[3]	dist[4] prev[4]
1	{0}	{1，2,3,4}	0 0	**10** **0**	INT_MAX -1	30 0	100 0
2	{0,1}	{2,3,4}	0 0	10 0	60 1	**30** **0**	100 0
3	{0,1,3}	{2,4}	0 0	10 0	**50** **3**	30 0	90 3
4	{0,1,3,2}	{4}	0 0	10 0	50 3	30 0	**60** **2**
5	{0,1,3,2,4}	{}	0 0	10 0	50 3	30 0	60 2

因此，从源点 0 开始的单源最短路径为 0->0 路径长为 0；0->1 路径长为 10；0->3->2，路径长为 50；0->3，路径长为 30；0->3->2->4，路径长为 60。

4.3.2　最小代价生成树

一个无向连通图的生成树是一个极小连通子图，它包括图中全部结点，并且有尽可能少的边。遍历一个连通图得到图的生成树，遍历方法不同，生成树也不同。带权的连通图即网络，如何寻找一棵生成树使得各条边上的权值之和最小，是一个很有实际意义的问题（如通信网或道路网花费最低的问题）。

一棵生成树的代价是树中各条边上的代价之和。一个网络的各生成树中，具有最小代价的生成树称为该网络的最小代价生成树（Minimum-cost Spanning Tree）。设 $G=(V,E)$ 是无向连通带权图，即一个网络。E 中每条边 (v,w) 的权为 $c[v][w]$。如果 G 的子图 G' 是一棵包含 G 的所有顶点的树，则称 G' 为 G 的生成树。生成树上各边权的总和称为该生成树的代价。在 G 的所有生成树中，代价最小的生成树称为 G 的最小生成树。

1.　问题描述

假设在 n 个城市之间建立公路网，则连通 n 个城市只需要 $n-1$ 条公路。人们很自然地会考虑这样一个问题，如何在最节省经费的前提下构建此公路网？

对于诸如此类的问题都可以使用一个具有 n 个顶点的无向网络来表示。由于网络的每个生成树正好是 $n-1$ 条边，这样问题就转化为如何选择 $n-1$ 条边使它们形成一棵最小生成树。

设 $G=(V,E)$ 是一个无向连通图，求 G 的最小生成树。

2.　贪心策略

求一个带权无向图的最小代价生成树问题是一个最优化问题。一个无向图有多棵不同的生成树。一个无向图的所有生成树都可看成是问题的可行解，其中代价最小的生成树就是所求的最优解。根据图的定义，无向图的顶点集是有限的，它的可行解是可以穷举的。因此，可以用穷举法先求一个图的所有生成树的代价，然后从中找出代价最小的生成树。容易看出，穷举法求解是费时的，使用贪心法可以极大地减少算法的计算量。

将贪心策略用于求解无向连通图的最小代价生成树时，核心问题是需要确定贪心准则。根据最优量度标准，算法的每一步从图中选择一条符合准则的边，共选 $n-1$ 条边，构成无向连通图的一棵生成树。由于贪心法的最优量度标准通常只是当前最优的选择，并不能确信能够得到全局最优解。贪心法求解的关键是该量度标准必须足够好。它应保证依据此准则选出 $n-1$ 条边构成该图的一棵生成树，必定是最小代价生成树。

最简单的最优量度标准是：选择使得迄今为止已入选的边的代价和增量最小的边。目前采用贪心策略来求解最小生成树的方法主要有 Prim（普利姆）算法和 Kruskal（克鲁斯卡尔）算法。尽管这两个算法做贪心选择的方式不同，它们都利用了下面的最小生成树性质：

设 $G=(V,E)$ 是连通带权图，U 是 V 的真子集。如果 $(u,v)\in E$，且 $u\in U$，$v\in V-U$，且在所有这样的边中，(u,v) 的权 $c[u][v]$ 最小，那么一定存在 G 的一棵最小生成树，它以 (u,v) 为其中一条边。这个性质有时也称为 MST 性质。

3. Prim 算法

Prim 算法的基本思想：设 $G=(V,E)$ 是无向连通带权图，$V=\{1,\cdots,n\}$，令 G 的最小生成树为 $T=(S,TE)$，其中 S 是 G 的生成树的顶点集合，TE 是 G 的生成树中边的集合。开始时，$S=\{u0\}$，$TE=\{\}$。$u0$ 为 G 中的任意一个顶点。然后重复进行如下操作：在一个顶点在 S 中，另一个顶点在 $V-S$ 中的所有边中选择权值最小的边 (u,v)，把它的顶点加入到集合 S 中。构造 G 的最小生成树 T 的首先置 $S=\{1\}$，然后，只要 S 是 V 的真子集，就做如下的贪心选择：选取满足条件 $u\in S$，$v\in V-S$，且 $c[u][v]$ 最小的边，将顶点 v 添加到 S 中。这个过程一直进行到 $S=V$ 时为止。在这个过程中选取到的所有边恰好构成 G 的一棵最小生成树。为了实现 Prim 算法，对不在当前生成树中的顶点 $v\in V-S$，需要保存两个信息：lowcost[v] 表示顶点 v 到生成树中所有顶点的最短边；adjvex[v] 表示该最短边在生成树中的顶点。

（1）初始

S 只包含根节点 s，$S=\{s\}$。对于任意结点 $v\in V-S$，令 closedge[v].lowcost=cost(s,v)，closedge[v].adjvex=s。

（2）选择

选择结点 $u\in V-S$，使 closedge[u].lowcost=min{closedge[v].lowcost|$v\in V-S$}。将结点 u 及边 <closedge[u].adjvex ,u>加入树 T 中，令 $S=S\cup\{u\}$。

（3）修改

对于任意结点 $v\in V-S$，如果 cost(u,v)< closedge[v].lowcost，则 closedge[v].lowcost= cost(u,v)；closedge[v].adjvex=u。

（4）判断

若 $S=V$，则算法结束，否则转第（2）步。

其中，数组 closedge 表示的是一个从顶点集 S 到 $V-S$ 的代价最小的生成树，数组 cost 代表两个顶点之间的代价。

利用最小生成树性质和数学归纳法容易证明，上述算法中的边集合 T 始终包含 G 的某棵最小生成树中的边。因此，在算法结束时，T 中的所有边构成 G 的一棵最小生成树。例如，对于如图 4-3 所示的无向连通带权图，按 Prim 算法选取边的过程如图 4-4 所示。

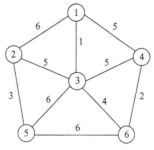

图 4-3　无向连通图

4. Kruskal 算法

Kruskal 算法是一种按照网络中各边的权值递增的顺序构造最小生成树的方法。其基本思想是设无向连通图为 $G=(V,E)$，令 G 的最小生成树为 T，其初始状态为 $T=(V,\{\})$，即开始时，最小生成

树 T 由图 G 的 n 个顶点构成，顶点之间没有一条边，这样 T 中各顶点各自构成一个连通分量。然后，按照边的权值由小到大，考察 G 的边集 E 中的各条边。并选择权值最小且不与 T 中的边构成环的一条边加入到最小生成树的边集合中（这一点是该算法所使用的贪心选择性质），如此下去，直到所有的结点都加入到最小生成树的结点集合中为止，Kruskal 算法求解过程如下。

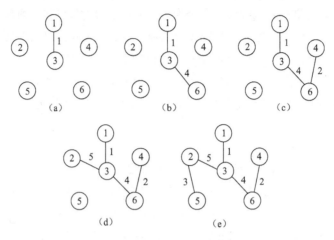

图 4-4　Prim 算法构造最小生成树的过程

（1）初始化

将图的边按照权值的大小进行排序。通常使用最小堆来存放图中的所有边，堆中每个结点的内容包括一条边的起点、终点和代价。

（2）求代价最小的边

在构造最小生成树过程中，利用并查集的运算检查依附一条边的两个顶点是否在同一连通分量（即并查集的同一子集合）上，如果是则舍去这条边；否则将此边加入 T 中，同时将这两个顶点放在同一个连通分量上。

并查集（Union-Find Set）作为一种高效易于实现的数据结构有着广泛的实际应用，它提供了集合之间的合并操作，即将两个并查集合并成一个并查集；同时还提供了集合元素的归属查找操作，即返回待查找元素所在集合名字。

最常见的并查集实现是森林，即在森林中，每棵树代表一个集合，用树根来标识一个集合。当要把两个集合 $S1$ 和 $S2$ 合并时，只需要将 $S1$ 的根的父亲设置为 $S2$ 的根就可以了。当查找一个元素 X 时，只需沿着叶子到根结点的路径找到 X 所在树的根结点，就确定了 X 所在的集合。

（3）合并

随着各边逐步加入到最小生成树 T 上的边集合中，个各连通分量也在逐步合并，直到形成一个连通分量为止。

例如，对如图 4-3 所示的无向连通带权图，按 Kruskal 算法顺序得到的最小生成树上的边如图 4-5 所示。

5．算法分析

用 Prim 算法实现所需的时间复杂度为 $O(n^2)$。

Prim 算法的特点是当前形成的集合 T 始终是一棵树。每有一条边加入集合 T 时，MST 性质保证了此边的安全，直到 T 包含 V 中所有的顶点为止。用 Prim 算法实现所需的时间复杂度为 $O(n^2)$。

Kruskal 算法需要对图的边进行访问，所以 Kruskal 算法的时间复杂度只和边有关系，可以证明

当图的边数为 e 时，Kruskal 算法的时间复杂度是 O($e\log_2 e$)。

Prim 算法只与顶点有关，其时间复杂度与边的数目无关，所以适合求稠密图的最小生成树；而 Kruskal 算法只与边相关，其时间复杂度跟边的数目有关，因此适合求稀疏图的最小生成树。

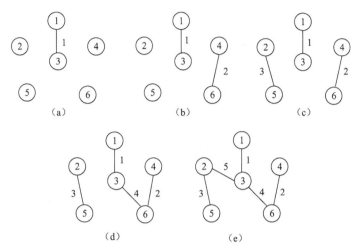

图 4-5 Kruskal 算法构造最小生成树的过程

 注意 Prim 算法适合稠密图，其时间复杂度与边的数目无关，而 Kruskal 算法的时间复杂度与边的数目有关，适合稀疏图。

6. 算法举例

考察图 4-6（a）给出的带权无向连通图 $G=(V,E)$，其中 $V=\{1,2,3,4,5,6\}$，$E=\{(1,2),(1,3),(1,4),(2,3),(2,5),(3,4),(3,5),(3,6),(4,6),(5,6)\}$，各边的权值如图 4-6（a）所示，用 Prim 算法和 Kruskal 算法求解 G 的最小生成树。

（1）用 Prim 算法

实现过程如图 4-6 所示。假设开始顶点就选顶点 1，故首先有 $S=\{1\}$，$V-S=\{2，3，4，5，6\}$。

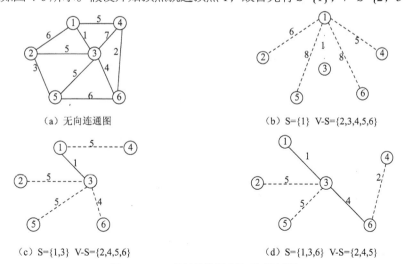

图 4-6 Prim 算法构造最小生成树的过程

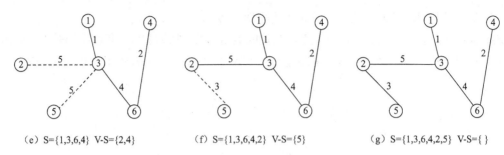

（e）S={1,3,6,4} V-S={2,4}　　　　（f）S={1,3,6,4,2} V-S={5}　　　　（g）S={1,3,6,4,2,5} V-S={ }

图 4-6　Prim 算法构造最小生成树的过程（续）

（2）用 Kruskal 算法

对如图 4-6（a）所示的无向网连通图，用 Kruskal 算法求最小生成树的过程如图 4-7 所示。

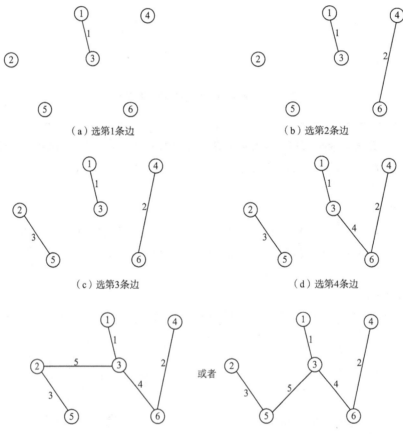

（a）选第1条边　　　　　　　　　　（b）选第2条边

（c）选第3条边　　　　　　　　　　（d）选第4条边

（e）选第5条边（不能选（1，4）边，会构成回路，但可选（2，3）或（5，3）中之一）

图 4-7　Kruskal 算法求最小生成树的过程

4.4　典型问题的 C++ 程序

1. 背包问题

（1）程序名称：GreedyKnapsack.h

文件"GreedyKnapsack.h"定义了算法包括的成员函数和数据成员。ComputeRatio 函数功能是计算每一种物品的单位收益，SortRatio 函数功能是按照单位重量的收益进行排序，ComputeProfit 函数功能是计算背包内所放物品的最大收益。

具体代码如下。

```cpp
#include<iostream>
using namespace std;
class GreedyKnapsack{
public:
  GreedyKnapsack(int _weight[],int _value[],int capacity);
  double *ComputeRatio();
  void SortRatio(double _Ratio[]);
  double ComputeProfit( );
private:
  int *weight;
  int *value;
  int capacity;
  double profit;
};
```

（2）程序名称：GreedyKnapsack.cpp

在实现文件"GreedyKnapsack.cpp"中，对三个主要的函数进行了详细的定义。

具体代码如下。

```cpp
#include "GreedyKnapsack.h"
//===============================================
//函数名称：GreedyKnapsack
//函数功能：初始化对象
//函数参数说明：_weight[] 物品重量, _value[] 物品收益,_capacity 背包容量
//函数返回值: void
//===============================================
GreedyKnapsack::GreedyKnapsack(int _weight[],int _value[],int _capacity)
{
    weight=_weight;
    value=_value;
    capacity=_capacity;
    profit=0;
    return;
}
//===============================================
//函数名称：ComputeRatio
//函数功能：计算出物品的单位重量的收益
//函数参数说明：
//函数返回值: double
//===============================================
double *GreedyKnapsack::ComputeRatio()
{
    double *Ratio=new double[5];
    for(int i=0;i<5;i++)
        Ratio[i]=(double)value[i]/weight[i];
    return Ratio;
}
//===============================================
//函数名称：SortRatio
```

```
//函数功能：根据单位重量的收益值比大小，对物品进行排序
//函数参数说明：
//函数返回值：void
//=============================================
void GreedyKnapsack::SortRatio(double _Ratio[])
{
    for(int i=0;i<5;i++)
        for(int j=i+1;j<5;j++)
        {
            if(_Ratio[j]>_Ratio[i])
            {
                int temp=weight[i];
                weight[i]=weight[j];
                weight[j]=temp;
                temp=value[i];
                value[i]=value[j];
                value[j]=temp;
            }
        }
    return;
}
//=============================================
//函数名称：ComputeProfit
//函数功能：计算背包问题的最优解和所放物品的最大收益
//函数参数说明： x[]最优解
//函数返回值：double
//=============================================
double GreedyKnapsack::ComputeProfit()
{
    int temp=0,i=0;
    while(temp<=capacity)
    {
        if(i==5) break;
        else
            { if((weight[i]+temp)<=capacity)
                {
                    profit+=value[i];
                    temp+=weight[i];
                }
            else
            {
                int _weight=capacity -temp;
                profit+=(double)_weight/weight[i]*value[i]; temp+=_weight;
            }
            }
        i++;
    }
    return profit;
}
```

（3）主程序名称：**Bag.cpp**

程序中的_weight 数组定义了 5 件物品的重量分别为 1,2,3,4 和 5。其收益在_value 数组定义，分别为 3,10,6,3 和 5。当总重量限制为 10 的时候，首选单价重量收益最大的 10/2，再选择其次的 3/1，

再选 6/3，再选 5/5，这个时候重量是 11，已经超重了，对于最后一件物品只能装入 4/5，这样总重量为 23，最大收益为 23。

具体代码如下。

```cpp
#include<iostream>
using namespace std;
#include "GreedyKnapsack.h"
int main()
{
    int _weight[5]={1,2,3,4,5},_value[5]={3,10,6,3,5};double x[5]={0};
    int _capacity=10;
    GreedyKnapsack *greedy=new GreedyKnapsack(_weight,_value,_capacity);
    greedy->SortRatio(greedy->ComputeRatio());
    cout<<"The Maximum Profit is:   "<<greedy->ComputeProfit(x)<<endl;
    return 0;
}
```

程序运行结果如图 4-8 所示。

图 4-8　程序执运行结果

2. 单源最短路径——Dijkstra 算法

程序名称：Dijkstra.cpp

为了简化算法，程序使用向量对象 vector 使用 "vector<vector<int>>g;" 定义图 g，并用邻接矩阵表示，程序中的 INT_MAX 是整数类型 int 的最大值，函数 Dijkstra() 实现最短路径的算法。程序输入为有向图或者无向图 g 和出发的源点 s，输出为源点 s 到各点的最短路径长 dist 和源点 s 到各点的最短路径 prev。构造一个如图 4-9 所示的有向带权图。

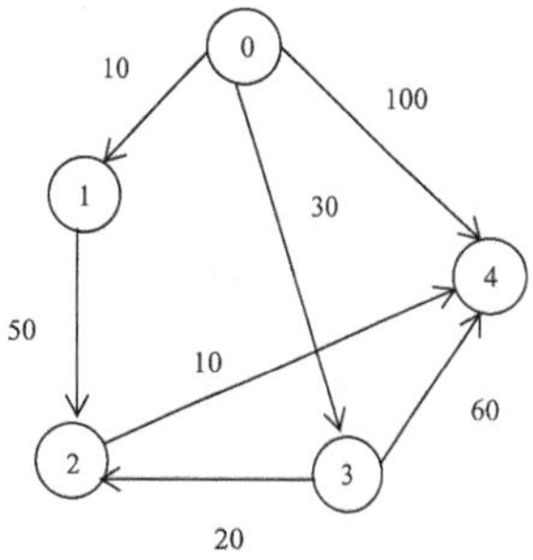

根据各边的连通情况，其对应的矩阵数组表示如下。

图 4-9　有向带权图

具体代码如下。

```cpp
g[0][1]=10;g[0][3]=30;g[0][4]=100;
g[1][2]=50;
g[2][4]=10;
g[3][2]=20;g[3][4]=60;

#include<iostream>
#include<vector>
#include<iterator>
using namespace std;
int n;                          //顶点个数
vector<vector<int>>g;           //g：图（graph）（用邻接矩阵（adjacent matrix）表示）
int s;                          //s：源点（source）
vector<bool>known;              //known：各点是否知道最短路径
vector<int>dist;                //dist：源点 s 到各点的最短路径长度
vector<int>prev;                //prev 各点的最短路径的前一顶点
void Dijkstra()                 //贪心算法
{
```

```
        known.assign(n,false);
        dist.assign(n,INT_MAX);
        prev.resize(n);                  //初始化 known、dist、prev
        dist[s]=0;                       //初始化源点 s 到自身的路径
        for(;;)
        {   int min=INT_MAX,v=s;
            for(int i=0;i<n;++i)
            if(!known[i]&&min>dist[i])
                min=dist[i],v=i;         //寻找未知的最短路径的顶点 v
                if(min==INT_MAX)break;   //如果找不到，退出
            known[v]=true;
                for(int w=0;w<n;++w)     //遍历所有 v 指向的顶点 w
            if(!known[w]&&g[v][w]<INT_MAX && dist[w]>dist[v]+g[v][w])
                            //调整顶点 w 的最短路径长度 dist 和最短路径的前一顶点 prev
                    dist[w]=dist[v]+g[v][w],prev[w]=v;
        }
    }

void Print_SP(int v)
{   if(v!=s)Print_SP(prev[v]);
    cout<<v<<"";
}

int main()
{
    n=5;
    g.assign(n,vector<int>(n,INT_MAX));
    //构建图
    g[0][1]=10;g[0][3]=30;g[0][4]=100;
    g[1][2]=50;
    g[2][4]=10;
    g[3][2]=20;g[3][4]=60;
    s=0;
    Dijkstra();
    copy(dist.begin(),dist.end(),ostream_iterator<int>(cout,""));
    cout<<endl;
    for(int i=0;i<n;++i)
        if(dist[i]!=INT_MAX)
            {
                cout<<s<<"->"<<i<<":";
                Print_SP(i);
                cout<<endl;
            }
    return 0;
}
```

程序运行结果如图 4-10 所示。

图 4-10　执行结果

3. 最小代价生成树问题——Prim 算法

图 g 用邻接矩阵表示，最短边长 dist 用数组表示。输出为最小生成树长度 sum 和最小生成树 prev。
具体代码如下。

```cpp
#include<iostream>
#include<vector>
#include<algorithm>
using namespace std;
int n;                                    //n:顶点个数
                                          //g:图（graph）（用邻接矩阵（adjacent matrix）表示）
vector< vector <int>> g;
vector<bool>known;                        // known:各点是否已经选取
vector<int>dist;                          // dist:已经选取点集到未选取点的最小边长
vector<int>prev;                          // prev:最小生成树中各点的前一顶点
int s,sum;                                //s:起点（start）,sum:最小生成树长度
bool Prim()                               //贪心算法
{
    known.assign(n,false);
    dist.assign(n,INT_MAX);
    prev.resize(n);                       //初始化 known、dist、prev
    dist[s]=0;                            //初始化起点到自身的路径长度为0
    int i;
    for( i=0;i<n;++i)
    {
        int min=INT_MAX,v;
        for(int i=0;i<n;++i)
            {  if(!known[i]&&min>dist[i]) //寻找未知的最短路径长度的顶点v
            {  min=dist[i];v=i;}
            if(min==INT_MAX) break;       //如果找不到，退出
            known[v]=true;                //如果找到，将顶点v设为已知
            sum+=dist[v];                 //调整最小生成树长度
            for(int w=0;w<n;++w)          //遍历所有v指向的顶点
            if(!known[w] && g[v][w]<INT_MAX && dist[w]>g[v][w])
                                          //调整顶点w的最短路径长度dist和最短路径的前一顶点prev
            {  dist[w]=g[v][w];prev[w]=v; }
            }
    return i==n;                          //选取顶点个数为n,成功
}
int main()
{
    n=6;                                  //顶点数
    g.assign(n,vector<int>(n,INT_MAX));
    g[0][1]=g[1][0]=6;   g[0][2]=g[2][0]=15;   g[0][3]=g[3][0]=10;
    g[1][3]=g[3][1]=11;   g[1][4]=g[4][1]=8;
    g[2][3]=g[3][2]=5;   g[2][5]=g[5][2]=9;
    g[3][4]=g[4][3]=4;   g[3][5]=g[5][3]=8;
    g[4][5]=g[5][4]=12;
    s=0;                                  //起点任选
    sum=0;
    if(Prim())
    {
```

```
            cout<<sum<<endl;
            for(int i=1;i<n;++i)
                if(i!=s) cout<<prev[i]<<"->"<<i<<endl;
        }
        else
            cout<<"有顶点不能到达!"<<endl;
        return 0;
    }
```

程序运行结果如图 4-11 所示。

图 4-11　程序执行结果

4. 最小代价生成树问题——Kruskal 算法

具体代码如下。

程序的输入 g 可以是有向图或者无向图，输出为最小生成树长度 sum 和最小生成树 mst。

```
#include<iostream>
#include<vector>
#include<string>
#include<algorithm>
using namespace std;
struct Edge
{
    int u,v,w;                          //u、v：两个顶点　w：权
    Edge(){}
    Edge(int u0,intv0,int w0):u(u0),v(v0),w(w0){}
};
int n;                                  //n:顶点个数
vector<Edge> edges;                     //edges：图 g 的所有边
int sum;                                //sum:最小生成树长度
vector<Edge>mst;                        //mst：最小生成树（用边集表示）

class DisjSets
{
    vector<int>s;
    public:
    DisjSets(int n):s(n,-1){}
    int find(int x)
    {
        if(s[x]<0) return x;
        else return s[x]=find(s[x]);            //压缩路径
    }
void unionSets(int root1,int root2)
    {
        if(s[root1]>s[root2])                            //按个数求并（个数用负数表示）
        {
            s[root2]+=s[root1];
```

```
                s[root1]=root2;
            }
        else
            {
                s[root1]+=s[root2];
                s[root2]=root1;
            }
    }
};

bool Cmp(const Edge &lhs,const Edge &rhs)
{
    return lhs.w>rhs.w;
}
bool Kruskal()
{
    DisjSets ds(n);
    make_heap(edges.begin(),edges.end(),Cmp);      //对边集建堆
    int root1,root2;
    Edge e;
    while(!edges.empty())                          //遍历所有边
        {                                          //从未选边集中寻找最小权的边 e
            e=edges.front();
            pop_heap(edges.begin(),edges.end(),Cmp);
            edges.pop_back();
            root1=ds.find(e.u),root2=ds.find(e.v);  //获取 u、v 所在的点集
            if(root1!=root2)                        //如果 u、v 不是同一个点集
            {
                sum+=e.w;                           //调整最小生成树长度
                mst.push_back(e);                   //把边 e 放入最小生成树 mst 中
                ds.unionSets(root1,root2);          //合并两点所在的点集
            }
        if(mst.size()==n-1)return true;             //如果选取边个数为 n-1，成功
    }
    return false;
}
int main()
{
    n=6;
    edges.clear();
    edges.push_back(Edge(0,1,6));edges.push_back(Edge(0,2,15));
    edges.push_back(Edge(0,3,10));
    edges.push_back(Edge(1,3,11));edges.push_back(Edge(1,4,8));
    edges.push_back(Edge(2,3,5));edges.push_back(Edge(2,5,9));edges.push_back(Edge(4,5,12));
    sum=0;
    mst.clear();
    if(Kruskal())
    {
        cout<<sum<<endl;
        for(vector<Edge>::iterator it=mst.begin();it!=mst.end();++it)
            cout<<it->u<<"->"<<it->v<<endl;
    }
    else
```

```
    {
        cout<<"有顶点不能到达! "<<endl;
    }
    return 0;
}
```

程序运行结果如图 4-12 所示。

图 4-12　程序执行结果

4.5 小结

在本章中，我们学习了一种很有趣而且很重要的算法——贪心算法。贪心算法是求解最优化问题的常用算法技术，能够有效快速地求解问题。

本章用贪心算法解决的几类问题中，包括组合问题中的背包问题、多机调度问题，图问题的单源最短路径问题、最小代价生成树问题。通过学习算法思想、描述和针对具体例子分析算法的运行过程，我们对贪心算法如何求解问题以及贪心算法的特点，有了进一步的了解。对于要求解的问题，能通过分析问题获取最优量度标准，并满足最优子结构性质，使用贪心算法进行求解能够找到问题的最优解，而且时间复杂度较低，通常是线性或二次多项式。而对于其他不同时满足这两个性质的问题，虽然贪心算法能够很快地求解问题，但却不能保证一定得到问题的最优解。因此在使用贪心算法求解问题时，必须考察问题是否具有贪心选择性质和最优子结构性质，以保证算法的正确性。

练 习 题

4.1 设有背包问题时实例 $n=7$，$M=15$，$(w_0,w_1,\cdots,w_6) = (2,3,5,7,1,4,1)$，物品装入背包的收益为：$(p_0,p_1,\cdots,p_6) = (10,5,15,7,6,18,13)$。用贪心算法求这一实例的最优解和最大收益。

4.2 0/1 背包问题是一种特殊的背包问题，装入背包的物品不能分割，只允许或者整个物品装入背包，或者不装入，即 $x_i=1$ 或 0，$0 \leqslant i \leqslant n-1$。以题 4.1 的数据作为 0/1 背包的实例，按贪心算法求解。这样求得的解一定是最优解吗？

4.3 最优装载问题是将一批集装箱装上一艘载重为轮船，其中集装箱 i 的重量为 $w_i(0 \leqslant i \leqslant n-1)$。最优装载问题是指在装载体积不受限制的情况下，求使得集装箱数目最多的装载方案。

（1）给出贪心算法求解这一问题的最优量度标准。

（2）讨论其最优解的最优子结构。

（3）编写装箱问题的贪心算法

（4）设有重量为（4,6,3,5,7,2,9）的 7 个集装箱，轮船的载重为 26，求最优解。

4.4 "最优服务次序问题"：设有 n 个顾客同时等待一项服务。顾客 i 需要的服务时间为 t_i，$1 \leqslant i \leqslant n$。应如何安排 n 个顾客的服务次序使得总的等待时间达到最小？总的等待时间是每个顾客等待服务时间的总和。

4.5 分别使用 Prim 算法和 Kruskal 算法求解如图 4-13 所示的带权无向连通图的最小生成树。

4.6 编写程序实现使用 Dijkstra 算法分别求解如图 4-14 所示中以各个顶点为源到其他顶点的最短路径。

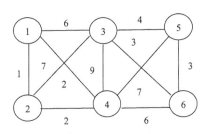

图 4-13 带权无向连通图

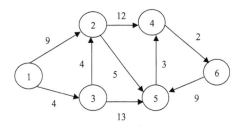

图 4-14 带权有向图

4.7 试使用贪心算法编程求解具体的多机调度问题。作业个数：10，机器数目：5。每个作业所需加工时间如表 4-2 所示。

表 4-2 作业加工时间

作业	加工时间	作业	加工时间
J1	41	J6	24
J2	67	J7	78
J3	34	J8	58
J4	10	J9	62
J5	69	J10	64

4.8 "汽车加油问题"：一辆汽车加满油后可以行使 n 千米。现需行驶一段具有 m 千米的旅途，途中有 n 个加油站，每个加油站的位置是已知的。试问汽车应该在途中哪些加油站停靠加油，以保证顺利到达终点并使加油次数最少？

4.9 "磁带存储问题"：设有 13 个程序需放在 3 条磁带 T_0、T_1 和 T_2 上，程序长度为（12，5,8,32,7,5,18,26,4,3,11,10,6）。请给出最优存储方案。

4.10 "最优合并问题"：给定 k 个排好序的序列 $s_1, s_2, \cdots, s_k$，用 2 路合并算法将这 k 个序列合并成一个序列。试设计一个算法确定合并这个序列的最优合并顺序，使所需的总比较次数最少。

05 第5章 动态规划算法

现实中的许多问题，只有在把各种情况都考虑和分析后，才能判定并得到问题的最优解。这种枚举法求解问题的方式，对计算复杂度很高、计算量很大的问题来讲，无论是所需的时间还是空间，实际上都是不可能的。但在对这类问题的分析中，发现它们的活动过程可以分为若干阶段，而且在任一阶段的行为都依赖于该阶段的状态，而与该阶段之前的过程及如何达到这种状态的方式无关。当各个阶段的决策确定后，就得到了整个过程的实现途径，即组成了一个决策序列。这种把一个问题看作是一个前后关联的具有链状结构的多阶段过程称为多阶段决策过程。

在 20 世纪 50 年代，美国数学家 Richard E. Bellman 在其著作《Dynamic Programming》中根据这类优化问题的多阶段决策的特性，提出了"最优性原理"，把多阶段决策过程转化为一系列单阶段问题逐个求解，从而创建了最优化问题的一种新的算法设计方法——动态规划算法。

5.1　动态规划算法的思想

动态规划算法（Dynamic Programming）处理的对象是多阶段复杂决策问题（另一种求解最优化问题）。动态规划算法与分治法类似，其基本思想也是将待求解问题分解成若干个子问题（阶段），然后分别求解各个子问题（阶段），最后将子问题的解组合起来得到原来问题的解。但是经动态规划算法分解得到的子问题不同于分治的是，子问题往往不是互相独立的，而是相互联系又相互区别的。

动态规划算法的高明之处在于它不会重复求解某些被重复计算了许多次的子问题，即重叠子问题，而是用表格将已经计算出来的结果存起来，避免了重复计算从而降低时间复杂度。动态规划算法被提出的主要目的是优化，即不单是要解决一个问题，还要以最优的方式解决这个问题，或者说，针对特定问题寻求最优解。

例如前面提到的 Fibonacci 序列（比如求 $F(7)$），计算过程如图 5-1 所示。

图中带阴影的方框表示该子问题被重复地计算，如 $F(2)$ 被重复计算了 8 次，$F(3)$ 被重复计算了 5 次，递归算法求解时具有指数级别的时间复杂度。注意到斐波那契数列在计算 $F(i)$ 时，是以计算它的两个重叠子问题 $F(i-1)$ 和 $F(i-2)$ 的形式来表达的，所以可以设计一张表填入 $i+1$ 个 $F(i)$ 的值保存，这样就可以在以后遇到相同子问题的时候，通过简单的查表获得子问题的最优解，从而避免了大量的重复计算，提高了计算的效率。如计算 $F(7)$，其填表过程为：

0	1	2	3	4	5	6	7
0	1	1	2	3	5	8	13

尽管这样计算 $F(i)$ 避免了大量重复求解该子计算，但是依然有多次的函数调用，而每一次调用都要花费时间进行参数传递等。事实上在计算 $F(i)$ 时，只需知道 $F(i-1)$ 和 $F(i-2)$ 即可。这样如果从简单问题入手，以递归出口 $F(0)=0$ 和 $F(1)=1$ 为计算的起点，先计算 $F(2)$，再计算 $F(3)$，以此类推，便可得到斐波那契数列。这个算法就是最简单的动态规划算法，其时间复杂度仅为 $O(n)$，比前面递归算法的指数级时间复杂度更有效。

在实际生活中，按照多步决策方法，一个问题的活动过程可以分成若干个阶段（子问题），每个阶段可以包含一个或多个状态。按顺序求解各个子问题时，列出在每一种情况下各种可能的局部解，然后根据问题的约束条件，从局部解中挑选出那些有可能产生最优结果的解而弃去其余解。那么前一问题的解为后一问题的求解提供了有用的信息，从而大大减少了计算量。最后一个子问题（阶段）的解（决策）就是初始问题的解。也就是说，一个活动过程进展到一定阶段时，其行为依赖于该阶段的其中一个状态，与该阶段之前的过程如何达到这种状态的方式无关，采取的决策影响以后的发展。多步决策求解方案的决策序列就是在变化的状态中产生出来的，故有"动态"的含义。

问题求解的目标是获取导致问题最优解的最优决策序列（最优策略）。对于一个决策序列，可以用一个数值函数（目标函数）衡量该策略的优劣。动态规划算法的最优性原理（Principle of Optimality）："一个最优决策序列具有这样的性质，不论初始状态和第一步决策如何，对前面的决策所形成的状态而言，其余的决策必须按照前一次决策所产生的新状态构成一个最优决策序列"。最优性原理用数学语言描述：假设为了解决某一多阶段决策过程的优化问题，需要依次做出 n 个决策 $D_1, D_2, \cdots, D_n$，如果这个决策序列是最优的，对于任何一个整数 k，$1<k<n$，不论前面 k 个决策 D_1，D_2，…，D_k 是怎样的，以后的最优决策只取决于由前面决策所确定的当前状态，即以后的决策序列 D_{k+1}，D_{k+2}，…，D_n 也是最优的。

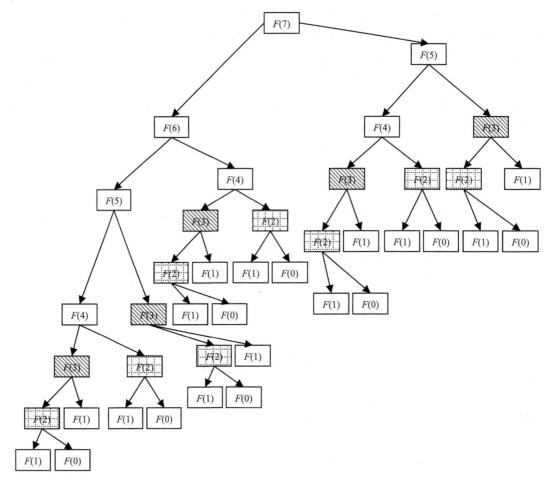

图 5-1　斐波那契数列 $F(7)$ 的计算过程

最优性原理体现为问题的最优子结构特性。对于一个问题，如果能从较小规模的子问题的最优解求得较大规模同类子问题的最优解，最终得到给定问题的最优解，也就是问题的最优解中所包含的子问题的最优解，这种性质常称为最优子结构性质。最优子结构特性使得在从较小问题的解构造较大问题的解时，只需考虑子问题的最优解，然后以自底向上的方式递归地从子问题的最优解逐步构造出整个问题的最优解。它保证了原问题的最优解可以通过求解子问题的最优解获得。最优子结构特性是动态规划算法求解问题的必要条件。

由此，动态规划算法具有如下特点。

（1）如果所求解的问题满足最优性原理，则说明用动态规划算法有可能解决该问题。在分析问题的最优子结构性质时，所用的方法具有普遍性：首先假设由问题的最优解导出的子问题的解不是最优的，然后再设法说明在这个假设下可构造出比原问题最优解更好的解，从而导致矛盾。注意同一个问题可以有多种方式刻画它的最优子结构，有些表示方法的求解速度更快（空间占用小，问题的维度低）。

（2）递归定义最优解决方案。动态规划每一步决策依赖于子问题的解，然而刻画问题的最优子结构并不是一个显而易见的过程，尤其对一些复杂问题，往往需要通过转化和变换才能定义出具有最优子结构性质的解的形式。动态规划算法求解最优化问题的步骤为：找出最优解的结构，具体来说就是看这个问题是否满足最优子结构特性；其次递归定义一个最优解的值，即构造原问题和子问题之间的递归方程，原问题的最优解可以通过子问题的最优解获得。

（3）以自底向上的方式（从最简单问题入手）计算出最优解的值（最优解的目标函数的值）。对于子问题的分解是基于原问题的分解的基础之上进行的，而且这些子问题的分解过程是相互独立的。从而在对原问题进行分解的时候，会碰到大量共享的重叠子问题。为了避免大量重叠子问题的重复计算，一般动态规划算法实施自底向上的计算，对每一个子问题只解一次，并且保存已经求解的子问题的最优解值，当再次需要求解此子问题时，只是简单地用常数时间查看一下结果，而非分治法类似的递归。通常不同的子问题的个数，随问题的大小呈多项式增长。因此，提高了动态规划算法效率。

根据计算最优解值的信息，构造一个最优解。构造最优解就是具体求出最优决策序列。通常在计算最优解值时，根据问题的具体实际记录的必要信息，构造出问题的最优解。

贪心法要求针对问题设计最优量度标准，但这在很多情况下并不容易做到，而动态规划利用最优子结构，自底向上从子问题的最优解逐步构造出整个问题的最优解，可以处理不具备贪心准则的问题。一般地，是否采用动态规划算法求解问题，依赖于求解问题的两个重要特性：最优子结构性质和重叠子问题性质。

5.2 查找问题中的动态规划算法

动态规划算法是求解复杂问题的重要利器，其巧妙的求解思路和简洁高效的求解方式常常令人耳目一新。与贪心法相类似采用分步决策的方式求解问题的最优解。

5.2.1 最优二叉搜索树

1. 问题描述

设 $S=\{x_1,x_2,\cdots,x_n\}$ 是有序集合，且有 $x_1<x_2<\cdots<x_n$ 表示有序集合 S 的二叉搜索树利用二叉树的结点来存储有序集中的元素。存储于每个结点中的元素 x 具有下述性质：若它的左子树不空，则左子树上所有结点的值均小于它的根结点的值；若它的右子树不空，则右子树上所有结点的值均大于它的根结点的值；它的左、右子树也分别为二叉搜索树。

那么在元素集合 S 中查找一个元素 x，对于一个搜索树而言，当搜索的元素在树内（二叉树的内结点）时，$x=x_i$（$1\leq i\leq n$）表示搜索成功，成功查找的概率是 p_i，对应于 x_i 的概率序列是 $P=\{p_1,\cdots,p_n\}$；当不在树内时，待查元素 x 值满足 $x_i<x<x_{i+1}$ 表示搜索失败，不成功查找概率是 q_i，$0<i<n$（约定 $x_0=-\infty,x_{n+1}=+\infty$），对应于 x_i 的概率序列是 $Q=\{q_0,q_1,\cdots,q_n\}$。因此对于不成功搜索的情形，需要 $n+1$ 个虚叶子结点 $\{x_0<x_1<\cdots<x_n\}$ 表示搜索结点在 x_i 和 x_{i+1} 之间时的失败情况，其中 x_0 表示搜索元素小于 x_1 的

失败结果，x_n 表示搜索元素大于 x_n 的失败情况。显然，有 $\sum_{i=1}^{n}p(i)+\sum_{i=0}^{n}q(i)=1$，其中 $\sum_{i=1}^{n}p(i)$ 表示搜索成功的概率，$\sum_{i=0}^{n}q(i)$ 表示搜索失败的概率。

如果元素集合固定，并且已知搜索集合中每个元素的概率（含不成功搜索概率），那么为了减少搜索的代价，如何构造一棵具有最少平均搜索时间（最少比较次数）的二叉搜索树就更具有实际意义了。具有最少平均比较次数的二叉搜索树就称为最优二叉搜索树。

假定在二叉搜索树上搜索一个元素的概率是相等的。在随机的情况下，二叉搜索树的平均查找时间为 $O(\log_2 n)$，但可能产生退化的树形，使搜索时间变坏。

2．动态规划算法思想

针对有序集合 S，为了构造一棵最优二叉搜索树，首先应当确定根结点（设 x_k）。根结点将原集合分成三部分：L、x_k、R，其中 $L=\{x_1,x_2,\cdots,x_{k-1}\}$，$R=\{x_{k+1},x_{k+2},\cdots,x_n\}$，这样就将问题分解为两个同类子问题，即分别构造根 x_k 的左子树和右子树，它们应都是最优二叉搜索树。

如图 5-2 所示在普通二叉搜索树的上增加了 $n+1$ 个虚拟的外结点(方框表示)，n 个内结点是元素结点（圆形表示），二叉搜索树被视为由内结点和外结点组成的集合：$\{x_1,\cdots,x_n,E_0,\cdots,E_n\}$。

与二分搜索的二叉判定树类似，每个内结点代表一次成功搜索可能的终止位置，每个外结点表示一次不成功搜索的终止位置。设 $level(x_i)$ 是内结点 x_i 的层次（结点深度），$level(E_i)$ 是外结点 E_i 的层次。若搜索在 x_i 终止，则需进行 $level(x_i)$ 次元素值之间的

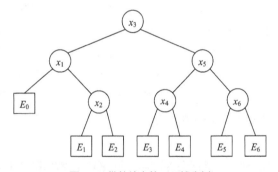

图 5-2 带外结点的二叉搜索树

比较；若搜索在 E_i 处终止，则需进行 $level(E_i)-1$ 次元素值间的比较。这样可以导出二叉搜索树 T 的平均搜索代价 $cost(T)$ 的计算公式：

$$cost(T)=\sum_{i=1}^{n}p(i)\times level(x_i)+\sum_{i=0}^{n}q(i)\times[level(E_i)-1]$$

如果将包含该元素集合的任意一棵二叉搜索树看成是一个可行解，那么最优解是其中平均搜索代价最小的二叉搜索树。

使用动态规划法求最优二叉搜索树，必须讨论其最优子结构特性，即必须找出问题的最优解结构和子问题的最优解结构之间的关系。从图 5-2 可以看出，假定 x_k 为根结点，则该二分搜索树分划为左子树 L、根和右子树 R 三部分。设对左子树 L 和右子树 R 搜索的平均搜索代价分别是 $cost(L)$ 和 $cost(R)$，则

$$cost(L)=\sum_{1}^{k-1}p(i)\times lev(x_i)+\sum_{0}^{k-1}q(i)\times[lev(E_i)-1]$$

$$cost(R)=\sum_{k+1}^{n}p(i)\times lev(x_i)+\sum_{k}^{n}q(i)\times[lev(E_i)-1]$$

式中 $lev(x_i)$ 和 $lev(E_i)$ 是相应结点在其所在的子树上的层次，对原树而言，有 $level(x_i)=lev(x_i)+1$ 和 $level(E_i)=lev(E_i)+1$。

为了简化描述，定义 $w(i, j)$ 如下：

$$w(i,j) = q(i) + \sum_{h=i+1}^{j} [q(h) + p(h)] = q(i) + q(i+1) + \cdots + q(j) + p(i+1) + \cdots + p(j) \qquad (i \leqslant j)$$

二叉搜索树 T 的平均搜索代价 $cost(T)$：

$$cost(T) = \sum_{i=1}^{n} p(i) \times level(x_i) + \sum_{i=0}^{n} q(i) \times [level(E_i) - 1]$$

$$= \sum_{1}^{n} p(i) \times (levl(x_i) + 1) + \sum_{0}^{n} q(i) \times lev(E_i)$$

$$= q(0) + \sum_{1}^{n} (p(i) + q(i)) + cost(L) + cost(R)$$

$$= w(0, n) + cost(L) + cost(R)$$

上式给出了二叉搜索树搜索的最优平均搜索代价和搜索其左右子树的最优平均搜索代价间的关系式。如果 T 是最优二叉搜索树，必定要求其左右子树都是最优二叉搜索树，否则 T 就不是最优的。这表明本问题的最优性原理成立。

设 $c(0,n)$ 是元素值集合 $\{x_1, x_2, \cdots, x_n\}$ 所构造的最优二叉搜索树的代价，则

$$c(0,n) = \min_{1 \leqslant k \leqslant n} \{w(0,n) + c(0,k-1) + c(k,n)\}$$

$$= \min_{1 \leqslant k \leqslant n} \{c(0,k-1) + c(k,n)\} + w(0,n)$$

一般地，$c(i,j)(i \leqslant j)$ 是元素值集合 $\{x_{i+1}, x_{i+2}, \cdots, x_j\}$ 所构造的最优二叉搜索树的代价，设 $r(i,j)=k$ 为该树的根，要求结点 k 满足下式：

$$c(i,j) = \min_{i+1 \leqslant k \leqslant j} \{w(i,j) + c(i,k-1) + c(k,j)\}$$

$$= \min_{i+1 \leqslant k \leqslant j} \{c(i,k-1) + c(k,j)\} + w(i,j)$$

上式中的 $c(i,k-1)$ 和 $c(k,j)$ 分别是左右子树的最优平均搜索代价，它反映了原问题最优解和子问题最优解之间的数值关系，这是使用动态规划算法求解的基础和关键。

设 w、c 和 r 是定义的二维数组，计算这三个量可以从中得到最优二叉搜索树。运用动态规划法求解这三个量的递推算法如下。

（1）计算主对角线的 w、c 和 r 的值：$w(i,i)=q(i)$；$c(i,i)=0$；$r(i,i)=0$ $(i=0,1,\cdots,n)$。

（2）计算紧邻主对角线上面的那条对角线的 w、c 和 r 的值：

$$w(i,i+1)=q(i)+q(i+1)+p(i+1)$$

$$c(i,i+1)=c(i,i)+c(i+1,i+1)+w(i,i+1)=w(i,i+1)$$

$$r(i,i+1)=i+1$$

（3）根据下列公式，计算主对角线以上 $n-2$ 条斜线的 w、c 和 r 的值：

$$w(i,j)=q(j)+p(j)+w(i,j-1)$$

$$c(i,j) = \min_{i+1 \leqslant k \leqslant j} \{c(i,k-1) + c(k,j)\} + w(i,j)$$

这种计算次序保证上述公式在计算左边的量时，右边的各个量已经计算出来。

3. 算法描述

检索一棵二叉搜索树的算法 search 伪代码描述如下。

【输入】有序集合 A，成功检索的概率 P 和不成功检索的概率 Q。

【输出】构造集合 A 中元素 $x_{i+1}, \cdots, x_j$ 计算最优二叉搜索树 T。

（1）对有序集合 A 使用三个数组，数组 C 表示计算最优二叉搜索树的成本，数组 R 表示最优二叉搜索树的根，数组 W 表示最优二叉搜索树的权；

（2）初始化 C、R、W 值为0；

（3）计算含一个结点的最优树，即 $W[i][i]$、$C[i][i]$、$R[i][i]$，令 $W[i][i] = Q[i]$、$C[i][i]=0$、$R[i][i]=0$

（4）逐步推算有 m 个结点的最优树，计算相应的 W、C、R 值，直到 n 为止；$C[0][n]$ 为二叉搜索树的最小成本。

4. 算法举例

例 5.1 有五个元素的有序集合 $A=\{a_1,a_2,a_3,a_4,a_5\}$，$q_0=0.05$，$q_1=0.1$，$q_2=q_3=q_4=0.05$，$q_4=0.1$，$p_1=0.15$，$p_2=0.1$，$p_3=0.05$，$p_4=0.1$，$p_5=0.2$，为方便起见，$p$ 和 q 都乘以100。

如图 5-3 所示给出三个二维数组 w、c 和 r 的计算结果。

$$
\begin{array}{c}
\quad\ 0\qquad\quad 1\qquad\qquad 2\qquad\qquad 3\qquad\qquad 4\qquad\qquad 5\\
\begin{array}{c}0\\1\\2\\3\\4\\5\end{array}
\left(
\begin{array}{cccccc}
(5,0,0) & (30,30,1) & (45,70,1) & (55,100,2) & (70,145,2) & (100,235,2)\\
 & (10,0,0) & (25,25,2) & (35,50,2) & (50,95,2) & (80,165,3)\\
 & & (5,0,0) & (15,15,3) & (30,45,4) & (60,105,5)\\
 & & & (5,0,0) & (20,20,4) & (50,70,5)\\
 & & & & (5,0,0) & (35,35,5)\\
 & & & & & (10,0,0)
\end{array}
\right)
\end{array}
$$

图 5-3 计算 (w,c,r) 的值

其中，

$w[0][5] = w[0][4]+p[5]+q[5]=70+10+20=100$

$c[0][5] = \min\{c[0][0]+c[1][5],\ c[0][1]+c[2][5],\ c[0][2]+c[3][5],\ c[0][3]+c[4][5],\ c[0][4]+c[5][5]\}+ w[0][5]$

$=\min\{145,120,110,135,130\}+100=210(k=2)$

$r[0][5] = k = 2$

从二维数组 r 可以构造所求的最优二叉搜索树，树的结构如图 5-4 所示。$r[0][5]=2$ 作为有序元素集合的最优二叉搜索树的根，其左子树包含元素 $\{a_1\}$，右子树包含元素 $\{a_3,\ a_4,\ a_5\}$。

5. 算法分析

上面的例子所描述的计算过程要求按照 $j-i=1,2,\cdots,n$ 的顺序去计算 $C(i,j)$，当 $j-i=m$ 时有 $n-m+1$ 个 C 要计算。每一个 C 的计算，

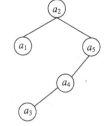

图 5-4 例 5.1 的最优二叉搜索

要求找出 m 个量中的最小值，因此每一个 C 能够在 $\mathrm{O}(m)$ 时间内算出。所以对于具有 $j-1=m$ 的所有 C 总的计算时间是 $\mathrm{O}(nm-m^2)$，故计算所有的 C 和 R 的总时间为 $\sum_{1\leqslant m\leqslant n}(nm-m^2)=\mathrm{O}(n^3)$。

5.2.2 近似串匹配问题

1. 问题描述

动态规划算法是基于"编辑距离"的概念实现近似字符串匹配。通俗地说，编辑距离表示将一个字符串变换成另一个字符串所需要进行的最少的编辑次数。这里的编辑操作包括添加、删除、替

换。通过计算编辑距离矩阵，可以得出最佳匹配组合。所以编辑矩阵的初始化和计算是动态规划算法的关键。初始化数值直接决定是全局匹配还是局部匹配，而在计算公式中所采用的增量，则表示了各种操作的权值。

给定一个字符串样本 $P=p_1p_2\cdots p_m$ 和字符串 $T=t_1t_2\cdots t_n$，所谓样本 P 在字符串 T 中的 K-近似串匹配是指 P 在 T 中最多包含 K 个差别。这里的差别是指下列情形之一：P 与 T 中对于字符不同（修改）；T 中含有一个未出现在 P 中的字符（删除）；T 中不含有出现在 P 中的一个字符（插入）。如图 5-5 所示，样板 P 与 T 是 3-近似串匹配问题。差别数是指二者在所有匹配对应方式下的最小编辑错误总数。

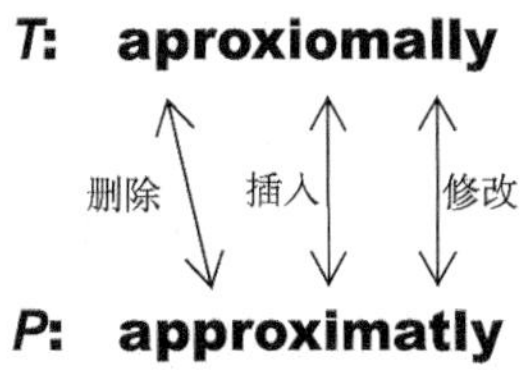

T: aproxiomally

删除　插入　修改

P: approximatly

图 5-5　近似串匹配示意图

2. 动态规划算法的求解

设 P 与 T 是 K-近似串匹配，且达成该 K 近似的差别情形是最优的，那么 P 的任意一个子串 $p_ip_{i+1}\cdots p_j(1\leqslant i\leqslant j\leqslant m)$ 对 T 的差别情形也是最优的，否则可以构造出更优的差别情形。由此可见，近似串匹配问题具有最优子结构性质。下面来构造最优解的递推形式。

令 $D(i,j)$ 表示样本 P 的前缀 $p_1p_2\cdots p_i$ 与字符串前缀 $t_1t_2\cdots t_j$ 的最小差别个数，那么就有：

（1）$D(0,j)=0$，因为空样本与字符串 $t_1t_2\cdots t_j$ 有 0 处差别；

（2）$D(i,0)=i$，因为样本 $p_1p_2\cdots p_i$ 与空字符串有 i 处差别。

当样本 $p_1p_2\cdots p_i$ 与字符串 $t_1t_2\cdots t_j$ 对应时，$D(i,j)$ 有如下四种可能情形：

（1）字符 p_i 与 t_j 相对应且 $p_i=t_j$，则此时总差别数为 $D(i-1,j-1)$；

（2）字符 p_i 与 t_j 相对应且 $p_i\neq t_j$，则总差别数为 $D(i-1,j-1)+1$；

（3）字符 p_i 为多余，即字符 p_i 对应于 t_j 后的字符，则总差别数为 $D(i-1,j)+1$；

（4）字符 t_j 为多余，即字符 t_j 对应于 p_i 后的字符，则总差别数为 $D(i,j-1)+1$。

根据以上分析，可得

$$D(i,j)=\begin{cases} 0 & i=0 \\ i & j=0 \\ \min\{D(i-1,j-1),D(i-1,j)+1,D(i,j-1)+1\} & i>0,j>0,p_i=t_j \\ \min\{D(i-1,j-1)+1,D(i-1,j)+1,D(i,j-1)+1\} & i>0,j>0,p_i\neq t_j \end{cases}$$

3. 算法描述

近似串匹配算法 match 伪代码描述如下。

【输入】字符串样本 P 和字符串 T。

【输出】在 T 中求近似匹配。

（1）采用从右向左的比较方案；

（2）子问题图中（i，j）表示样本 $p_1\cdots p_i$ 在以 t_j 为结尾的正文 T 中的最小差异数；

（3）差异表，$D[i][j]$ 为样本 $p_1\cdots p_i$ 与字符串 T 在 t_j 为最小差异总数；

（4）$D[i][j]$ 之间的关系为：

matchCost= $D[i-1][j-1]$　　if　$p_i=t_j$；

revisedCose= $D[i-1][j-1]+1$　　if　$p_i\neq t_j$

insertCost= $D[i-1][j]+1$　　在 t_j 后面插入 p_i；

deleteCost= $D[i][j-1]+1$ 删除 t_j

（5）如果 $p_i=t_j$，$D[i][j]=D[i-1][j-1]$；否则 $D[i][j]=\min(D[i-1][j-1]+1, D[i-1][j]+1, D[i][j-1]+1)$。

4. 算法举例

例 5.2　已知样本 $P=$ "happy"，$K=1$，$T=$ "A hspsy day" 是一个可能有编辑错误的文本，在 T 中求 1-近似匹配的过程。

首先将 $D(0,j)$ 全部置为 0，将 $D(i,0)$ 全部置为 i。然后依据递推式逐行地计算 $D(i,j)$。具体的计算过程如图 5-6 所示。在计算过程中，总是根据 $D(i,j)$ 对应的两个字符 p_i 和 t_j 是否相同，以及位于 $D(i,j)$ 左上方 $D(i-1,j-1)$、正上方 $D(i-1,j)$ 和左方 $D(i,j-1)$ 的值决定 $D(i,j)$ 的取值。例如计算 $D(1,1)$，因为 "h" 和 "A" 不同，所以在 $D(0,0)+1=1$、$D(0,1)+1=1$ 和 $D(1,0)+1=2$ 三者中取最小值，故 $D(1,1)=1$。

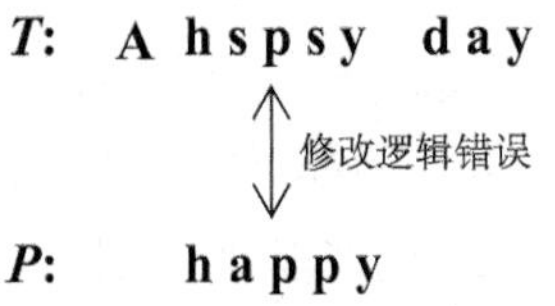

图 5-6　1-近似串匹配示意图

由于 $D(5,7)=1$ 且 $m=5$，所以，在 t_7 处找到了差别数为 1 的近似匹配，此时的对应关系如图 5-7 所示。

动态规划思想引入近似串匹配算法，其时间复杂度为 O(nm)。

第一步：初始化第0行和第0列的值

		A	h	a	p	s	y		d	a	y
	0	1	2	3	4	5	6	7	8	9	10	11
	0	0	0	0	0	0	0	0	0	0	0	0
h	1	1										
a	2	2										
p	3	3										
p	4	4										
y	5	5										

第二步：考查 "h" 与 "A hapsy day"

		A	h	a	p	s	y		d	a	y
	0	1	2	3	4	5	6	7	8	9	10	11
	0	0	0	0	0	0	0	0	0	0	0	0
h	1	1	1	1	0	1	1	1	1	1	1	1
a	2	2										
p	3	3										
p	4	4										
y	5	5										

第三步：考查 "ha" 与 "A hapsy day"

		A	h	a	p	s	y		d	a	y
	0	1	2	3	4	5	6	7	8	9	10	11
	0	0	0	0	0	0	0	0	0	0	0	0
h	1	1	1	1	0	1	1	1	1	1	1	1
a	2	2	2	1	0	1	2	2	2	2	1	2
p	3	3										
p	4	4										
y	5	5										

第四步：以此类推，最终 $D(5,7)=1$ 可知，两字符串为1-近似

		A	h	a	p	s	y		d	a	y
	0	1	2	3	4	5	6	7	8	9	10	11
	0	0	0	0	0	0	0	0	0	0	0	0
h	1	1	1	1	0	1	1	1	1	1	1	1
a	2	2	2	1	0	1	2	2	2	2	1	2
p	3	3	3	2	1	0	1	2	3	3	2	3
p	4	4	4	3	2	1	1	2	3	4	3	3
y	5	5	5	4	3	2	1	2	3	4	3	3

图 5-7　近似串匹配问题的计算过程

5.3　图问题中的动态规划算法

5.3.1　多段图问题

1. 问题描述

给定一个带权有向图 $G=(V,E)$，它顶点的集合 V 可以划分为多个互不相交的子集 V_1，V_2，…，

$V_i (2 \leqslant i \leqslant n)$，其中 V_1 和 V_n 分别只有一个结点，V_1 包含源点(Source)s，V_n 包含汇点(Sink)t。对所有边 $<u,v> \in E$，总有 $u \in V_i$，$v \in V_{i+1}$，$1 \leqslant i \leqslant n$，每条边的权值为 $c(u,v)$。从 s 到 t 的路径长度是这条路径上边的权值之和，则称 G 为一个多段图，求从 s 到 t 的一条长度最短的路径就是多段图问题（Multistage Graph Problem），如图 5-8 所示。

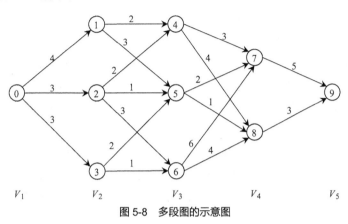

图 5-8　多段图的示意图

如图 5-8 所示，多段图问题共分 5 个阶段：V_1、V_2、V_3、V_4、V_5。每个阶段包含若干个状态，每个结点代表一个状态。每一条从 s 到 t 的路径都可以看成是由每个阶段做出的决策组成的决策序列所产生的结果。在某个阶段的某个状态做出的决策是指选择该路径上的下一个结点。每条路径上所有边的权值之和称为路径长度，这是问题的目标函数值，此数值函数用来衡量一个决策序列的优劣，其中产生的从 s 到 t 的最短路径的决策序列就是最优决策，此长度最短的路径就是最优解，而路径长度就是最优解的值。

2. 动态规划算法的求解

假设 $(s, v_2, v_3, \cdots, v_{k-1}, t)$ 是一条从 s 到 t 的最短路径，如图 5-9 所示。还假定从源点 s（初始状态）开始，已做出了到结点 v_i 的决策（初始决策），因此 v_i 就是初始决策所产生的状态。如果把 v_i 看成是原问题的一个子问题的初始状态，解这个子问题就是找出一条由 v_i 到 t 的最短路径。这条最短路径

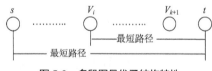

图 5-9　多段图最优子结构特性

显然是 $(v_i, \cdots, v_{k-1}, t)$。如若不然，设 $(v_i, q_{i+1}, \cdots, q_{k-1}, t)$ 是一条由 v_i 到 t 的更短路径，则 $(s, \cdots, v_i, q_{i+1}, \cdots q_{k-1}, t)$ 是一条比路径 $(s, \cdots, v_i, \cdots, v_{k-1}, t)$ 更短的由 s 到 t 的路径。与假设矛盾，故最优性质原理成立。证明最优化原理对多段图成立，因此它为使用动态规划法来解多段图问题提供了可能。

动态规划法每一步的决策依赖于子问题的解。对于多段图问题，一个阶段的决策与后面所要求解的子问题相关，所以不能在某个阶段直接做出决策。但由于多段图问题具有最优子结构性质，启发我们从最后阶段开始，采用逐步向前递推的方式，由子问题的最优解来计算原问题的最优解。由于动态规划法的递推关系式建立在最优子结构的基础上，相应的算法能够用归纳法证明其正确性。

多段图问题的向前递推式：

$$cost(k, t) = 0$$
$$cost(i, j) = \min_{\substack{j \in V_i, p \in V_{i+1} \\ (j,p) \in E}} \{c(j, p) + cost(i+1, p)\} \qquad 0 \leqslant i \leqslant k-1$$

其中 $cost(i,j)$ 是从第 i 阶段状态 j 到 t 的最短路径的长度，i 是阶段号，j 是 i 阶段的一个状态（结

点）编号。一般地，为了计算 $cost(i,j)$，必须先计算从 j 的所有后继结点 p 到 t 的最短路径的长度，即先计算 $cost(i+1,p)$ 的值，这是子问题的最优解值。$c(j,p)+cost(i+1,p)$ 是从第 i 阶段结点 j，经过第 $i+1$ 阶段结点 p 到汇点 t 的最短路径的长度。$cost(i,j)$ 是这些路径中的最短路径长度。最终得到 $cost(1,0)$ 就是多段图问题的最优解值。

3. 多段图动态规划算法描述

多段图的向前处理算法 FGRAPH 的伪代码描述如下。

【输入】多段图的顶点编号表，各顶点的边表和各边的成本函数 $cost(i,j)$ 表。

【输出】从 s 到 t 的一条最小成本路径上的各顶点 $D(i,j)$ 以及成本 $cost(1,s)$。

（1）对结点集合 V 中的结点按照 s 到 t 的顺序进行编号，这样 V_{i+1} 中的结点的编号均大于 V_i 中的结点的编号。

（2）使用二维数组 $C[i][j]$ 表示各边的成本函数 $c(i,j)$，一维数组 $cost[i]$ 表示顶点 i 到 t 的最小成本；$D[i]$ 表示从 i 到 t 的最小成本路径上 i 的后继顶点号；$P[i]$ 表示最小成本路径经过第 i 级的顶点编号；

（3）从 t 出发向前递推，找一条最小成本路径；记录获得最小成本路径的顶点编号。

4. 算法举例

例 5.3 给定如图 5-8 所示的多段图，求 s 到 t 的最短路径长度。向前递推计算最优解值的步骤如下：

$cost(5,9)=0$

$cost(4,7)=5$，$cost(4,8)=3$

$cost(3,6)=\min\{6+cost(4,7),\ 4+cost(4,8)\}=\min\{11,7\}=7$

$cost(3,5)=\min\{2+cost(4,7),\ 1+cost(4,8)\}=\min\{7,4\}=4$

$cost(3,4)=\min\{3+cost(4,7),\ 4+cost(4,8)\}=\min\{8,7\}=7$

$cost(2,3)=\min\{2+cost(3,5),\ 1+cost(3,6)\}=\min\{6,8\}=6$

$cost(2,2)=\min\{2+cost(3,4),\ 1+cost(3,5),\ 3+cost(3,6)\}=\min\{9,5,10\}=5$

$cost(2,1)=\min\{2+cost(3,4),\ 3+cost(3,5)\}=\min\{9,7\}=7$

$cost(1,0)=\min\{4+cost(2,1),\ 3+cost(2,2),\ 3+cost(2,3)\}=\min\{11,8,9\}=8$

从上述求解过程中求得如图 5-8 所示的多段图问题的最优解值（最短路径长度）是 8。

求问题最优解即最短路径时，如果在计算每一个 $cost(i,j)$ 的同时，记录下每个状态（结点 j）所做的决策，设为 $d(i,j)$ 来记录从第 i 阶段结点 j 到 t 的最短路径上该结点的下一个结点编号则可以容易地求出这条最小成本的路径。对于图 5-8 可以得到：

$d(4,7)=d(4,8)=9$

$d(3,4)=8,d(3,5)=8,d(3,6)=8$

$d(2,1)=5,d(2,2)=5,d(2,3)=5$

$d(1,0)=2$

从 d 的值确定最短路径上的结点为（0，$d(1,0)=2,d(2,2)=5,d(3,5)=8,d(4,7)=9$）。

多段图显然也存在重叠子问题现象。如 $cost(3,5)$、$cost(3,6)$、$cost(3,7)$ 的计算都用到了 $cost(4,8)$ 的值。如果保存了 $cost(4,8)$ 的值，就可以避免重复计算它的值。

由于公式递推计算要求保证在计算某个结点 j 到 i 的最短路径长度时，结点 j 的所有后继结点 p 到 t 的最短路径长度已经由计算得到。所以需要对图 G 的结点按照阶段顺序从 0 到 $n-1$ 进行编号，源点 s 编号 0，汇点 t 编号为 $n-1$；向前递推计算按结点编号从大到小的次序进行；先计算 $cost[n-1]=0$，

再计算 $cost[n-2]$，……，最后计算得到 $cost[0]$。$cost[0]$中保存多段图的最短路径长度。另建一维数组 p 保存对应于 cost[0]的最短路径上的结点，它是问题的最优解。

多段图问题也可以向后递推求解。其递推公式为：

$$Bcost(1,s) = 0$$

$$Bcost(i,j) = \min_{\substack{p \in Vi-1, j \in Vi \\ (p,j) \in E}} \{c(p,j) + Bcost(i-1,p)\} \qquad 1 < i \leq k$$

对图 5-8 的 5 段图，计算过程如下：

$Bcost(1,0)=0$

$Bcost(2,1)=4$，$Bcost(2,2)=3$，$Bcost(2,3)=3$

$Bcost(3,4)= \min\{2+Bcost（2,1），2+Bcost（2,2）\} = \min\{6,5\}=5$

$Bcost(3,5)= \min\{3+Bcost（2,1），1+Bcost（2,2），2+Bcost(2,3)\} = \min\{7,4,5\}=4$

$Bcost(3,6)= \min\{3+Bcost（2,2），1+Bcost（2,3）\} = \min\{6, 4\}=4$

$Bcost(4,7)= \min\{3+Bcost（3,4），2+Bcost（3,5），6+Bcost（3,6）\} = \min\{8,6,10\}=6$

$Bcost(4,8)= \min\{4+Bcost（3,4），1+Bcost（3,5），4+Bcost(3,6)\} = \min\{9,5,8\}=5$

$Bcost(5,9)= \min\{5+Bcost（4,7），3+Bcost（4,8）\} = \min\{11,8\}=8$

5. 算法分析

在上述求解过程中，初始化的时间复杂度为 O(n)，遍历总的边数的时间复杂度为 O(e)，如此可得总的时间复杂度为 O($n+e$)。

多段图问题虽然简单，但用处很大，很多实际问题都可用多段图来描述，例如资源分配问题，假设把 m 个资源分配给 n 个项目，那么可用 $n+1$ 段图来表示。

5.3.2 每对结点间的最短距离

1. 问题描述

设 $G=(V,E)$是一个有 n 个结点的带权有向图，$w(i,j)$为权函数，其中

$$w(i,j) = \begin{cases} \text{边} <i,j> \text{上的权值} & \text{如果} <i,j> \in E \\ 0 & \text{如果} i = j \\ \infty & \text{如果} <i,j> \notin E \end{cases}$$

每对结点间的最短路径问题是求图中任意一对结点 i 和 j 之间的最短路径的长度。Dijkstra 算法求解单源最短路径问题，其时间复杂度为 O(n^2)。为求任意一对结点之间的最短路径，可以分别求以图中每个结点为源点，n 次调用 Dijkstra 算法进行计算，其时间复杂度为 O(n^3)。但 Dijkstra 算法要求图中的边带非负权值，因此，如果允许边的权值为负数，Dijkstra 算法便不适用。

对于带权有向图的最短路径问题可以允许有向图包含负边，但不允许图中包含路径长度为负值的回路。如果从某个结点 i 到结点 j 的路径上存在一个负值回路，则从 i 到 j 没有最短路径。因为可以无限次经过负值回路，每穿越一次总使路径长度更小。如图 5-10 中 s 到 t 的最短路径为$-\infty$。

下面利用动态规划算法用来找出每对点之间的最短距离

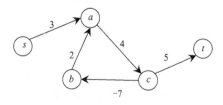

图 5-10　包含负权回路的有向图

的动态规划法，它需要用邻接矩阵来储存边，这个算法通过考虑最佳子路径来得到最佳路径。注意单独一条边的路径也不一定是最佳路径。

2. 动态规划算法的求解

设 $G=(V,E)$ 是一带权有向图，$d(i,j)$ 是从结点 i 到结点 j 的最短路径长度，k 是这条路径上的一个结点，$d(i,k)$ 和 $d(k,j)$ 分别是从 i 到 k 和从 k 到 j 的最短路径长度，则必有 $d(i,j)=d(i,k)+d(k,j)$。若不然，则 $d(i,j)$ 代表的路径就不是最短路径。这表明每对结点之间的最短路径问题的最优解具有最优子结构特性。

动态规划算法求解多源最短路径距离的算法发明者是 Floyd-Warshall，故又被称为费洛伊德算法。下面来分析最优解的递推关系。

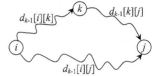

如图 5-11 所示，设 $d_k[i][j]$ 是从第 i 个结点到第 j 个结点之间的所有路径中的一条最短路径的长度，而且该路径所经过的顶点的编号都不大于 k，因为不存在编号比 n 更大的编号，所以 $d_n[i][j]$ 是以 n 个顶点作为中间顶点的最短路径长度 $\delta(i,j)$。

图 5-11 最优子结构

获得 $d_k[i][j]$ 的最短路径只可能有两种，要么该路径包含顶点 k，要么不包含顶点 k，而且只能是其中最短的一种，因为最优子结构特性，因此有 $d_k[i][j] = \min\{d_{k-1}[i][j], \quad d_{k-1}[i][k]+d_{k-1}[k][j]\} \leqslant (1 \leqslant k \leqslant n-1)$

式中，$d_{k-1}[i][j]$、$d_{k-1}[i][k]$ 和 $d_{k-1}[k][j]$ 分别是相应两结点间的路径上只包含结点编号不大于 $k-1$ 的路径中最短者。若不然，$d_{k-1}[i][j]$ 也不可能是从结点 i 到结点 j 的路径上，只允许包含结点编号不大于 k 的结点时的路径中的最短者。从而也有

$$d_n[i][j] = \min\{d_{n-1}[i][j], \quad d_{n-1}[i][n-1]+d_{n-1}[n-1][j]\}, 1 \leqslant k \leqslant n-1$$

则 $d_{n-1}[i][j]$ 必是 $d_{n-2}[i][j]$ 和 $d_{n-2}[i][n-1]+d_{n-2}[n-1][j]$ 这两条路径的最短者。

因此，不难得到如下递推式：

$$d_0[i][j] = \begin{cases} w(i,j) & \text{若} <i,j> \in E \\ \infty & \text{若} <i,j> \notin E \end{cases}$$

$$d_k[i][j] = \min\{d_{k-1}[i][j], \quad d_{k-1}[i][k]+d_{k-1}[k][j]\}, 1 \leqslant k \leqslant n-1$$

$d_0[i][j]$ 代表从 i 到 j 的路径上不包含任意其他结点时的长度。也就是说，若 $<i,j>$ 是图 G 的边，则 $d_0[i][j]$ 是该边上的权值，否则为 ∞。

从上式可以看出为计算 $d_k[i][j]$，必须先计算 $d_{k-1}[i][j]$、$d_{k-1}[i][k]$ 和 $d_{k-1}[k][j]$。d_{k-1} 的元素被多个 d_k 的元素的计算共享。

弗洛伊德算法的基本思想是：令 $k=0,1,\cdots,n-1$，每次考察一个结点 k。设有向图的边存储在邻接矩阵 a 中，初始时 $d[i][j] = a[i][j]$。二维数组 d 用于保存各条最短路径的长度，其中 $d[i][j]$ 存放从结点 i 到结点 j 的最短路径的长度。如果从顶点 i 到 j 没有边，则 $d[i][j]=\infty$。在算法的第 k 步上应做出决策：从 i 到 j 的最短路径上是否包含结点 k。

显然两结点 i 和 j 之间的最短路径的长度 $d[i][j]$ 就是问题的最优解值。为了得到最优解，弗洛伊德算法还使用了一个二维数组 $path[][]$ 保存相应的最短路径，与当前迭代的次数有关。初始化都为-1，表示没有中间顶点。在求 $d[i][j]$ 过程中，$path[i][j]$ 存放从顶点 v_i 到顶点 v_j 的中间顶点编号不大于 k 的最短路径上前一个结点的编号。在算法结束时，由二维数组 $path$ 的值回溯，可以得到从顶点 v_i 到顶点 v_j 的最短路径。

3. 最短路径动态规划算法描述

寻找每对结点之间的最短路径长度算法 SHORTPATH 的伪代码描述如下：

【输入】有向图的成本邻接矩阵 $cost(n, n)$

【输出】所有结点对之间的最短路径的成本

（1）使用二维数组 $cost[n][n]$ 表示 n 结点图的成本邻接矩阵；$D[i][j]$ 表示结点 V_i 到 V_j 的最短路径的成本；path$[i][j]$ 表示获得最短路径经过的顶点编号；

（2）初始化，对 i，j 从 1 到 n 求算 $D[i][j]$，即将 cost$[i][j]$ 复制到 $D[i][j]$；

（3）在求算 i，j 之间最短路径的成本时，随着中间结点的加入，需重新计算 $D[i][j]$，同时记录 path$[i][j]$；

（4）从 1 到 n 计算得到有向图的最短路径成本和获得最短路径的结点编号。

4. 算法举例

例 5.4　求解如图 5-12 所示的有向图的所有节点之间的最短路径长度。

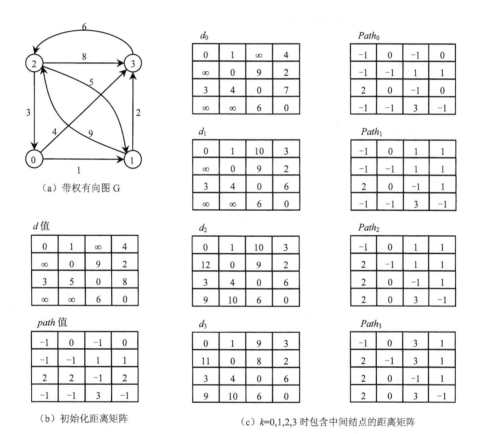

（a）带权有向图 G

（b）初始化距离矩阵

（c）k=0,1,2,3 时包含中间结点的距离矩阵

图 5-12　弗洛伊德算法

采用 Floyd 求解该有向图的距离矩阵过程：

第一步：将结点间的边的权重矩阵赋予 d，得到不包含中间顶点的最短路径距离矩阵；

第二步：计算中间结点编号不大于 1 的最短路径（中间结点可以包含结点 0），此时有两条新的最短路径（从 2 到 1，从 2 到 3），最终得到 d_0。

第三步：计算中间结点编号不大于 2 的最短路径（中间结点可以包含结点 0 和 1），此时有三条新的最短路径（从 0 经过 1 到 2，0 经过 1 到 3，2 经过 0 到 3），最终得到 d_1。

第四步：计算中间结点编号不大于 3 的最短路径（中间结点可以包含结点 0、1 和 2），此时有三条新的最短路径（从 1 经过 2 到 0，3 经过 2、0 到 1），最终得到 d_2。

第五步：计算中间结点编号不大于 4 的最短路径（中间结点可以包含结点 0、1、2 和 3），此时有三条新的最短路径（从 0 经过 1、3 到 2，从 1 经过 3、2 到 0，从 1 经过 3 到 2），最终得到 d_3。

至此，找到了中间结点可包含所有结点的最短路径距离矩阵。

5. 算法分析

Floyd 算法在对顶点 i 到顶点 j 的最短路径 $d[i][j]$ 进行计算时，每次都需要对其第 i 行及第 j 列所对应的元素进行相加运算，一共有 n 次加法运算，且对于迭代的距离矩阵，其中共有 $n \times n$ 个元素，因此，算法的时间复杂度为 $O(n^3)$，空间复杂度为 $O(n^2)$。

5.4　组合问题中的动态规划算法

5.4.1　0/1 背包问题

1. 问题描述

给定 n 件重量为 w_0，w_1，$\cdots$，w_{n-1} 的物品和一个最大载重量为 M 的背包。这 n 件物品的价值分别为 p_0，p_1，$\cdots$，p_{n-1}，其中第 i 件物品的重量是 w_i，如果将第 i 件物品装入背包其收益为 p_i，这里 $w_i > 0$，$p_i > 0 (0 \leqslant i < n)$。背包问题是问应如何选择装入背包的物品，使得装入背包中物品的总价值最大？如果在选择装入背包的物品时，对每种物品 i 只有两种选择，要么装入要么不装入，物品不能分割装入，则称为 0/1 背包问题。注意这里所有物品的重量和背包的总重量都是正整数，即 0/1 背包问题是一个特殊的整数规划问题。

2. 动态规划算法的求解

在 0/1 背包问题中，物品或者被装入背包，或者不被装入背包。设 x_i 表示物品 i 装入背包的情况，则当 $x_i = 0$ 时，表示物品 i 没有被装入背包，$x_i = 1$ 时，表示物品 i 被装入背包。使用动态规划法求解问题时，首先必须分析问题的最优解是否具有最优子结构的特性；其次检查分解所得的子问题是否相互独立，是否存在重叠子问题现象。

对于给定的 0/1 背包问题，设 $(x_0, x_1, \cdots, x_{n-1})$，$x_i \in \{0,1\}$ 是 0/1 背包问题的最优解，那么 $(x_1, x_2, \cdots, x_{n-1})$ 必须是 0/1 背包子问题的最优解（即由余下 $n-1$ 件物品组成，且背包的载重为 $M - w_0 x_0$。如若不然，设 $(z_1, z_2, \cdots, z_{n-1})$ 是该子问题的一个最优解，而 $(x_1, x_2, \cdots, x_{n-1})$ 不是该问题的最优解，由此可得：

$$\sum_{1 \leqslant i < n} p_i z_i > \sum_{1 \leqslant i < n} p_i x_i \text{ 且 } w_0 x_0 + \sum_{1 \leqslant i < n} w_i z_i \leqslant M$$

$$p_0 x_0 + \sum_{1 \leqslant i < n} p_i z_i > \sum_{0 \leqslant i < n} p_i x_i \text{ 且 } w_0 x_0 + \sum_{1 \leqslant i < n} w_i z_i \leqslant M$$

这样显然 $(x_0, z_1, z_2, \cdots, z_{n-1})$ 是比 $(x_0, x_1, x_2, \cdots, x_{n-1})$ 收益更高的最优解，这与假设矛盾，因此 $(x_0, x_1, \cdots, x_{n-1})$ 是问题的最优解，必然有 $(x_1, x_2, \cdots, x_{n-1})$ 是相应子问题的一个最优解，故 0/1 背包问题具有最优子结构

性质。

下面对子问题的结构做进一步的分析，推导出 0/1 背包问题其实最优解的递推式。假设 0/1 背包问题可以看成是一个决策序列 $x_{n-1}, x_{n-2}, \cdots, x_0$，对任一变量 x_i 的决策是决定 $x_i=0$ 还是 $x_i=1$。在对 x_{n-1} 作出决策之后，问题处于下列两种状态之一：

（1）背包的剩余容量是 $X=M$，没有产生任何效益（$x_{n-1}=0$）；

（2）背包的剩余容量是 $X=M-w_{n-1}$，产生的收益为 p_{n-1}（$x_{n-1}=1$）。

显然，剩余下来对 $x_{n-2}, \cdots, x_0$ 的决策相对于决策 x_{n-1} 所产生的问题状态应该是最优的，否则 $x_{n-1}, x_{n-2}, \cdots, x_0$ 就不可能是最优决策序列。

令 $V(j,X)$ 是当背包载重为 X，可供选择的物品是 $0, 1, \cdots, j$ 时的最优解值，那么 $V(n-1, M)$ 表示的是原问题的最优解值。考查 $V(j,X)$ 的计算过程，它只可能有两种情况：物品 j 被加入背包，则 $V(j,X)=V(j-1, X-w_j)+p_j$；物品 j 没有加入背包，则 $V(j,X)=V(j-1, X)$。由此可得下列的递归式：

$$V(j,X) = \max\{V(j-1,X), V(j-1, X-w_j)+p_j\} \qquad 0 \leqslant j < n$$

当所有的 $X \geqslant 0$ 时，有 $V(-1, X)=0$（有空间但没有装入）；而 $X<0$ 时，有 $V(-1, X)=-\infty$，故以此为边界条件来开始求解，就可成功地得出 $V(0,X), V(1,X), \cdots, V(n,X)$。

$$V(-1, X) = \begin{cases} -\infty & X < 0 \\ 0 & X \geqslant 0 \end{cases}$$

3. 算法描述

0/1 背包问题算法伪代码描述如下：

【输入】n 件物品的重量 $W=(w_0, w_1, \cdots, w_{n-1})$ 和价值 $p=(p_0, p_1, \cdots, p_{n-1})$，以及背包的载重 M

【输出】0/1 背包问题的最优解值。

（1）设定临界条件，如果 $j<0$，当 $X<0$ 时最优解值为 $-\infty$，当 $X \geqslant 0$ 时最优解值为 0；

（2）如果 $X<w[j]$ 则返回 $j-1$ 件物品的最优解值；

（3）从第 j 件物品开始考虑，当该物品放入背包时的收益 $V(j-1, X-w[j])+p[j]$ 和该件物品没有放入背包的收益 $V(j-1, X)$，比较两种情形，从中选择最优解值；

（4）考虑所有物品后得到 0/1 背包问题的最优解值。

4. 算法举例

例 5.5 设背包的载重 $M=6$，有 3 件待载入物品，其重量分别为（w_0, w_1, w_2）=(2,3,4)，它们的价值分别为（p_0, p_1, p_2）=(1,2,5)。求物品的最佳装载方案，使背包容纳物品的价值最高。

该问题的求解实际上是自底向上求 $V(j,X)$ 的过程。$V(2,6)$ 代表该问题的最优解值。由递推式求解过程如下：

$$V(-1, X) = \begin{cases} -\infty & X < 0 \\ 0 & X \geqslant 0 \end{cases}$$

$$V(0,0) = 0$$
$$V(0,1) = \max\{V(-1,1), V(-1, 1-w_0)+p_0\} = 0$$
$$V(0,2) = \max\{V(-1,2), V(-1, 2-w_0)+p_0\} = 1$$

$V(0,3)$ 到 $V(0,6)$ 与 $V(0,2)$ 同。

$$V(1,1) = \max\{V(0,1), V(0,1-w_1) + p_1\} = 0$$
$$V(1,2) = \max\{V(0,2), V(0,2-w_1) + p_1\} = 1$$
$$V(1,3) = \max\{V(0,3), V(0,3-w_1) + p_1\} = 2$$

$V(1,4)$ 与 $V(1,3)$ 同，当背包载重大于 5 时，背包可同时容纳物品 0 和物品 1，此时收益最大为 3。

$$V(2,1) = \max\{V(1,1), V(1,1-w_2) + p_2\} = 0$$
$$V(2,2) = \max\{V(1,2), V(1,2-w_2) + p_2\} = 1$$
$$V(2,3) = \max\{V(1,3), V(1,3-w_2) + p_2\} = 2$$
$$V(2,4) = \max\{V(1,4), V(1,4-w_2) + p_2\} = 5$$
$$V(2,5) = \max\{V(1,5), V(1,5-w_2) + p_2\} = 5$$
$$V(2,6) = \max\{V(1,6), V(1,6-w_2) + p_2\} = 6$$

背包问题的最优解值为 6。在计算最优解值时，保存所做出的最优决策序列，就可构造出最优解，因为 $V(2,6)=6$ 是在 $x_2=1$ 的情况下得到的，所以 $x_2=1$。$V(2,6)-P_2=1$，而 $V(1,2)=1$ 是在 $x_1=0$ 的情况下得到的，$V(0,2)=1$ 是在 $x_0=1$ 的情况下得到的，所以 $x_0=1$；到此背包装满，于是最优决策序列 $(x_0, x_1, x_2)=(1,0,1)$。

为分析 0/1 背包问题的重叠子问题性质，上例的递归树如图 5-13 所示，其中灰色子树都是重叠子问题。

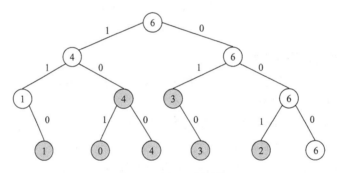

图 5-13　例 5-5 递归树

设 $T(n)$ 为物品为 n 时 0/1 背包问题递归算法的时间，从 $V(j,X)$ 的递归式容易看出，

$$T(n) = T(1) = a$$
$$T(n) \leqslant 2T(n-1) + b \qquad n > 1$$

式中 a 和 b 是常数。这一递归方程的解为 $O(2^n)$。可见在最坏情况下，算法需要的计算时间是指数级的。这时，必须对 X 的不同值计算 $V(j,k)$，因此，总的计算时间为 $\Theta(M^n)$。但是，如果物品的重量和背包载重为实数，那么子问题的最优解值 $f(j,X)$ 是 X 的连续函数，动态规划方法将不能使用。

事实上，用图解法求解此问题会更简单。图 5-14 给出了 $V(j,X)$ 的递推求解过程。在一般情况下，对每一个确定的 $j(0 \leqslant j < n)$，函数 $V(j,X)$ 是关于变量 X 的阶梯状单调非减连续函数，这一点从 $V(j,X)$ 递推式容易得证。图中 $V(j-1, X-w_j) + p_j$ 是通过将 $V(j,X)$ 在 X 轴上右移 w_j 个单位后上移 p_j 个单位来得到的；函数 $V(j,X)$ 是由 $V(j-1,X)$ 和 $V(j-1, X-w_j) + p_j$ 的函数曲线按 X 相同时取大值的方式生成的，而且函数 $V(j,X)$ 由其全部跳跃点唯一确定。

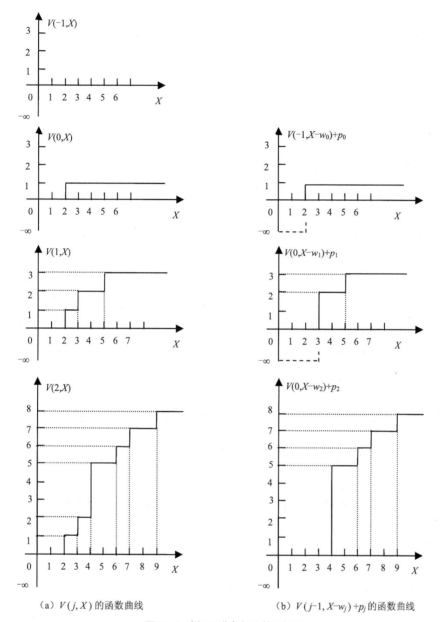

（a）$V(j,X)$ 的函数曲线   （b）$V(j-1,X-w_j)+p_j$ 的函数曲线

图 5-14   例 5.5 背包问题的图解法

现用 S^j 表示函数曲线 $V(j,X)$ 的全部阶跃点的集合，$S^j=\{X_i, P_i \mid$ 函数曲线 $V(j,X)$ 的全部阶跃点$\}$，$-1 \leqslant j \leqslant n-1$，其中 $S^{-1}=\{(0,0)\}$。用 S_1^j 表示函数曲线 $V(j-1,X-w_j)+p_j$ 全部阶跃点的集合，$S_1^j=\{X_i, P_i \mid$ 函数曲线 $V(j-1,X-w_j)+p_j$ 的全部阶跃点$\}$，$0 \leqslant j \leqslant n-1$。

计算 S^j 和 S_1^j 的步骤如下：

（1）$S^{-1}=\{(0,0)\}$，函数 $V(-1,X)$ 只有一个阶跃点；

（2）$S_1^j=\{X,P|(X-w_j,P-p_j)\in S^{j-1}\}$，也就是说，由集合 S^{j-1} 中的每个阶跃点 (X,P) 得到集合 S_1^j 中的一个阶跃点 $(X+w_j,P+p_j)$；

（3）S^j 是合并集合 $S^{j-1} \cup S_1^j$，并舍弃其中被支配的阶跃点和所有 $X>M$ 的阶跃点得到的。设 (X_1,P_1)

和(X_2,P_2)是两个阶跃点，如果 $X_1<X_2$，$P_1>P_2$，则称(X_1,P_1)支配(X_2,P_2)或(X_2,P_2)被(X_1,P_1)支配。舍弃被支配的阶跃点的做法容易理解，因为从函数曲线 $V(j-1,X)$和 $V(j-1,X-w_j)+p_j$合成曲线 $V(j,X)$的做法就是对相同的 X 值取二者中较大的函数值。

例 5.5 中，有$S^0=\{(0,0)\}$，$S^1_1=\{(2,1)\}$；$S^1=\{(0,0),(2,1)\}$，$S^2_1=\{(3,2),（5,3）\}$；$S^2=\{(0,0),(2,1),(3,2),(5,3)\}$，$S^3_1=\{(4,5),(6,6),(7,7),(9,8)\}$；$S^3=\{(0,0),(2,1),(3,2),(4,5),(6,6),(7,7),(9,8)\}$。根据支配原则，在$S^3$中删去序偶(5,3)。

如果已经找出 S^n的最末序偶(W_0,P_0)，那么使$\sum p_i x_i=P_0$，$\sum w_i x_i=W_0$的 $x_0,x_1,\cdots,x_{n-1}$的决策值可以通过检索这些 S^i来确定。若$(W_0,P_0)\in S^{n-1}$则置$x_n=0$；若$(W_0,P_0)\notin S^{n-1}$则置$(W_0-w_{n-1},P_0-p_{n-1})\in S^{n-1}$，于是应置 $x_{n-1}=1$。然后再判断留在 S_{n-1}中的序偶(W_0,P_0)或者$(W_0-w_{n-1},P_0-p_{n-1})$是否属于 S_{n-2}以确定 x_{n-2}的取值，以此类推。例 5.3 中 $V(2,6)$的值由 S^3中的序偶（6,6）给出，而（6,6）$\notin S^2$，因此应置 $x_2=1$。序偶(6,6)是由序偶$(6-p_2,6-w_2)$=(1,2)得到的，因此(1,2)$\in S_2$，于是应置 $x_1=0$。但(1,2)$\notin S^0$，从而得到 $x_0=1$时最优解 $V(2,6)=6$的决策序列是(x_0,x_1,x_2)=(1,0,1)。

5. 算法分析

先讨论算法的空间复杂度。因为集合 S^j_1由 S^{j-1}生成，S^j_1的序偶数不多于 S^{j-1}的序偶数，故 $|S^j_1|\leqslant|S^{j-1}|$；又因为集合 S^j是由 S^j_1和 S^{j-1}合并，并从其中清除所有被支配的序偶得来的，故 $|S^j|\leqslant 2|S^{j-1}|$。因此，在最坏情况下，$|S^0|=2$，$\sum_{j=0}^{n-1}|S^j|=\sum_{j=1}^{n}2^j=O(2^n)$。

算法的时间复杂度。由 S^{j-1}生成 S^j需要的时间为 O($|S^{j-1}|$)。因此计算 $S^0,S^1,\cdots,S^{n-1}$总的执行时间为 O($\sum_{j=1}^{n}|S^{j-1}|$)。由于 $|S^{j-1}|\leqslant 2j$，所以计算这些 S^j的总时间 O(2^n)。

但如果物品 w_i和收益 p_i都是整数，时间复杂度可以大为降低。这是因为 S^j中的每个序偶(X,P)都是整数，且 $P\leqslant\sum_{j=0}^{i}p_j$，$X\leqslant M$。并且在任意 S^j中所有序偶的 X 和 P 值各不相同。因此，S^j中序偶的 P 值可取 $0,1,\cdots,\sum_{j=0}^{i}p_j$ 个不同值，因此有 $|S^j|\leqslant 1+\sum_{j=0}^{i}p_j$。同理，$S^j$中序偶的 X 值可取 $0,1,\cdots,$ $\min\{\sum_{j=0}^{i}w_j,M\}$个不同值，因此有 $|S^j|\leqslant 1+\min\{\sum_{j=0}^{i}w_j,M\}$。所以，在所有物品 w_i和收益 p_i都是整数的情况下，时间复杂度和空间复杂度都是 O($\min\{2^n,n\sum_{j=0}^{i}p_j,nM\}$)。

虽然由以上分析得到的算法效率并不理想，但实际上，对于 0/1 背包的多数实例，都能在合理的时间内求解。在很多情况下被支配而舍弃的序偶数目很可观，这就大大地提高了问题求解的效率。此外，w_i和 p_i常常可视为整数，且 M 比 2^n小得多。

5.4.2 最长公共子序列

1. 问题描述

一个给定序列的子序列是指在该序列中删去若干元素后得到的序列。若给定序列 $X=\{x_1,x_2,\cdots,x_m\}$，则另一序列 $Y=\{y_1,y_2,\cdots,y_n\}$是 X 的子序列是指存在一个严格递增下标序列 $\{i_1,i_2,\cdots,i_n\}$使得对于所有

$j=1,2,\cdots,n$，有 $y_j=x_{ij}$（设起始下标为 1）。如序列 $Z=\{B, C, D, B\}$ 是序列 $X=\{A, B, C, B, D, A, B\}$ 的一个长度为 4 的子序列，相应的递增下标序列为 $\{2, 3, 5, 7\}$；序列（A, C, B, D, B）是 X 的一个长度为 5 的子序列，相应的递增下标序列为 $\{1, 3, 4, 5, 7\}$。可见一个给定序列的子序列可以有多个。

对于给定的 2 个序列 X 和 Y，当另一序列 Z 既是 X 的子序列又是 Y 的子序列时，称 Z 是序列 X 和 Y 的公共子序列。最长公共子序列（Longest Common Subsequence，LCS）问题是指查找这两个序列中最长的公共子序列的长度。例如，序列 $X=\{A, B, C, B, D, A, B\}$ 和 $Y=\{B, D, C, A, B, A\}$，则序列 $\{B, C, A\}$ 和序列 $\{B, C, B, A\}$ 都是 X 和 Y 的公共子序列，而且后者是 X 和 Y 的一个最长的公共子序列，因为 X 和 Y 没有长度大于 4 的公共子序列。

2. 动态规划算法的求解

求两个序列 X 和 Y 的最长公共子序列，最容易想到的算法是使用穷举法：列出 X 的所有子序列，检查 X 的每个子序列是否也是 Y 的子序列，并随时记录下已发现的最长公共子序列的长度，最终求得最长公共子序列。对于 X 的每一个子序列相应于下标序列 $\{1, 2, \cdots, m\}$ 的一个子集，因此 X 的子序列可多达 2^m 个，从而穷举法需要指数时间 $O(2^n)$。而且判断该子序列是否是 Y 的公共子序列又需要 $O(n)$ 的计算量，因此当 n 的规模较大时，需要采用更为有效的算法来求解该问题。

采用动态规划法求解 LCS 问题，首先要考查该问题的最优解是否具有最优子结构特性。设序列 $X=\{x_1,x_2,\cdots,x_m\}$ 和 $Y=\{y_1,y_2,\cdots,y_n\}$ 的最长公共子序列为 $Z=\{z_1,z_2,\cdots,z_k\}$，记 x_k 为序列 X 中前 k 个连续字符组成的子序列，y_k 为序列 Y 中前 k 个连续字符组成的子序列，z_k 为序列 Z 中前 k 个连续字符组成的子序列，则有

（1）若 $x_m=y_n$，则 $z_k=x_m=y_n$，且 Z_{k-1} 是 X_{m-1} 和 Y_{n-1} 的最长公共子序列。

（2）若 $x_m\neq y_n$ 且 $z_k\neq x_m$，则 Z 是 X_{m-1} 和 Y 的最长公共子序列。

（3）若 $x_m\neq y_n$ 且 $z_k\neq y_n$，则 Z 是 X 和 Y_{n-1} 的最长公共子序列。

以上表明两个序列的最长公共子序列包含了这两个序列的前缀的最长公共子序列，这意味着最长公共子序列具有最优子结构的特征。

要查找序列 $X=\{x_1,x_2,\cdots,x_m\}$ 和 $Y=\{y_1,y_2,\cdots,y_n\}$ 的最长公共子序列，由最长公共子序列问题的最优子结构性质，建立子问题最优值的递归关系：若 $x_m=y_n$，则先求 X_{m-1} 和 Y_{n-1} 的最长公共子序列，并在其尾部加上 x_m 便得到 X_m 和 Y_n 的最长公共子序列；若 $x_m\neq y_n$，则必须分别求解两个子问题 X_{m-1} 和 Y_n，以及 X_m 和 Y_{n-1} 的最长公共子序列，这两个公共子序列中的较长者就是 X_m 和 Y_n 的最长公共子序列。

令二维数组 $L[i][j]$ 为 $X=\{x_1,x_2,\cdots,x_i\}$ 和 $Y=\{y_1,y_2,\cdots,y_j\}$ 的最长公共子序列的长度。当 $i=0$ 或 $j=0$ 时，空序列是 X_i 和 Y_j 的最长公共子序列，故此时 $L[i][j]=0$。其他情况下，由最优子结构性质可建立如下递归关系：

$$L[i][j]=\begin{cases} 0 & i=0\text{或}j=0 \\ L[i-1][j-1]+1 & i,j>0\text{且}x_i=y_j \\ \max\{L[i][j-1],L[i-1][j]\} & i,j>0\text{且}x_i\neq y_j \end{cases}$$

由此，把序列 $X=\{x_1,x_2,\cdots,x_i\}$ 和 $Y=\{y_1,y_2,\cdots,y_j\}$ 的最长公共子序列的搜索分为 m 个阶段。第 1 阶段，按照上述公式计算 X_1 和 Y_j 的最长公共子序列长度 $L[1][j]$($1\leqslant j\leqslant n$)；第 2 阶段，按照上述公式计算 X_2 和 Y_j 的最长公共子序列长度 $L[2][j]$($1\leqslant j\leqslant n$)；以此类推，最后在第 m 阶段，计算 X_m 和 Y_j 的最长公

共子序列长度 $L[m][j]$ $(1 \leq j \leq n)$，则 $L[m][n]$ 就是序列 X_m 和 Y_n 的最长公共子序列的长度。

计算 $L[i][j]$ 的递归算法，其计算时间随输入长度指数增长。但是由于所考虑的子问题的个数为 $O(nm)$，采用自底向上的计算方式，求解每个子问题只需要 $O(1)$ 的时间，因此，算法的时间复杂度和空间复杂度都为 $O(nm)$，这样用动态规划算法自底向上地计算最优值能提高算法的效率。此外由递归结构容易看出最长公共子序列问题具有子问题的重叠性质。例如，在计算 X_m 和 Y_n 的最长公共子序列时，可能要计算出 X 和 Y_{n-1} 及 X_{m-1} 和 Y 的最长公共子序列。而这两个子问题都包含一个公共子问题，即计算 X_{m-1} 和 Y_{n-1} 的最长公共子序列。

3. 算法描述

【输入】两个子序列 X 和 Y。

【输出】最长公共子序列 LCS 长度。

（1）设 m=length[X]，n=length[Y]；

（2）for i=1 to m do c[i,0]=0；

（3）for j=1 to n do c[0,j]=0；

（4）for i=1 to m, for j=1 to n, 如果 x[i]=y[j]则 c[i,j]=c[i−1,j−1]+1；且 s[i,j]="↖"；

（5）否则如果 c[i−1,j]≥c[i,j−1]则 c[i,j]=c[i−1,j]；且 s[i,j]="↑"；

（6）否则 c[i,j]=c[i,j−1]；且 s[i,j]="←"

（7）返回最优解值 c[m][n]

【输出】构造最长公共子序列。

（1）如果 i=0 或 j=0，则为空子序列；

（2）从 $s[m][n]$ 开始，如果 $s[i,j]$="↖"表示它是由 X_{i-1} 和 Y_{j-1} 的最长公共子序列的尾部加上 x_i 形成；如果 $s[i,j]$ ="↑"表示它与 X_{i-1} 和 Y_j 的最长公共子序列相同；如果 $s[i,j]$ ="←"，表示它与 X_i 和 Y_{j-1} 的最长公共子序列相同。

4. 算法举例

例 5.6 求两个序列 $X=\{x_1,x_2,\cdots,x_7\}=$ "abcddab"，$Y=\{y_1,y_2,\cdots,y_6\}=$ "bdcaba" 得最长公共子序列。

需要说明的是在求最长公共子序列长度的同时，记录 $L[i][j]$ 的值是由三个子问题 $L[i-1][j-1]+1$，$L[i][j-1]$ 和 $L[i-1][j]$ 中的哪一个计算得到的，这一信息可用于构造最长公共子序列自身。设 $S[i][j]$ 记录指示 $L[i][j]$ 的值是由哪一个子问题的解来达到的。

具体求解过程如图 5-15 所示。首先从 $S[7,6]$ 开始，沿其中的箭头所指的方向在数组 S 中搜索。当遇到↖时 $S[i,j]$=1，表示 X_i 和 Y_j 的最长公共子序列是由 X_{i-1} 和 Y_{j-1} 的最长公共子序列在尾部加上 x_i 得到的子序列；当遇到↑时 $S[i][j]$=2，表示 X_i 和 Y_j 的最长公共子序列和 X_{i-1} 与 Y_j 的最长公共子序列相同；当遇到←时 $S[i][j]$=3，表示 X_i 和 Y_j 的最长公共子序列和 X_i 与 Y_{j-1} 的最长公共子序列相同。最后 X 和 Y 的最长公共子序列的长度记录在 $L[7][6]$ 中。由图中箭头所指示构造的最长公共子序列在 S 中的路径为：（$S[7][6],S[6][6],S[5][5],S[4][5],S[3][4],S[3][3],S[2][2],S[2][1],S[1][0]$）=(2,1,2,1,3,1,3,1,0)。最长公共子序列由其中所有为 1 的项对应的 $S[i][j]$ 的 x_i 组成。即最长公共子序列为（x_2,x_3,x_4,x_6）=(b,c,b,a)。

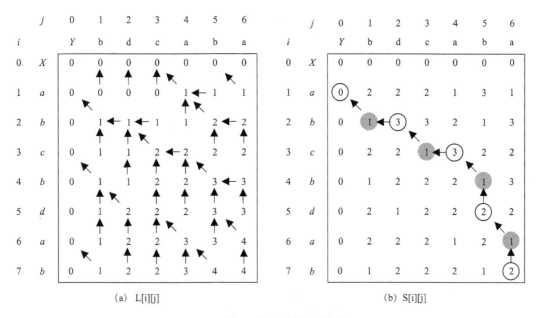

图 5-15　例 5-5 动态规划算法求解过程

5. 算法分析

在最长公共子序列算法 LCS 中，数组元素 $L[i][j]$ 的值仅由 $L[i-1][j-1]$，$L[i-1][j]$ 和 $L[i][j-1]$ 这 3 个数组元素的值之一所确定。而定义的数组 $S[i][j]$ 只是用来指示 $L[i][j]$ 究竟由哪个值决定。因此在算法 LCS 中对于给定的数组元素 $L[i][j]$，可以省去数组 S 而仅借助于 L 本身临时确定 $L[i][j]$ 的值是由 $L[i-1][j-1]$，$L[i-1][j]$ 和 $L[i][j-1]$ 中哪一个值所确定的，代价是 O(1)，这样可节省 O(mn) 的空间，而 LCS 和所需的时间分别仍然是 O(mn)。不过，由于数组 L 仍需要 O(mn) 的空间，因此这里所做的改进，只是在空间复杂性的常数因子上的改进。

另外，如果只需要计算最长公共子序列的长度，则算法的空间需求可大大减少。事实上，在计算 $L[i][j]$ 时，只用到数组 L 的第 i 行和第 $i-1$ 行。因此，用 2 行的数组空间就可以计算出最长公共子序列的长度。进一步的分析还可将空间需求减至 O(min(m,n))。

5.4.3　流水作业调度

1. 问题描述

在工厂生产调度或者多道程序处理中，常常要设计组织流水作业的问题。通常一个大型作业往往由一系列若干项不同类型的任务（工序）所组成。例如，多道程序运行环境下的一组程序，总是先进行输入，再执行，在执行过程中经常要输出一些信息和打印最后的结果等，这就是一种流水作业方式。

假设一条流水线上有 n 个作业 $J=\{J_0,J_1,\cdots,J_{n-1}\}$ 和 m 台设备 $P=\{P_1,P_2,\cdots,P_m\}$，每个作业需依次执行 m 个任务，每一类任务只能在某一台设备上执行，其中第 j（$1\leqslant j\leqslant m$）个任务只能在第 j 台设备上执行。所谓依次执行，是指对任一作业，在第 $j-1$ 项任务完成前，第 j 项任务不能开始处理，且每台设备任何时刻只能处理一项任务。设第 i 个作业的第 j 项任务 T_{ji} 所需时间为 t_{ji}（$1\leqslant j\leqslant m$, $0\leqslant i<n$）。如何将这 $n\times m$ 个任务分配给 m 台设备，使得这 n 个作业都能顺利完成，这就是流水作业调度问题

（Flow Shop Schedule）。要求确定这 n 个作业的最优加工顺序，使得从第一个作业在机器 m_1 上开始加工，到最后一个作业在机器 M 上加工完成所需的时间最少。

例 5.7 设在三台设备上调度两个作业，每个作业包含三项任务。完成这些任务的时间由矩阵 M 给定，这两个作业的两种可能的调度如图 5-16 所示。

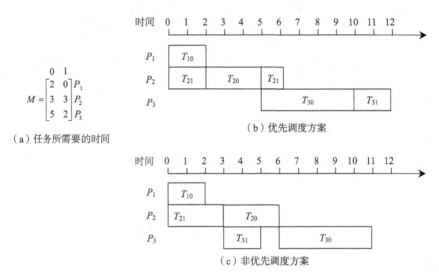

（a）任务所需要的时间

（b）优先调度方案

（c）非优先调度方案

图 5-16　流水作业调度问题

流水线上的作业调度方式，分为优先调度（Preemptive）和非优先调度(Non-Preemptive)两种。优先调度是指允许暂时中断当前任务，转而先处理其他任务，随后再接着处理被暂时中断的任务。非优先调度是指在一台设备上处理一个任务时，必须等到该任务处理完毕才能处理另一项任务，即在这个任务没有完成时不允许中断该任务而把处理机分配给别的作业。图 5-16（b）是一个优先调度方案，任务 J_0 优先于任务 J_1，总完工时间为 12 个单位时间；而图 5-16（c）是一个非优先调度方案，总完工时间为 11 个单位时间。这个例子中非优先调度优于优先调度。图 5-17 中的例子则是优先调度要优于非优先调度（优先调度的单位时间是 15，非优先调度的单位时间是 16）。

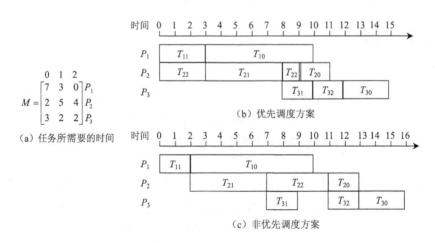

（a）任务所需要的时间

（b）优先调度方案

（c）非优先调度方案

图 5-17　三个作业三台处理机的两种调度方案

从以上两个例子中可以看出，对于流水作业调度问题，到底哪一种调度方案更好，要看具体的情况以及问题的要求而定。实际上，非优先调度可以看成是各作业的优先级相等的一种特殊的优先调度。

设作业 i 在调度方案 S 下，该作业的所有任务都已完成的时间记为 $f_i(S)$。如例 5.7 中 $f_0(S)=10$，$f_1(S)=12$。一种调度方案 S 的所有作业都完成的时间 $F(S)$ 定义为：

$$F(S) = \max_{0 \leqslant i < n} \{f_i(S)\}$$

平均完成时间 $MFT(S) = \dfrac{1}{n} \sum_{i=0}^{n-1} f_i(S)$

对于一组给定的作业的最优完成时间是 $F(S)$ 的最小值。用 OFT 表示非抢先调度最优完成时间，POFT 表示抢先调度最优完成时间。OMFT 表示非抢先调度最优平均完成时间，POMFT 表示抢先调度最优平均完成时间。

当 $m>2$ 时，流水线上的作业调度属于难于计算的问题，本节只讨论当 $m=2$ 时的非抢先调度这种特殊情况的算法（双机流水作业调度问题）。为了方便起见，用 a_i 表示 t_{1i}，b_i 表示 t_{2i}，两者分别为作业 i 在第一台设备和第二台设备上的处理时间。

双机流水作业调度描述为：设有 n 个作业集合 $\{0,1,\cdots,n-1\}$，每个作业都有两项任务要求在两台设备 P_1 和 P_2 组成的流水线上完成加工。每个作业加工的顺序总是先在 P_1 上加工，然后在 P_2 上加工。P_1 和 P_2 加工作业 i 所需的时间分别为 a_i 和 b_i。流水作业调度问题要求确定这 n 个作业的最优加工顺序，使得从第一个作业在设备 P_1 上开始加工，到最后一个作业在设备 P_2 上加工完成所需的时间最少，即求使 $F(S)$ 有最小值的调度方案 S。

2．动态规划算法的求解

在具有两台设备的情况下，容易证明存在一个最优非抢先调度方案，使得在 P_1 和 P_2 上的处理的任务完全以相同次序处理，在调度完成时间上不比不按同一次序处理多（注意：若 $m>2$ 则不然）。因此，调度方案的好坏完全取决于这些作业在每台设备上被处理的排列次序。直观上，一个最优的调度方案应使机器 P_1 没有空闲时间，且机器 P_2 的空闲时间最少。在一般情况下，机器 P_2 上会有机器空闲和作业积压两种情况。

为简单起见，以下假定所有任务所需时间 $a_i>0(0 \leqslant i<n)$。事实上如果允许处理时间等于 0 的作业，那么可以不考虑该作业，先对其余作业求最优调度的作业排序，然后将任务处理时间为 0 的作业以任意次序加在这一排列的前面。

双机流水作业调度问题的可行解是 n 个作业的所有可能的排列，每一作业排序代表一种调度方案。其目标函数是调度方案 S 的完成时间 $F(S)$，使 $F(S)$ 有最小值的调度方案 S 或作业排序是问题的最优解。

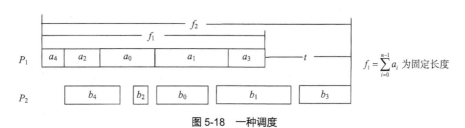

图 5-18　一种调度

设全部作业的集合为 $N=\{0, 1, 2, \cdots, n-1\}$。不难看出，最优的调度具有这样的性质：在调度中确定第一个作业后，随着第一个作业的完成，剩下的作业的调度一定仍是一个最优调度。令 $\sigma=(\sigma(0),\sigma(1),\cdots,\sigma(k-1))$ 是 k 个作业的一种调度方案，f_1 和 f_2 分别是在设备 P_1 和 P_2 上，按该调度方案处理 k 个作业的时间。从图 5-18 可看成，k 个作业按照某一确定顺序执行情况的好坏完全可以用 $t=f_2-f_1$ 来决定。如果还要在 P_1、P_2 上处理其他作业，必须在 P_1、P_2 上同时处理 k 个作业的不同任务之后，P_2 还要用 t 的时间处理 k 个作业中没有处理完的任务，即在 t 这段时间之前，P_2 不能用来去处理别的作业的任务。设 P_2 在时间 t 到来前不能处理的剩余作业集为 S，则 S 是 N 的作业子集 $S \subseteq N$。设 $g(S,t)$ 为假定设备 P_2 直到时间 t 后才可以使用的情况下，使用设备 P_1 和 P_2 处理 S 中作业的最优调度方案所需的最短时间。对于作业子集 N，显然流水作业调度问题的最优解值为 $g(N,0)$。

流水作业调度问题满足最优性原理，即 $g(N,0) = \min\limits_{0 \leqslant i < n}\{a_i + g(N - \{i\},b_i)\}$。

对于任意的 S 和 t，一般形式为：

$$g(S,t) = \min\limits_{i \in S}\{a_i + g(S - \{i\},b_i + \max\{t - a_i,0\})\}$$

因为任务 b_i 在 $\max\{a_i,t\}$ 之前不能在设备 P_2 上处理，因此当 i 处理完毕时，有 $f_2-f_1 = b_i + \max\{a_i,t\} - a_i = b_i + \max\{t - a_i,0\}$，$b_i + \max\{t - a_i,0\}$ 决定了集合 $S-\{i\}$ 中的作业在 P_2 上可以开始处理的时间。

下面讨论 Johnson 不等式，以便设计求最优调度方案的 Johnson 算法。

设 R 是关于作业集 S 的任一调度方案，假定机器 P_2 在 t 时间之后可以用来处理 S 中的作业，令 i 和 j 是在该调度方案 R 下最先处理的两个作业。则由动态规划递归式可得：

$$g(S,t) = \min\limits_{i \in S}\{a_i + g(S - \{i\},b_i + \max\{t - a_i,0\})\}$$
$$= a_i + a_j + g(S - \{i,j\},b_j + \max\{t - a_i,0\} - a_j,0\})$$

令 $t_{ij} = b_j + \max\{t - a_i,0\} - a_j,0\})$，则

$$t_{ij} = b_j + \max\{b_i + \max\{t - a_i,0\} - a_j,0\}$$
$$= b_j + b_i - a_j + \max\{\max\{t - a_i,0\},a_j - b_i\}$$
$$= b_j + b_i - a_j + \max\{t - a_i,a_j - b_i,0\}$$
$$= b_j + b_i - a_j - a_i + \max\{t,a_i + a_j - b_i,a_i\}$$

如果在调度方案 R 的作业排序中，作业 i 和 j 满足 $\min\{b_i,a_j\} \geqslant \min\{b_j,a_i\}$，则称作业 i 和 j 满足 Johnson 不等式。交换作业 i 和作业 j 的加工顺序，得到作业集 S 的另一调度方案 R'，它所需的加工时间为：

$$g'(S,t) = a_i + a_j + g(S - \{i,j\},t_{ji})$$

其中 $t_{ji} = b_j + b_i - a_j - a_i + \max\{t,a_i + a_j - b_j,a_j\}$

当作业 i 和 j 满足 Johnson 不等式时，有下列不等式：

$$\max\{-b_i,-a_j\} \leqslant \max\{-b_j,-a_i\}$$
$$a_i + a_j + \max\{-b_i,-a_j\} \leqslant a_i + a_j + \max\{-b_j,-a_i\}$$

$$\max\{a_i + a_j - b_i, a_i\} \leqslant \max\{a_i + a_j - b_j, a_j\}$$
$$\max\{t, a_i + a_j - b_i, a_i\} \leqslant \max\{t, a_i + a_j - b_j, a_j\}$$

由此可见当作业 i 和作业 j 不满足 Johnson 不等式时，交换它们的加工顺序使之满足后，不增加加工时间。

因此存在一个最优作业调度，使得对于任意相邻的两个作业 i 和 j，作业 i 先于 j 处理，都有 $\min\{b_i, a_j\} \geqslant \min\{b_j, a_i\}$。进一步可知，一个调度方案 σ 是最优的当且仅当对于任意 $i < j$，有

$$\min\{b_{\sigma(i)}, a_{\sigma(j)}\} \geqslant \min\{b_{\sigma(j)}, a_{\sigma(i)}\}$$

根据上面的讨论，可设计下列作业排列方法，这样来得到最优调度方案：

（1）如果 $\min\{a_0, a_1, \cdots, a_{n-1}, b_0, b_1, \cdots, b_{n-1}\}$ 是 a_i，则 a_i 应是最优排列的第一个作业；

（2）如果 $\min\{a_0, a_1, \cdots, a_{n-1}, b_0, b_1, \cdots, b_{n-1}\}$ 是 b_i，则 b_i 应是最优排列的最后一个作业；

（3）继续（1）（2）的做法，直到完成所有作业的排列。

3. 算法描述

【输入】每个作业在 P_1、P_2 上完成时间。

【输出】最优作业排序。

（1）先将任务按照处理时间的非减次序排列。

（2）依次检查序列中的每个任务，如果是 P_2 上完成的作业，将其加在最优作业排列的最后；如果是 P_1 上完成的作业，将其加在最优作业排列的最前；如果作业已经调度，则不再考虑。

4. 算法举例

例 5.8　设 $n=4$，$(a_0, a_1, a_2, a_3) = (3, 4, 8, 10)$，$(b_0, b_1, b_2, b_3) = (6, 2, 9, 15)$。

设 $\sigma = (\sigma(0), \sigma(1), \sigma(2), \sigma(3))$ 为最优作业排列，为了计算 σ，先将任务按处理时间的非减次序排列为 $(b_1, a_0, a_1, b_0, a_2, b_2, a_3, b_3) = (2, 3, 4, 5, 8, 9, 10, 15)$，然后依次考察序列中的每个任务。因为最小数是 b_1，将其加在最优最优排列的最后，即 $\sigma(3)=1$；下一个次小数是 a_0，将其加在最优最优排列的最前面，即 $\sigma(0)=0$；接下来是 a_1, b_0，此时作业 1 和 0 已经被调度；再次是 a_2，故有 $\sigma(1)=2$；接下来是 b_2，此时作业 2 已调度；再考察 a_3，有 $\sigma(2)=3$；最后是 b_3，作业 3 已调度；所以最优解为 $(\sigma(0), \sigma(1), \sigma(2), \sigma(3)) = (0, 2, 3, 1)$。图 5-19 给出例 5.7 的 Johnson 算法具体描述。

5. 算法分析

上述 Johnson 调度算法在 $O(n\log_2 n)$ 时间内可以做出最优调度方案，因为最耗时的是对 a_i, b_j，长度为 2^n 的序列排序，它可以在 $O(n\log_2 n)$ 时间内实现。如果从上述公式来求 $g(N,0)$ 则至少需要 $O(2^n)$ 的时间，因为它要计算许多不同的 $g(S,t)$。所以当 $m=2$ 时，使用动态规划算法能极大地降低复杂度。

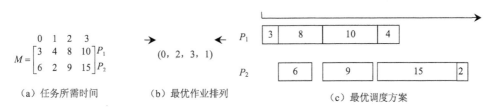

（a）任务所需时间　　　　　（b）最优作业排列　　　　　（c）最优调度方案

图 5-19　例 5.7 的 Johnson 调度算法

5.5 典型问题的 C++程序

1. 最优二叉搜索树

程序中使用一维数组 p 和 q 保存成功和失败搜索两种概率，n 是数组的长度，计算结果保存在二维数组 w、c 和 r 中。函数 OBST 计算 w、c 和 r，例 5.1 程序运行的结果如图 5-20 所示。

具体代码如下。

```cpp
#include <iostream>
using namespace std;
#define MAX 65536
#define LENGTH 64
float w[5][5]={0};                          //初始化
float c[5][5]={0};
int r[5][5]={0};
int osbtree[LENGTH] = {0};
int index;
void OBST(float p[],float q[],int n)
{
    int i,j,k;
    float min;
    for(i=0;i<=n-1;++i)
    {
        w[i][i]=q[i];
        r[i][i]=0;
        c[i][i]=0;
        w[i][i+1]=w[i][i]+p[i+1]+q[i+1];
        r[i][i+1]=i+1;
        c[i][i+1]=w[i][i+1];
    }
    w[n][n]=q[n];
    r[n][n]=0;
    c[n][n]=0;
    for(int m=2;m<=n;++m)                    //m代表目前构造的树有 m 个结点，m 从 2 到 n 个结点
    for(i=0;i<=n-m;++i)
                                            //每次比较必须重置 min，否则根结点可能不改变
    {
        min=MAX;
        j=i+m;
        w[i][j]=w[i][j-1]+p[j]+q[j];
        for(int l=i+1;l<=j;++l)
        {
            if((c[i][l-1]+c[l][j]) < min)
            {
                min=(c[i][l-1]+c[l][j]);
                k=l;
            }
        }
        c[i][j]=w[i][j]+c[i][k-1]+c[k][j];
        r[i][j]=k;
    }
}
void PrintTree(int i,int j)
{
    if(i>=j)
```

```
        return;
    osbtree[index++]=r[i][j];            //存储根结点的标号
    osbtree[index++]='/';                //左子树,存储输出左子树标志
    PrintTree(i,r[i][j]-1);
    osbtree[index++]='\\';               /*右子树,存储标志输出右子树标志\*/
    PrintTree(r[i][j],j);
}
int main()
{
    char string[5][6]={"","a1","a2","a3","a4"};
    float p[5]={0,4,2,1,1};       // float p[5]={0,1/4,1/8,1/16,1/16}，概率值扩大了16倍
    float q[5]={2,3,1,1,1};       //float q[5]={2/16,3/16,1/16,1/16,1/16};
    OBST(p,q,4);
    PrintTree(0,4);
    /*
for(int i=0;i<5;++i)
    {
     for(int j=0;j<5;++j)             //打印格式 i 表示行坐标，j 表示列坐标
        cout<<w[j][j+i]<<","<<c[j][j+i]<<","<<r[j][j+i]<<'\t';
     cout<<endl;
    }
    */
    //打印根节点
    cout<<'\t'<<string[osbtree[0]]<<endl;
    for(int i=1;i<index;++i)
    {
        if(osbtree[i]=='/' || osbtree[i]=='\\')
            continue;
        else if(osbtree[i-1]=='/')
            cout<<string[osbtree[i]];
        else if(osbtree[i-1]=='\\')
            cout<<"\t\t"<<string[osbtree[i]]<<endl;
    }
    return 0;
}
```

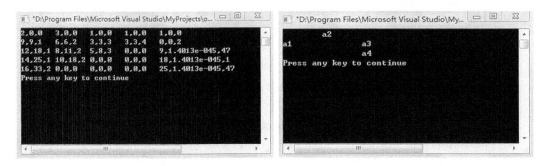

图 5-20　例 5.1 程序运行结果（左为(w,c,r)计算值；右为最优二叉搜索树)

关于动态规划算法的最优二叉搜索树的算法时间复杂度，由于用于计算满足 $\min\limits_{i+1\leqslant k\leqslant j}\{c(i,k-1)+c(k,j)\}$ 的 k 值，其计算时间为 $j-i=m$。不考虑动态生成二维数组的时间，OBST 函数的总计算时间为：

$$\sum_{2}^{n} \sum_{i=0}^{n-m} m + O(n) = \sum_{m=2}^{n} m(n-m+1) + O(n) = O(n^3)$$

2. 每对结点间最短距离

Floyd 算法采用了二维数组 A 来存储各个顶点之间的最短距离，即有向图的邻接矩阵。先对 A 初始化为各顶点间的直接距离，然后在有新的结点插入到两顶点之间的情形下不断更新，即"试探"或"动态"，通过三个连续的 for 循环来进行结点间考察。

$path$ 数组用来保存当前最短距离的路径，它与当前迭代次数有关。初始化都为–1，表示没有中间顶点。在求 $A[i][j]$ 的过程中，$path[i][j]$ 存放从顶点 v_i 到顶点 v_j 的中间顶点编号不大于 k 的最短路径上前一个结点的编号。在算法结束时，由二维数组 $path$ 的值回溯，就可以得到从顶点 v_i 到顶点 v_j 的最短路径。

具体代码如下。

```cpp
#include <iostream>
#include <string>
#include <stdio.h>
using namespace std;
#define MaxVertexNum 100
#define INF 32767
typedef struct
{
    char vertex[MaxVertexNum];
    int edges[MaxVertexNum][MaxVertexNum];
    int n,e;
}MGraph;
void CreateMGraph(MGraph &G)
{
    int i,j,k,p;
    cout<<"请输入顶点数和边数:";
    cin>>G.n>>G.e;
    cout<<"请输入顶点元素: ";
    for(i=0;i<G.n;i++)
        cin >> G.vertex[i];
    for(i=0;i<G.n;i++)
        for(j=0;j<G.n;j++)
        {
            G.edges[i][j]=INF;
            if(i==j)
                G.edges[i][j] = 0;
        }
        for(k=0;k<G.e;k++)
        {
            cout<<"请输入第" << k+1 << "条弧头弧尾序号和相应的权值:";
            cin>>i>>j>>p;
            G.edges[i][j]=p;
        }
}
void Ppath(int path[][MaxVertexNum],int i,int j)
{
    int k;
    k=path[i][j];
```

```
        if(k==-1)
            return;
        Ppath(path,i,k);
        printf("%d,",k);
        Ppath(path,k,j);
}
void Dispath(int A[][MaxVertexNum],int path[][MaxVertexNum],int n)
{
    int i,j;
    for(i=0;i<n;i++)
        for(j=0;j<n;j++)
        {
            if(A[i][j]==INF)
            {
                if(i!=j)
                    printf("从%d到%d没有路径\n",i,j);
            }
            else
            {
                printf("从%d到%d=>路径长度: %d 路径: ",i,j,A[i][j]);
                printf("%d,",i);
                Ppath(path,i,j);
                printf("%d\n",j);
            }
        }
}
void Floyd(MGraph G)
{
    int i,j,k;
    int A[MaxVertexNum][MaxVertexNum];
    int path[MaxVertexNum][MaxVertexNum];
    for(i=0;i<G.n;i++)
        for(j=0;j<G.n;j++)
        {
            A[i][j]=G.edges[i][j];
            path[i][j]=-1;
        }
        for(k=0;k<G.n;k++)
            for(i=0;i<G.n;i++)
                for(j=0;j<G.n;j++)
                    if(A[i][j]>A[i][k]+A[k][j])
                    {
                        A[i][j]=A[i][k]+A[k][j];
                        path[i][j]=k;
                    }
                    Dispath(A,path,G.n);
}
int main()
{
    MGraph G;
    CreateMGraph(G);
    Floyd(G);
    return 0;
}
```

由于程序是三重循环结构，所以 Floyd 算法的时间复杂度为 $O(n^3)$。此算法适用于边权可正可负的情形，可以算出任意两个结点之间的最短距离，但在大量数据计算时，时间复杂度比较高。

3. 最长公共子序列

使用语句"#define N 100"对两个字符串长度进行限制，调用函数 build_lcs(char s[],char* X,char* Y)得到最大公共子序列的三个参数，存放字串的字符数组 s 和输入的两个字符串 X 和 Y。程序运行的结果如图 5-21 所示。

图 5-21　例 5.4 程序运行结果

具体代码如下。

```cpp
#include <iostream>
#include <string>
using namespace std;
#define N 100
char X[N], Y[N], str[N];
int c[N][N],num=0;
int lcs_len(char* X, char* Y,int c[][N])
{
    int m=strlen(X), n=strlen(Y), i, j;
    for (i=0;i<=m;i++)
    c[i][0]=0;
    for (i=0;i<=n;i++)
    c[0][i]=0;
    for (i=1;i<=m;i++)
    {
        for (j=1;j<=n;j++)
        {
            if(X[i-1]==Y[j-1])
                c[i][j]=c[i-1][j-1]+1;
            else if(c[i-1][j]>=c[i][j-1])
                c[i][j]=c[i-1][j];
            else
                c[i][j]=c[i][j-1];
        }
    }
    return c[m][n];
```

```
}
char* build_lcs(char s[],char* X,char* Y )
{
    int i=strlen(X), j=strlen(Y);
    int k=lcs_len(X,Y,c);
    s[k]='\0';
    while (k>0)
    {
    if (c[i][j]==c[i-1][j])
        i--;
    else if (c[i][j]==c[i][j-1])
        j--;
    else
    {
    s[--k]=X[i-1];
    i--; j--; num++;
    }
    }
    return s;
}
void main()
{
cout<<"输入一个长度小于"<<N<<"的字符串"<<endl;
cin>>X;
cout<<"请再输入一个长度小于"<<N<<"的字符串"<<endl;
cin>>Y;
cout<<"Lsc="<<build_lcs(str,X,Y)<<endl;
cout<<"最大子序列长度为"<<num<<endl;
}
```

图 5-22　例 5.6 程序运行结果

程序中第 1 个 for 循环的时间性能是 O(n)，第 2 个 for 循环的时间性能是 O(m)，第 3 个循环是两层嵌套的 for 循环，其时间性能是 O($m \times n$)，第 4 个 for 循环的时间性能是 O(k)，而 $k \leqslant \min\{m, n\}$，所以，最长公共子序列动态规划算法的时间复杂性是 O($m \times n$)。

5.6　小结

动态规划法是基本算法设计技术中较难掌握，但也是极其重要的一种求解最优化问题的方法。动态规划法的基本要素是最优子结构和重叠子问题，这是使用动态规划法求解的基础。动态规划法将待求解的问题分解为若干个相互联系的子问题，然后采用自底向上的计算方式推导出原问题的解，在计算过程中共享子问题的解并进行存储，避免了同一子问题的重复计算，从而大大提高算法的求解效率。

分析和发现待求解的问题的最优子结构性质是一个创造性的过程，也是应用动态规划法的核心步骤。对于一些复杂的优化问题，常常需要对问题进行转化才能得到问题的最优子结构性质。应用动态规划法设计求解最优化问题，当最优值求出后，如何根据具体实例构造最优解，是求解的难点。构造最优解，没有一般性模式可套用，必须结合问题的实际，必要时在递推最优解时有针对性地记录若干必要的信息。

本章介绍了动态规划法在基本原理以及在一些典型问题领域的应用，包括查找问题、图问题和组合问题，对每一类问题都提供了通用的求解算法和具体应用实例。

练 习 题

5.1 对标识符集合(a_1, a_2, a_3, a_4)=(end,goto,print,stop)，已知成功检索概率为p_1=1/20, p_2=1/5, p_3=1/10, p_4=1/20，不成功检索的概率为q_0=1/5, q_1=1/10, q_2=1/5, q_3=q_4=1/20，为方便起见，p 和 q 都乘以20。用动态规划算法构造该问题的最优二叉搜索树。

5.2 已知样本 P="goodday", T="Hi doodbye"是一个可能有编辑错误的文本，采用填表的方式求 P 与 T 的近似匹配程度。

5.3 对图 5-23 中的多段图，采用向前递推方式求出一条从 s 到 t 的最小成本路径，并分析算法求解的复杂度。

5.4 有一个载重为 10 的背包，现有 4 类物品，每类物品的重量分别为（w_0, w_1, w_2, w_3）=(2,3,4,7)，它们的价值分别为（p_0, p_1, p_2, p_3）=(1,3,5,9)。试问如何装载能够使背包容纳物品的价值最大。

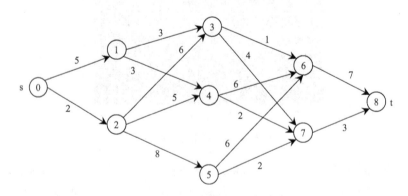

图 5-23 多段图的示意图

5.5 设资源数 m=4，工程数 n=3，投资-利润如下表。试求最佳分配方案。

x	0	1	2	3	4
g1(x)	0	13	15	19	22
g2(x)	0	12	13.5	14.5	16
g3(x)	0	14	18	21	24

5.6　求图 5-24 所示的多源最短路径的距离矩阵。

5.7　设 $(w_0,w_1,w_2,w_3)=(10,15,6,9)$，$(p_0,p_1,p_2,p_3)=(2,5,8,1)$，生成每个 f_i 阶跃点的序偶集合 S_i，$0 \leq i \leq 4$。

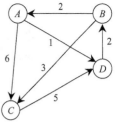

图 5-24　带权有向图

5.8　考虑 4 个矩阵的链乘积 $M_1 \times M_2 \times M_3 \times M_4$。它们的行数和列数分别是 10×20，20×50，50×1，1×100。求最少需要多少次乘法运算？相乘的顺序是什么？

5.9　采用动态规划算法求下列两个字符串的最长公共子序列：$A=$"acgmood"，$B=$"agcmdoda"。

5.10　用 A、B 两台处理机加工 N 个作业。设第 i 个作业交给机器 A 处理时需要 a_i 单位时间；若由机器 B 处理，则需要 b_i 单位时间。不能把一个作业分开由两台机器处理，也没有一台机器能够同时处理两个作业。已知 $(a_0,a_1,a_2,a_3,a_4,a_5)=(2,5,7,10,5,2)$, $(b_0,b_1,b_2,b_3,b_4,b_5)=(6,2,9,153,8,4,11,3,4)$，设计一个动态规划算法，使得这两台机器处理完这 N 个作业的时间最短。

5.11　若城市路径示意图如图 5-25 所示，图中每条边上的数字是这段道路的长度。如果从 A 地出发，只允许向右或向上走，试寻找一条从 A 地到 B 地的最短路径，并计算其长度。

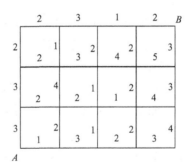

图 5-25　城市路径示意图

06 第6章 回溯算法

回溯算法（Backtracking）是一种在解空间中搜索可行解或最优解的方法。该方法通常将解空间看作树形结构，即状态空间树。搜索过程以深度优先对状态空间树进行遍历以避免遗漏可行解。另外，该过程以跳跃式搜索改善算法的运行效率，即不满足约束条件的内结点的子树将被剪枝，此时搜索过程将回溯至该结点的父结点以进行后续深度遍历。

回溯算法适用于求解搜索问题和组合优化问题，特别是一些组合数相当大的问题。该方法的处理过程是一个逐步建立与修正子集树（或排列树）的过程，用通俗的语言说就是"走不通回头"。使用回溯算法时，搜索问题即是在搜索空间中找到一个或全部可行解，如 n 皇后问题、图的 m 着色问题和装载问题等。组合优化问题就是找到该问题的一个或全部最优解，如背包问题、子集和数问题及货郎问题等。

目前，有多种方法用于求解组合优化问题，比如前面章节学过的贪心法和动态规划法。尽管如此，由于这些方法要求问题的最优解具有最优子结构特性，而且贪心法还要求事先设计好最优量度标准，而这些要求执行起来也并非易事，这些都促进了研究者探索使用其他方法来求解组合优化问题，如本章的回溯算法和下一章的分支限界算法。

6.1　回溯算法的思想

6.1.1　基本概念

在使用回溯算法求解问题时，应首先明确问题的解空间（Solution Space）。构成解空间的解向量可以表示为 n-元组$(x_0, x_2, \cdots, x_{n-1})$。

- 状态空间树（State Space Tree）和显式约束（Explicit Constraint）

解空间通常会被描述为树状结构，即状态空间树。树中每个结点称为一个问题状态（Problem State）。根结点位于第 1 层，表示搜索的初始状态，第二层的结点表示对解向量的第一个分量做出选择后到达的状态，第 1 层到第 2 层的边上标出对第一个分量选择的结果，以此类推。从根结点到叶结点的每条路径对应于一个候选解的 n-元组，这些叶结点也被称为解状态（Solution State）。解状态中至少应包含待求解问题的一个可行解（最优解），可行解处的叶结点被称为答案状态（Answer State），最优解处的叶结点被称为最优答案状态。

显式约束通常可从问题描述中直接获得，其规定了解向量中每个分量 x_i 的取值 S_i，即 $x_i \in S_i$。显式约束规定了待求解问题的所有可能的候选解，这些候选解组成了问题实例的解空间。也就是说，显式约束决定了状态空间树的规模。而状态空间树通常有子集树和排列树两种形式。

- 隐式约束（Implicit Constraint）和判定函数（Criterion Function）

隐式约束用于判定一个候选解是否为可行解。通常从问题描述中的隐式约束出发，设计一个判定函数 $p(x_0, x_2, \cdots, x_{n-1})$，若该函数为真时，则称候选解$(x_0, x_2, \cdots, x_{n-1})$是问题的可行解。

- 最优解（Optimal Solution）和目标函数（Objective Function）

目标函数也称代价函数（Cost Function），用来衡量每个可行解的优劣。组合优化问题的最优解是使目标函数取极值（最大或最小）的一个或多个可行解。

- 部分向量（Partial Vector）和约束函数（Constraint Function）

设结点 Y 是状态空间树中的一个问题状态，从根结点到 Y 的一条路径代表正在构造中的 k 元组 $(x_0, x_1, \cdots, x_{k-1})$，其为 n 元组解向量的一部分，称之为部分向量，其中 $k \leq n$。也就是说，每个节点对应了一个部分向量，而每个叶子结点对应一个解向量。约束函数是关于部分向量的函数 $B_k(x_0, x_1, \cdots, x_{k-1})$，被定义为：如果可以判断 Y 的子树上不含任何答案状态，则 $B_k(x_0, x_1, \cdots, x_{k-1})$为 false，否则为 true。

- 搜索策略（Search Strategy）和剪枝函数（Pruning Function）

在状态空间树上执行搜索过程时，为了避免漏掉某些结点，需要遵照某种搜索策略。常见的搜索策略有：（1）深度优先搜索（Depth First Search，DFS）；（2）广度优先搜索（Breadth-First-Search，BFS）；（3）函数优先、宽深结合。单纯使用这两种策略进行搜索的方法属于蛮力算法或穷举法，搜索效率较为低下。

为了提高搜索效率，回溯算法中执行隐含遍历，即使用剪枝函数剪去不必要搜索的子树以进行跳跃式搜索。通常，剪枝函数有两类：（1）约束函数（Constraint Function），通常源自待求解问题的隐式约束条件。正如前述，约束函数是关于部分向量的函数 B_k。在搜索过程中使用约束函数可以避免搜索那些不包含答案状态的子树；（2）限界函数（Bound Function）：在最优化问题中，使用限界函数可以避免搜索那些不可能包含最优答案结点的子树。

需要注意的是，状态空间树无需事先生成再进行遍历。在状态空间树的生成过程中通常伴随某种遍历策略和剪枝过程。例如，使用剪枝函数的深度优先生成状态空间树的求解方法称为回溯算法；广度优先生成结点并使用剪枝函数的方法称为分枝限界算法（详见第 7 章）。

例 6.1   0/1 背包问题：给定 n 种物品和一背包。物品 i 的重量是 w_i，其价值为 p_i，背包的容量为 M。问：应如何选择装入背包的物品，使得装入背包中物品的总价值最大？

该问题的候选解集由一个等长 0/1 向量$(x_0,x_2,\cdots,x_{n-1})$组成，其中的任意一个元素 x_i 需满足一个条件，即 $x_i \in S_i=\{0,1\}$。该条件作为显式约束，规定物品 i 不可分，$x_i=1$ 表示将物品 i 整体放入背包，$x_i=0$ 表示物品 i 完全不放入背包。以 $n=3$ 为例，解空间 V 是由 8 个候选解构成，即（0,0,0），（0,0,1），（0,1,0），（1,0,0）（0,1,1），（1,0,1），（1,1,0），（1,1,1）}。用于表示该解空间的状态空间树为子集树，其形式如图 6-1 所示。该树是一个高度为 n 的完全二叉树，共有 2^n 片树叶。从根节点到叶子结点的任意一条路径即为该问题的一个候选解，该路径中第 j 层结点到第 $j+1$ 层（$1 \leqslant j \leqslant 3$）结点之间的边上给出了对结点 x_i 的取值，1 表示该结点被选择，0 表示该结点没被选择。树中的每个结点都代表一个问题的状态，其中 8 个叶子结点分别表示该问题的 8 个候选解。例如，结点 8 代表一个可能解（1,0,0）。

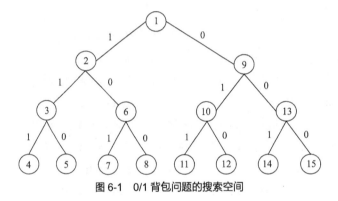

图 6-1   0/1 背包问题的搜索空间

隐式约束条件用于判定候选解是否为可行解。对于 0/1 背包问题，任何一种不超过背包载重能力的装载方法都是问题的一个可行解，所以该问题的隐式约束条件是：

$$\sum_{i=0}^{n-1} w_i x_i \leqslant M \qquad w_i > 0, x_i \in \{0,1\}$$

最优化问题的目标函数用于衡量一个可行解是否为最优解。对于 0/1 背包问题，收益最大的装载方案即为背包问题的最优解，所以该问题的最优解必须使下列目标函数取最大值：

$$\max \sum_{i=0}^{n-1} p_i x_i \qquad p_i > 0, x_i \in \{0,1\}$$

剪枝函数用于减少问题求解所需实际生成的状态结点数，以加速搜索问题或最优化问题求解的收敛速度。0/1 背包问题中，约束函数 $\sum_{i=0}^{n-1} w_i x_i \leqslant M, w_i > 0, x_i \in \{0,1\}$ 可作为剪枝函数来执行剪枝操作。

6.1.2   基本思路

可用回溯算法求解的问题 P 通常要可以表达为：对已知由 n 元组$(x_0,x_2,\cdots,x_{n-1})$组成的状态空间 $V=\{(x_0,x_2,\cdots,x_{n-1}) \mid x_i \in S_i, i=0,1,\cdots,n-1\}$，给定关于 n 元组中的分量的一个约束集 D，求满足 D 的全部约束条件的所有 n 元组。S_i 是 x_i 的定义域且 S_i 是有穷集，称 V 中满足 D 的全部约束条件的子集为问

题 P 的一个或多个解。根据深度优先策略，回溯算法将 n 元组$(x_0, x_2, \cdots, x_{n-1})$的状态空间 V 表示为一棵高度为 n 的带权有序树 T，即状态空间树。此时，在 V 中求问题 P 的所有解的过程被转化为：在 T 中搜索一条或多条从根结点到叶结点的路径。

需要注意的是，问题的状态空间树并不需要算法运行时构造一棵真正的树结构，只需要存储从根结点到当前结点的路径。例如，在 0/1 背包问题中，只需要存储当前背包中装入物品的状态，在货郎问题（TSP）中，只需要存储当前正在生成的路径上经过的顶点。

使用回溯算法求解的基本步骤是：

（1）针对所给问题，定义问题的解空间；

（2）确定易于搜索的解空间结构（找出适当的剪枝函数）；

（3）以深度优先方式搜索解空间，并在搜索过程中用剪枝函数避免无效搜索。

根据对解空间的搜索方式，回溯算法在实现时主要分为递归回溯和迭代回溯。一般情况下，当回溯算法对状态空间树做深度优先搜索时用递归方法实现，递归思想的回溯算法框架为：

```
void RBacktrack(int k)
{
    //应以 RBacktrack(0)调用本函数
    for (每个 x[k],使得 x[k]∈T(x[0],…,x[k-1])&&(Bₖ(x[0],…,x[k])))
    {
        if((x[0], x[1],…,x[k])是一个可行解)        //判定是否为可行解
            输出(x[0], x[1],…,x[k]);             //输出可行解
        RBacktrack(k+1);                        //深度优先进入下一层
    }
}
```

迭代回溯对状态空间树同样做深度优先搜索，但是该搜索过程使用非递归方法实现。迭代思想的回溯算法框架为：

```
void IBacktrack(int k)
{
    int k=0;
    while (k>=0){
        if(还剩下尚未检测的 x[k],使得 x[k]∈T(x[0],…,x[k-1])&&(Bₖ(x[0],…,x[k])
        {
            if((x[0], x[1],…,x[k])是一个可行解)        //考虑 x[k]的下一个可取值
                输出(x[0], x[1],…,x[k]);
            k++;                                    //考虑下一层分量
        }
        else
            k--;                                    //回溯到上一层
    }
}
```

总之，回溯算法是一个既带有系统性又带有跳跃性的搜索算法。它在包含问题的所有解的解空间树中，按照深度优先的策略，从根结点出发搜索解空间树。算法搜索至解空间树的任一结点时，总是先判断该结点是否肯定不包含问题的解。如果肯定不包含，则跳过对以该结点为根的子树的系统搜索，逐层向其祖先结点回溯。否则，进入该子树，继续按深度优先的策略进行搜索。回溯算法在用来求问题的所有解时，要回溯到根，且根结点的所有子树都已被搜索遍才结束。而回溯算法在

用来求问题的任一解时，只要搜索到问题的一个解就可以结束。这种以深度优先的方式系统地搜索问题的解的算法称为回溯算法，它适用于求解一些组合数较大的问题。

6.1.3　回溯算法的适用条件

在问题求解过程中，适用回溯法需要注意其适用条件，即判断待求解问题是否满足多米诺性质，其形式化定义如下：

$$P(x_0,x_1,\cdots,x_{k-1}) \rightarrow P(x_0,x_1,\cdots,x_{k-2}), 1 \leqslant k \leqslant n$$

其中，$P(x_0,x_1,\cdots,x_k)$ 为真表示向量 $(x_0,x_1,\cdots,x_k)$ 满足某个约束条件，如 0/1 问题中的 k 件物品总重量小于 M、n 皇后问题中 k 皇后放置在彼此不能攻击的位置，以及 TSP 问题中 k 个城市均被巡游一次等。

例 6.2　求解不等式 $5x_0+4x_1-x_2 \leqslant 10$ 的整数解，其中 $x_i \in \{1,2,3\}$，$i=0,1,2$。该问题的求解过程中，$P(x_0,x_1,\cdots,x_{k-1})$ 表示将 $x_0,x_1,\cdots,x_{k-1}$ 代入原不等式的相应部分使得左边小于等于 10。容易看出，该不等式不满足多米诺性质，因为当 $P(1,2,3)$ 为真时，$P(1,2)$ 却为假。

对于不满足多米诺性质的实例，自然不能使用回溯算法求解。但是，有时可以通过代数变换方式对原问题进行改造。例如，针对例 6.2 中的不等式，令 $x_2 = 3 - x_2'$，不等式改为 $5x_0 + 4x_1 + x_2' \leqslant 13$，$1 \leqslant x_0,x_1 \leqslant 3$，$0 \leqslant x_2' \leqslant 2$，则不等式满足多米诺性质，可以使用回溯算法。最后，对得到的 x_0,x_1,x_2' 很容易转换成原不等式的解 x_0,x_1,x_2。

6.1.4　回溯算法的效率估计

回溯算法实际上属于蛮力穷举法，当然不能指望它有很好的最坏时间复杂性，遍历具有指数阶个结点的状态空间树，在最坏情况下，时间代价肯定为指数阶。然而，从本章介绍的几个算法来看，它们都有很好的时间性能。回溯算法的有效性往往体现在当前问题规模 n 很大时，在搜索过程中对问题的解空间实行大量剪枝。但是，对于具体问题实例，很难预测回溯算法的搜索行为，特别是很难估计出在搜索过程中所产生的结点数，但是，回溯算法的时间通常取决于状态空间树上实际生成的那部分问题状态的数目。蒙特卡洛（Monte Carlo）方法可以用于估算回溯算法在状态空间树中平均遍历的结点数，即处理问题时实际生成的结点数。

蒙特卡洛方法的基本思想是：在状态空间树中随机选择一条路径 $(x_0,x_2,\cdots,x_{n-1})$，然后沿此路径估算满足约束条件的结点总数 m。设 X 是这条随机选择路径上，代表部分向量 $(x_0,x_2,\cdots,x_{k-1})$ 的结点，如果在 X 处不受限制的孩子数目是 m_k，则认为与 X 同层的其他结点不受限制的孩子数目也是 m_k。也就是说，若不受限制的 x_1 取值有 m_1 个，则第 2 层有 m_0 个结点；若不受限制的 x_2 取值有 m_2 个，则第 3 层上有 m_0m_1 个结点；依次类推。由于认为在同一层上不受限制的结点数目相同，因此整个状态空间树上将实际生成的结点数估计为：

$$m = 1 + m_0 + m_0m_1 + m_0m_1m_2 + \cdots$$

$$m = 1 + \sum_{j=0}^{k} \prod_{i=0}^{j} m_i$$

对于每条随机选择的路径，蒙特卡洛方法都执行上述的估算过程。路径选择过程为：随机选择一条路径，直到不能分枝为止。即从 $x_0,x_1,\cdots$ 依次对 x_i 赋值，每个 x_i 的值是从当时的 S_i 中随机选择，直到不能扩张为止。估计完每条路径对应的搜索树结点数之后，对这些结果进行概率平均，即为回溯算法最终的效率估计。

例 6.3　估计四皇后问题的回溯算法求解过程中搜索树的结点。显然，四皇后问题的状态空间树中的路径选择存在 3 种长度不一的情况。例如，（1,3）、（1,4,2）和（2,4,1,3）。则上述蒙特卡洛基本思想，可以分别构造这 3 种情况下的搜索树，如图 6-2 所示。

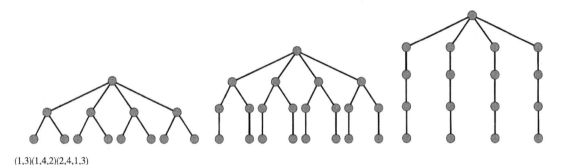

(1,3)(1,4,2)(2,4,1,3)

图 6-2　随机选择路径对应的搜索树

第一种情况下对应的搜索树对应的结点数为：$1+1\times 4+1\times 4\times 2=13$；第二种情况下对应的搜索树对应的结点数为：$1+1\times 4+1\times 4\times 2+1\times 4\times 2\times 1=21$；第三种情况下对应的搜索树对应的结点数为：$1+1\times 4+1\times 4\times 1+1\times 4\times 1\times 1+1\times 4\times 1\times 1\times 1=17$。假设进行了四次抽样测试，其中第一种情况被抽中 2 次，第二种情况被抽中 1 次，第三种情况被抽中 1 次，那么四皇后问题的回溯算法求解过程中搜索树的平均结点数为：$(13\times 2+21\times 1+17\times 1)/4=16$。该估计结果与实际状态空间树被访问的结点数 17 间的误差仅为 1，所以此例中蒙特卡洛法的估计结果可以接受。

6.2　组合问题中的回溯算法

6.2.1　装载问题

1. 问题描述

n 个集装箱装到两艘载重分别为 c_1 和 c_2 的轮船，W_i 为集装箱 i 的重量，且 $\sum_{i=1}^{n}W_i \leqslant c_1+c_2$，问：是否存在一种合理的装载方案将 n 个集装箱装到轮船上？如果有，给出一个方案。

2. 算法思想

该问题等价于：寻找一个解使得 c_1-W_1 达到最小，其中，W_1 为第一船装载量。求解思路是用回溯算法 c_1-W_1 达到最小的装载方案 $x[1\cdots n]$，使得第一条船装载量达到最大值 W_1。如果 $\sum_{i=1}^{n}W_i-W_1 \leqslant c_2$，则回答 yes；否则回答 No。

首先将 $W_1,W_2,\cdots,W_n$ 按照递降排序。解向量 $x[1\cdots n]$，$x_i\in\{0,1\}$。状态空间树为子集树。在结点 $x[1\cdots k]$ 处的约束条件为 $\sum_{i=1}^{k}W_ix_i \leqslant c_1$。验证该结点是否满足多米诺性质：

$$P(x_1,x_2,\cdots x_k)=\sum_{i=1}^{k}W_ix_i > c_1 \Rightarrow P(x_1,x_2,\cdots,x_{k+1})=\sum_{i=1}^{k+1}w_ix_i > c_1$$

如果多米诺性质不满足，则进行剪枝并执行回溯操作。整个搜索过程执行深度优先策略。

3. 算法描述

算法 Loading(W,c_1)

【输入】集装箱重量 $W[1\cdots n]$，c_1 是第一条船的载重限制。

【输出】使第一条船装载量最大的方案 $x[1\cdots n]$，其中 $x_i\in\{0,1\}$。

```
（1）Sort(W[1…n]);              //以非递增方式对 W 进行排序
（2）B←c₁; best←c₁; i←1;        //B 为目前间隙，best 是目前为止最优解的间隙
（3）while i≤n do
        if 装入 i 后重量不超过 c₁ then
        B←B-Wᵢ;
        x[i]←1;
        i←i+1;
        else
            x[i]←0; i←i+1;
（4）if B<best then
        记录解;
        Best←B;
（5）backtrack(i);
（6）if i=1 then
        return 最优解
    else
        goto (3)
end Loading

过程 backtrack(i):
（1）while i>1 and x[i]=0 do
        i←i-1;
（2）if x[i] = 1 then
        x[i] ←0;
        B←B+wᵢ;
        i←i+1;
end backtrack
```

4. 算法分析

用回溯算法设计解装载问题的 $O(2^n)$ 计算时间算法。在某些情况下，该算法优于动态规划算法。

6.2.2 0/1 背包问题

1. 问题描述

给定 n 种物品和一背包。物品 i 的重量是 w_i，其价值为 p_i，背包的容量为 M。问：应如何选择装入背包的物品，使得装入背包中物品的总价值最大？其中，每种物品只有全部装入或不装入背包两种选择。例如，对于 $n=3$ 的 0/1 背包问题，3 个物品的重量为 $\{20,15,10\}$，价值为 $\{20,30,25\}$，

背包容量为 25。

2. 算法思想

作为 NP 困难问题，0/1 背包问题是子集选取问题。一般情况下，0-1 背包问题的解空间可用子集树表示。所谓的子集树就是当所给的问题是从 n 个元素的集合 S 中找出满足某种性质的子集时相应的解空间。

在深度优先搜索解空间树时，只要其左儿子结点是一个可行结点，搜索就进入其左子树。当右子树有可能包含最优解时才进入右子树搜索。否则将右子树剪去。设 r 是当前剩余物品的价值总和；cv 是当前价值；$bestv$ 是当前最优价值。我们引入上界函数 $cv+r$ 来判断当前扩展结点是否满足上界条件，即右子树是否有可能包含最优解。若 $cv+r<=bestv$ 时，说明右子树不可能包含最优解，可剪去右子树。计算右子树中的解的上界的更好方法是将剩余物品依其单位重量价值排序，然后依次装入物品，直至装不下时，再装入该物品的一部分而装满背包。由此得到的价值是右子树的上界。

如图 6-3 所示，从子集树的根结点开始搜索，搜索过程如下：

（1）从结点 1 选择左子树到达结点 2，由于选取了物品 1，故在结点 2 处背包剩余容量是 5，获得的价值为 20；

（2）从结点 2 选择左子树到达结点 3，由于结点 3 需要背包容量为 15，而现在背包仅有容量 5，因此结点 3 导致不可行解，对以结点 3 为根的子树实行剪枝；

（3）从结点 3 回溯结点 2，从结点 2 选择右子树到达结点 6，结点 6 不需要背包容量，获得的价值仍为 20；

（4）从结点 6 选择左子树到达结点 7，由于结点 7 需要背包容量为 10，而现在背包仅有容量 5，因此结点 7 导致不可行解，对以结点 7 为根的子树实行剪枝；

（5）从结点 7 回溯结点 6，从结点 6 选择右子树到达结点 8，而结点 8 不需要背包容量，构成问题的一个可行解（1，0，0），背包获得的价值为 20。

按此方式继续搜索，直到找到所要的解或解空间中已无活结点时为止。

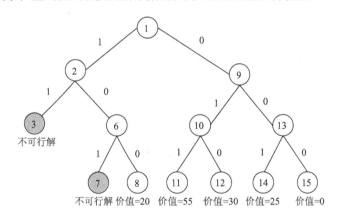

图 6-3 0/1 背包问题的搜索空间

3. 算法描述

回溯函数 *backtrack*(*i*)：当前扩展结点位于子集树中，它有 $x[i]=1$ 和 $x[i]=0$ 两个儿子结点。左儿子为 $x[i]=1$ 的情形，仅当 $cw+w[i]<=M$ 时进入左子树，递归地对左子树进行搜索。右儿子为 $x[i]=0$ 的情形，用上界函数计算它是否包含最优解，包含则进入递归地搜索右子树，否则直接剪去右子树。

```
void backtrack(int i)//搜索第 i 层结点，i 为 0 到 n-1
{
    if(i>=n)                                    //到达叶结点
    {
        if(cv>bestv)
        {
            bestv=cv;                           //修正当前最优总价值
            for(int j=0;j<n;j++)                //修正当前最优解
                bestx[j]=x[j];
        }
        return;
    }

    r-=v[i];

    //搜索左子树：进入左子树时无需计算上界，满足条件则装入当前的物品 i
    if(cw+w[i]<=M)
    {
        x[i]=1;                                 //装入当前物品 i
        cw+=w[i];
        cv+=v[i];
        backtrack(i+1);                         //递归搜索左子树
        cw-=w[i];                               //递归搜索返回后要重置当前重量和价值为原来值
        cv-=v[i];
    }

    //搜索右子树：若右子树包含最优值，则进入右子树搜索，否则直接剪去右子树
    if(cv+r>bestv)
    {
        x[i]=0;
        backtrack(i+1);                         //进入右子树
    }

    r+=v[i];                                     //本层结点搜索完，重置 r 的值为搜索前的值
}
```

4. 算法分析

由于背包问题的解空间树是一个子集树，当问题中一共包含 n 个待装入背包的物体时，其空间树一共有 2^n 个叶子结点，总结点数目为 2^{n+1}。因此，如果要对整个解空间树进行搜索，在最坏情况下需要搜索的节点数目为 $2^{n+1}-1$，所以问题的复杂度为 $O(2^{n+1})$。但是在实际情况中，由于上界函数和约束条件的存在，所搜索的节点个数要远小于 $2^{n+1}-1$。

6.2.3 n 皇后问题

1. 问题描述

这是一个经典的组合问题。n 皇后问题要求在 $n \times n$ 格的棋盘上放置彼此不受攻击的 n 个皇后。按照国际象棋的规则，皇后可以攻击与之处在同一行或同一列或同一斜线上的棋子。n 皇后问题是寻找在 $n \times n$ 格的棋盘上放置 n 个皇后的方案,使得任何两个皇后不放在同一行或同一列或同一斜线上。图 6-4 所示是 8-皇后问题的一个可行解。

2．算法思想

用 n 元数组 $x[1\cdots n]$ 表示 n 皇后问题的解。其中 $x[i]$ 表示皇后 i 放在棋盘的第 i 行的第 $x[i]$ 列。由于不允许将第 2 个皇后放在同一列，所以解向量中的 $x[i]$ 互不相同。两个皇后不能放在同一斜线上是问题的隐约束。对于一般的 n 皇后问题，这一隐约束条件可以化成显约束的形式。将 $n\times n$ 格棋盘看作二维方阵，其行号从上到下依次编号为 1，2，$\cdots$，n。

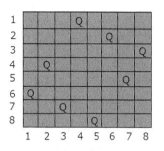

图 6-4　8-皇后问题的一个可行解

设两个皇后的坐标分别为 (i, j) 和 (k, l)。若两个皇后在同一斜线上，那么这两个皇后的坐标连成的线的斜率为 1 或者-1。从棋盘左上角到右下角的主对角线及其平行线（即斜率为 -1 的各斜线）上，两个下标值的差（行号－列号）值相等。同理，斜率+1 的每一条斜线上，两个下标值的和（行号＋列号）值相等，即：

$$\left.\begin{array}{l}\dfrac{i-k}{j-l}=1\Rightarrow i-k=j-l\Leftrightarrow i-j=k-l\\[2mm]\dfrac{i-k}{j-l}=-1\Rightarrow i-k=l-j\Leftrightarrow i+j=k+l\end{array}\right\}\Rightarrow |i-k|=|j-l|$$

因此，如果$|i-k|=|j-l|$，则说明这两个皇后处于同一斜线上。以上两个皇后位于同一斜线上，问题的隐约束变成了显式约束。

对于 n 皇后问题，显示约束有两种观点：1）$S_i=\{1,\cdots,n\}$，$1\leqslant i\leqslant n$。相应的隐式约束为：对任意 $1\leqslant i,j\leqslant n$，当 $i\neq j$ 时，$x_i\neq x_j$ 且$|i-j|\neq|x_i-x_j|$。此时的解空间大小为 n^n；第二种观点是：$S_i=\{1,\cdots,n\}$，$1\leqslant i\leqslant n$，且 $x_i\neq x_j$（$1\leqslant i,j\leqslant n$，$x_i\neq x_j$）。相应的隐式约束为：对任意 $1\leqslant i,j\leqslant n$，当 $i\neq j$ 时，$x_i\neq x_j$）且$|i-j|\neq|x_i-x_j|$）|。此时相对的解空间大小为 $n!$。

3．算法描述

如图 6-5 所示是 4-皇后问题的状态空间树，实际上是一棵排列树，它采用第二种显式约束观点。图中包含答案状态 31 和 39。

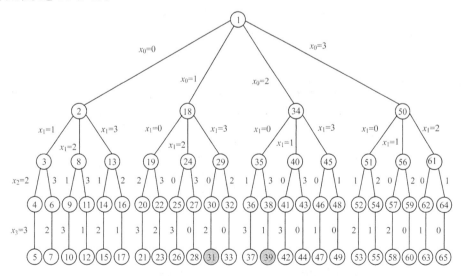

图 6-5　4-皇后问题的状态空间树（结点按深度优先遍历编号）

一般称这种用于确定 n 个元素的排列满足某些性质的状态空间树为排列树，排列树有 $n!$ 个叶结点，遍历排列树的时间为 $\Omega(n!)$。

函数 Place 起着约束函数的作用。设已经生成了部分向量 $(x_0,x_1,\cdots,x_{k-1})$，并且这前 k 个皇后已分配的列号相互不起冲突。现检查如果选择 $x_k=i$ 是否引起冲突，即第 $k=+1$ 个皇后如果放在第 i 列，是否会因此而与前 k 个皇后在同一列或同一斜线上。

n 皇后问题的回溯算法描述如下。

算法 NQueen(k, n)

【输入】皇后序号 k；棋盘行（列）数或者皇后数 n。

【输出】n 个皇后在 n 行棋盘的位置 x。

```
for j =1 to n do
    if Place(k, j) then
        x[k] = i;
        if k = n then
            Write x[1..n];
    else
        NQueen(k+1, n)
end NQueen


过程Place(k , i)  //约束函数
    for j = 1 to k-1 do
        if (x[j] = i) or (abs(x[j] - 1) = abs(j - k)) then
            return false;
    return true;
end Place
```

4. 算法分析

由于 n 皇后问题的解空间树同样可以看作是一棵排列树，因此，在最坏的情况下其时间复杂度为 $(n!)$。

5. 算法举例

当 $n=4$ 时，使用上述回溯算法求解过程如图 6-6、图 6-7 所示。

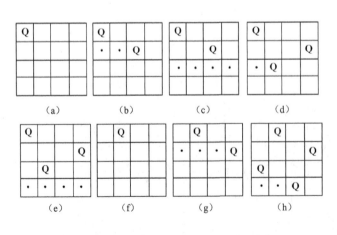

图 6-6　回溯算法求解 4-皇后问题的一个可行解

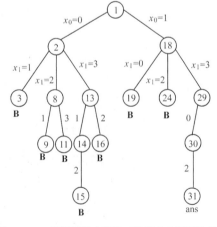

图 6-7　0-1 回溯算法实际生成的状态空间树的部分

左图中（a）～（e）对应右图状态空间树中根的左子树的搜索过程，（f）～（h）对应右子树的搜

索过程。整个搜索过程采用深度优先策略。右图中的 B 代表被限制的结点，ans 表示第一个答案结点。此时，状态空间树的结点数为 76，而被搜索的结点总数为 16，占总结点数目的 21%。第二个答案结点可依据状态空间树的对称性得到，即 4-皇后问题的两个解分别为如图 6-8 所示。

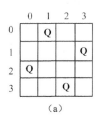
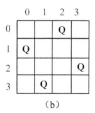

图 6-8　4-皇后问题的两个可行解

6.2.4　图的 m 着色问题

1. 问题描述

给定无向连通图 G 和 $m > 0$ 种不同的颜色，用这些颜色为图 G 的各顶点着色，每个顶点着一种颜色。是否有一种着色法使图 G 中每条边的 2 个顶点着不同颜色。这个问题是图的 m 着色判定问题。若一个图最少需要 m 种颜色才能使图中每条边连接的 2 个顶点着不同颜色，则称这个数 m 为该图的色数。求一个图的色数 m 的问题称为图的 m 可着色优化问题。

2. 算法描述

下面根据回溯算法的递归描述框架 backtrack 设计图 m 着色算法。用图的邻接矩阵 a 表示无向连通图 $G = (V, E)$。若 (i, j) 属于图 $G = (V, E)$ 的边集 E，则 $a[i][j]=1$，否则 $a[i][j]=0$。整数 1，2，$\cdots$，m 种不同颜色。顶点 i 所着颜色用 $x[i]$ 表示。数组 $x[1 \cdots n]$ 是问题的解向量。容易看出，每个顶点可着颜色有 m 种选择，n 个顶点就有 m^n 种不同的着色方案，问题的解空间是一棵高度为 n 的完全 m 叉树，这里树高度的定义为从根结点到叶子结点的路径的长度。每个分支结点，都有 m 个儿子结点。最底层有 m^n 个叶子结点。第 $n+1$ 层结点均为叶结点。如图 6-9 所示是 $n=3$ 和 $m=3$ 时的解空间树，对第 i（$i \geq 1$）层上的每个顶点，从其父结点到该结点的边上的标号表示顶点 i 着色的颜色编号。

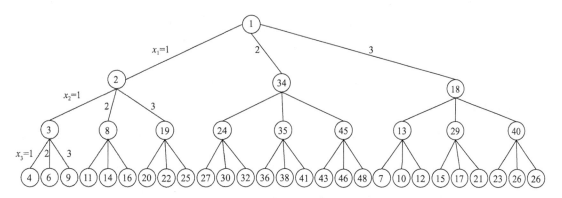

图 6-9　$n=3$ 和 $m=3$ 时的解空间树

在下面的使用回溯算法求解图的 m 着色问题的过程中，backtrack(current) 搜索解空间中第 i 层子树。将 current=1 传入 backtrack()，即从第一个开始涂色。涂的时候从颜色 1 开始到 m，每当涂上一个色，要用 ok(current)判断第 current 个点是否可以涂这个色，不可以的话就不再往下涂了，改试另一个颜色，可以的话就继续。当 *cur>n* 的时候，即前 *n* 个点都涂完了，然后输出结果，并 count++计数。total 记录当前找到的 *m* 可着色方案数。

在算法 backtrack 中，当 current$>n$ 时，算法搜索至叶结点，得到新的 *m* 着色方案，当前找到的 *m* 可着色方案数 sum 增 1。当 current$\leq n$ 时，当前扩展结点 Z 是解空间中的内部结点。该结点有 $x[i]=$ 1,2,…,*m*，共 *m* 个儿子结点。对当前扩展结点 Z 的每一个儿子结点，由方法 ok 检查其可行性，并以深度优先的方式递归地对可行子树进行搜索，或剪去不可行子树。

图 *m* 可着色问题的回溯算法描述如下。

```
bool ok(int c)
{
    for(int k=1;k<=n;k++)
    {
        if(graph[c][k]&&color[c]==color[k])
            return false;
    }
    return true;
}

void backtrack(int current)
{
    if(current>n)                          //搜索至叶结点
    {
        for(int i=1;i<=n;i++)
            printf("%d ",color[i]);
        count++;
        printf("\n");
    }
    else                                   //当前扩展结点 Z 是解空间中的内部结点
    {
        for(int i=1;i<=m;i++)
        {
            color[current]=i;
            if(ok(current))
                backtrack(current+1);      //以深度优先的方式递归地对可行子树搜索
            color[current]=0;
        }
    }
}
```

3. 算法分析

图 *m* 可着色问题的回溯算法的计算时间上界可以通过计算个数是解空间树中内结点个数估计。图 *m* 可着色问题的解空间树中内结点 $\sum_{i=0}^{n-1} m^i$。对于每一个内结点，在最坏情况下，用方法 ok 检查当前扩展结点的每一个儿子所相应的颜色可用性需耗时 O(*nm*)。因此，回溯算法总的时间耗费是：

$$\sum_{i=0}^{n-1} m^i(mn) = \frac{nm(m^n-1)}{m-1} = O(nm^n)$$

6.2.5 子集和数问题

1. 问题描述

设有 n 个元素的正整数集 $W=\{w_0,w_1,\cdots,w_{n-1}\}$ 和一正数 M，要求从集合 W 中找出所有满足元素的累加和等于 M 的子集，该问题称为子集和数问题。例如，若 $n=4$，$W=\{w_0,w_1,w_2,w_3\}=\{11,13,24,7\}$，$M=31$，则满足需要的子集是 $\{11,13,7\}$ 和 $\{24,7\}$。

2. 算法思想

对于上述例子中找到的两个解：$\{11,13,7\}$ 和 $\{24,7\}$，若用集合元素的下标表示就是：$\{1,2,4\}$ 和 $\{3,4\}$。显然，在这两种表示方式下，解的长度不是固定的，这种解的结构是可变长度元组。当采用可变长度元组来表示解时，代表一个可行解的元组长度可以不同，成为一个 K-元组$(x_0,x_1,\cdots,x_{k-1})$，$0 \leqslant k \leqslant n$。元组的每个分量的取值可以是元素值，也可以是选入子集的整数下标。要求 $x_i \leqslant x_{i+1}$，则显式约束可描述为：$x_i \in \{j | j$ 是整数且 $0 \leqslant j < n\}$ 且 $x_i < x_{i+1}(0 \leqslant j < n)$。加入条件 $x_i < x_{i+1}$ 可以避免产生重复子集现象，例如（1，2，4）和（1，4，2）事实上是同一子集。隐式约束如：$\sum_{i=0}^{k-1} w_i = M$，如图 6-10 所示为 $n=4$ 的子集和数问题的状态空间树。图中结点按深度优先次序编号，其中每个问题状态都是一个解状态，它代表一个候选解元组。

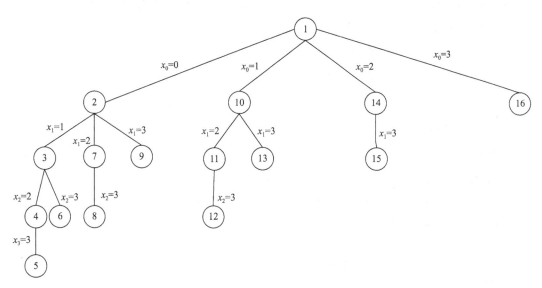

图 6-10　子集和数问题可变元组解的状态空间树

子集和数问题的解结构的另一种形式是：解向量表示为固定长度 n-元组$(x_0,x_1,\cdots,x_{n-1})$，$x_i \in \{0,1\}$，$(0 \leqslant i < n)$。$x_i=0$，表示 w_i 未选入子集；$x_i=1$，表示 w_i 入选子集。问题的隐式约束同样是选入子集的正数之和等于 M，即 $\sum_{i=0}^{k-1} w_i x_i = M$，如图 6-11 所示是当解结构是固定长度时，子集和数问题的状态空间树（$n=4$）。一般称这种从 n 个元素的集合中找出满足某些性质的子集的状态空间树为子集树。子集树有 2^n 个状态，遍历子集树的时间为 $\Omega(2^n)$。

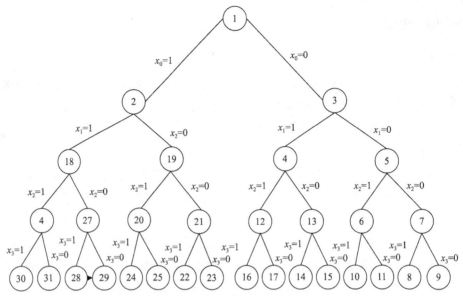

图 6-11 子集和数问题固定长度元组解的状态空间树

3. 算法描述

问题的解表示为定长 n-元向量$(x_0,x_1,\cdots,x_{n-1})$，$x_i\in\{0,1\}$,$(0\leqslant i<n)$。状态空间树为子集树。求解过程中需要满足以下三个隐式约束条件：

（1）当 $i\neq j$，$x_i\neq x_j$ 元素不能重复选取；

（2）$\sum\limits_{i=0}^{k-1}w_ix_i+w_k\leqslant M$ 选 x_k 代表超界的分枝；

（3）$\sum\limits_{i=0}^{k-1}w_ix_i+\sum\limits_{i=k}^{n-1}w_i>M$ 选 x_k 代表的分枝最终能达到 M。

算法描述如下：

算法 SumOfSubsets(s, k, r)

【输入】k；s=w[0]*x[0]+⋯+w[k-1]*x[k-1]；r=w[k]+ ⋯w[n-1]。

【输出】解向量$\{x_0,x_1,\cdots,x_{n-1}\}$。

（1）x[k] ←1;

（2）if s+w[k]=M then //一个可行解

```
    Write x[1..n];
    else if s+w[k]+w[k+1]<=m then
        SumOfSubsets(s+w[k], k+1, r-w[k]);    //搜索左子树
```

（3）if (s+r-w[k]>=M) && (s+w[k+1]<=M) then//生成右儿子和计算 B_k 的值

```
        x[k] ← 0;
        SumOfSubsets(s, k+1, r-w[k]);  //搜索右子树
end SumOfSubsets
```

6.3 图问题中的回溯算法

6.3.1 深度优先搜索

图的遍历是指从图中某个顶点出发，沿着图中的边按照某种策略进行搜索，访问图中所有顶点一次且仅访问一次。图的遍历策略主要有两种：深度优先搜索遍历和广度优先搜索遍历。

对给定一个包含五个顶点的无向图，如图 6-12 所示，使用深度优先算法对其进行遍历。

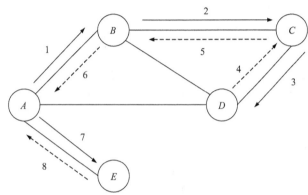

图 6-12 图的深度优先遍历示意图

图的深度优先搜索遍历与树的前序遍历类似，其核心思想是：对于当前访问的顶点 V_{cur}，如果还存在以 V_{cur} 为起点，且终点 V_{cur} 没有被访问过的边，则沿着边（V_{cur}, V_{next}）继续访问下去；否则，沿着访问路径中以顶点 V_{cur} 为终点的边（V_{prior}, V_{next}）回溯至该边的起点 V_{prior}。深度优先搜索所遵循的搜索策略是尽可能"深"地搜索图，本着"能进则进，不能进则退"的原则，深度优先搜索是回溯思想的一个重要代表。深度优先搜索的主要步骤可描述如下。

（1）首先选择一个顶点 V_0 作为出发顶点，并将其设为当前访问顶点 V_{cur}。

（2）在访问过程中，对于任意一个当前访问的顶点 V_{cur}，如果存在以 V_{cur} 为起点且该边的终点未被访问过的边（V_{cur}, V_{next}），则沿着边（V_{cur}, V_{next}）继续访问下去，并将边（V_{cur}, V_{next}）的终止顶点 V_{next} 设置为当前访问的顶点 V_{cur}。

（3）反之，如果图中不存在以 V_{cur} 为起点的边或者图中所有以 V_{cur} 为起点的边都已被访问过，则沿着访问途径中以 V_{cur} 为终点的边（V_{prior}, V_{next}）回溯至前一次访问的顶点 V_{prior}，并将顶点 V_{prior} 设置为当前访问的顶点 V_{cur}，然后寻找是否存在以当前访问顶点为起点且终点未被访问过的边。

（4）重复步骤（2）~（3）直到回溯至出发顶点 V_0 且不存在可访问的边，即不存在以 V_0 为起点且终点未被访问过的边。此时如果所有的顶点都被访问过，那么该图是一个连通图，算法结束。

（5）如果此时仍有顶点未被访问过，则该图不是一个连通图。此时，从未访问过的顶点中选择一个顶点 V_0 作为新的出发点，重复步骤（2）~（4）直到所有的顶点都被访问完为止。

6.3.2 货郎（TSP）问题

1. 问题描述

某推销员要到若干城市去推销商品，已知各城市之间的路线（或旅费）。他要选定一条从驻地（不妨设为第一个城市）出发，经过每个城市一次，最后回到驻地的路线，使总路程最短（或总旅费最小）。

2. 算法思想

TSP 问题的解空间是一棵排列树。对于排列树的回溯搜索与生成 1，2，…，n 的所有排列的递归算法 perm 类似。开始时 $x=[1,2,\cdots,n]$，相应的排列树由 $x[1\cdots n]$ 的所有排列构成。

在递归算法 backtrack 中，当 $i=n$ 时，当前扩展结点是排列树的叶结点的父结点。此时，算法检测图 G 是否存在：一条从顶点 $x[n-1]$ 到顶点 $x[n]$ 的边和一条从顶点 $x[n]$ 到顶点 1 的边。如果这两条边都存在，则找到一条推销员回路。此时，算法还需判断这条回路的费用是否优于当前已找到的最优，当前找到的最优回路费用为 bestc。如果是，则必须更新当前最优值 bestc 和当前最优解 bestx。

当 $i<n$ 时，当前扩展结点位于排列树的第 $i-1$ 层。图 G 中存在从顶点 $x[i-1]$ 到顶点 $x[i]$ 的边时，$x[1\cdots i]$ 构成图 G 的一条路径，且当 $x[1\cdots i]$ 的代价小于当前最优值时算法进入排列树的第 i 层，否则将剪去相应的子树。算法中用变量 cc 记录当前路径 $x[1\cdots i]$ 的费用。

解 TSP 问题的回溯算法可以描述如下。

```java
public class Bttsp
{
    static int n;              //图 G 的顶点数
    static int *x;             //当前解
    static int *bestx;         //当前最优解
    static float bestc;        //当前最优值
    static float cc;           //当前费用
    static float **a;          //图 G 的邻接矩阵
    public static float tsp(int * v)
    {
        //置 x 为单位排列
        x=new int[n +1]
        for(int i=1;i<=n;i++)
            x[i]=i;
        bestc=Float.MAX VALUE;
        bestx=v;
        cc =0;
        //搜索 x[2:n]的全排列
        backtrack(2);
        return bestc;
    }
    Privatestatic void backtrack (int i)
    {
        if(i==n)
        {
            if (a[x[n-1]][x[n]]<Float.MAX VALUE &&
               a[x[n]][l]< Float.MAX VALUE &&]
                (bestc==Float. MAX VALUE|| cc+a[x[n -1]][x[n]]+a[x[n]][1]< bestc))
            {
                for(int i=1; j<=n;j ++)
                    bestx[i]=x[j];
                bestc =cc+a[x[n-1]][x[n]]+a[x[n]][1];
            }
        }
```

```
    else
    {
        for (int j=i;j<=n;j++)
            //是否可进入 x[j]子树
            if (a[x[n-1]][x[n]]<Float.MAX VALUE &&
                (bestc==Float. MAX VALUE|| cc+a[x[n-1]][x[j]]<bestc))//搜索子树
                My Math.swap(x,I,j);
        cc+=a[x[i-1]][x[i]];
        My Math.swap(x,I,j);
    }
}
```

3. 算法分析

如果不考虑更新 bestx 所需的计算时间，则算法 backtrack 需要$O((n-1)!)$计算时间，由于算法 backtrzck 在最坏情况下可能需要更新当前最优解$O((n-1)!)$次，每次更新 bestx 需$O(n)$算法时间，从而整个算法的计算时间复杂性为$O(n!)$。

6.3.3 最大团（MCP）问题

1. 问题描述

在对最大团问题描述之前，有必要了解相关的定义和推论。给定无向图$G=(V, E)$，其中V是非空集合，称为顶点集；E是V中元素构成的无序二元组的集合，称为边集，无向图中的边均是顶点的无序对，无序对常用圆括号"( )"表示。

如果$U \subseteq V$，且对任意两个顶点u、$v \in U$有$(u,v) \in E$，则称U是G的完全子图。G的完全子图U不包含在G的更大的完全子图中时，则U被称为G的团。G的最大团是指G中所含顶点数最多的团。

如果$U \subseteq V$，且对任意u、$v \in U$有(u,v)不属于E，则称U是G的空子图。G的空子图U不包含在G的更大的空子图中时，U被称为是G的独立集。G的最大独立集是G中所含顶点数最多的独立集。

对于任一无向图$G=(V, E)$，其补图$G'=(V', E')$定义为：$V'=V$，且$(u, v) \in E' \Leftrightarrow (u, v) \in E$。如果$U$是$G$的完全子图，则它也是$G'$的空子图，反之亦然。因此，$G$的团与$G'$的独立集之间存在一一对应的关系。特殊地，$U$是$G$的最大团，当且仅当$U$是$G'$的最大独立集。

2. 算法思想

图G的最大团和最大独立集问题都可以看作是图G的顶点集V的子集选取问题。因此可以用子集树来表示问题的解空间。首先设最大团为一个空团，往其中加入一个顶点，然后依次考虑每个顶点。查看该顶点加入团之后是否仍然构成一个团，如果可以，考虑将该顶点加入团或者舍弃两种情况；如果不行，直接舍弃，然后递归判断下一顶点。对于无连接或者直接舍弃两种情况，在递归前，可采用剪枝策略来避免无效搜索。为了判断当前顶点加入团之后是否仍是一个团，只需要考虑该顶点和团中顶点是否都有连接。

3. 算法描述

算法中采用了一个剪枝策略，即如果剩余未考虑的顶点数加上团中顶点数不大于当前解的顶点数，可停止继续深度搜索，否则继续深度递归，当搜索到一个叶结点时，即可停止搜索，此时更新最优解和最优值。二维数组a为图G的邻接矩阵，n为图G的顶点数，一维数组x用于存储当前解，

一维数组 *bestx* 用于存储当前最优解，*cn* 为当前顶点数，*bestn* 为当前最大顶点数。

求解最大团问题的回溯算法可以描述如下。

```
void backtrack(int i)
{
    if (i>n)                              // 到达叶结点
    {
        for (int sj=1; j<=n; j++)
        {
            bestx[j]=x[j];
            cout<<x[j]<<" ";
        }
        cout<<endl;
        bestn=cn;
        return;
    }
    // 检查顶点 i 与当前团的连接
    int OK=1;
    for (int j=1; j<i; j++)
    if (x[j]&&a[i][j]==0)                 // i 与 j 不相连
    {
        OK=0;
        break;
    }

    if (OK)                               // 进入左子树
    {
        x[i]=1;
        cn++;
        backtrack(i+1);
        x[i]=0;
        cn--;
    }

    if (cn+n-i>=bestn)                    // 进入右子树
    {
        x[i]=0;
        backtrack(i+1);
    }
}
```

4. 算法分析

无向图 G 的最大团和最大独立集问题都可以用回溯算法在 $O(n2^n)$ 的时间内解决。

6.3.4 哈密顿环问题

1. 问题描述

已知图 $G=(V, E)$ 是一个 n 个结点的连通图。连通图 G 的一个哈密顿环是一条沿着图 G 的 n 条边环行的路径，它访问每个结点一次并且返回到它的开始位置。

2. 算法思想

如果一个哈密顿环在某个结点 $v_0 \in V$ 处开始，且 G 中结点按照 $v_0,v_1,\cdots,v_{n-1},v_n$ 的次序被访问，则边 (v_i,v_{i+1})，$0 \leqslant i<n$，均在图 G 中，且除了 v_0 和 v_n 是同一个结点外，其余的结点均各不相同。

3. 算法描述

对于 n 个结点的图 $G=(V, E)$ 的哈密顿环问题，可采用 n-元组表示问题的解 $x[0 \cdots n-1]$，其中 $x[i]$ 是找到的环中第 i 个被访问的结点。如果已选定 $x[0 \cdots k-1]$，那么下一步要做的工作是如何找出可能作为 $x[k]$ 的结点集合。若 $k=1$，则 $x[0]$ 可以是这 n 个结点中的任一结点，但为了避免将同一个环重复打印 n 次，可事先指定 $x[0]=0$。若 $0 < k < n-1$，则 $x[k]$ 可以是不同于 $x[0], x[1]$，…，$x[k-1]$ 且和 $x[k-1]$ 有边相连的任一结点 v。$x[n-1]$ 只能是唯一剩下的且必须与 $x[n-2]$ 和 $x[0]$ 皆有边相连的结点。

该问题的显式约束为：$x[i] \in \{0,1,\cdots,n-1\}$, $0 \le i < n$，代表路径中的一个结点的编号。因此状态空间树的规模为 n^n。

求解过程需要满足三个隐式约束：

（1）$x[i] \neq x[j], 0 \le i,j < n$, $i \neq j$；

（2）$(x[i], x[i+1]) \in E, x[i], x[i+1] \in V, i=0,1,\cdots,n-2$；

（3）$(x[n-1], x[0]) \in E$。

算法 Hamiltonian

【输入】正整数 n 和含 n 个顶点的连通图 G 的邻接矩阵 graph。

【输出】图 G 的所有哈密顿回路，若无哈密顿回路则输出 "no solution!"。

（1）x[0]=0; x[2…n-1]=-1; //x[0…n-1]表示搜索路径，从顶点 0 开始

（2）tag[0]=1;

（3）for i=2 to n-1 do

　　tag[i]=0; 设定点标记初值

（4）flag=Hamilton(2)

（5）if not flag then output "no solution!"
end Hamiltonian

```
过程 Hamilton(k)
// 在已得到当前路径 x[0…k-1]的情况下，求图 G 的所有哈密顿回路并输出
// 有解则返回 true，否则返回 false
```

（1）t=false　　　　　　　　　　　　　//用 t 标志是否有解

（2）for i=2 to n-1 do

　　　x[k]=i　　　　　　　　　　// 试将顶点 i 作为当前路径上的第 k 个顶点
　　　if route(k) then
　　　　tag[x[k]]=1　　　　　　//当前顶点加入当前路径
　　　if k=n then
　　　　　t=true; output x[0…n-1]; //输出当前找到的哈密顿回路
　　　else//x[0..k]是部分路径
　　　　　t1=Hamilton(k+1)　　　//递归求后面所有的哈密顿回路
　　　if t1 then
　　　　　t=true
　　　tag[x[k]]=0　　　　　　　//顶点 x[k]退出当前路径

（3）return t
end Hamilton

```
过程 route(k)
```

```
// 判断当前顶点 x[k]是否可作为当前路径 x[0…k-1]的下一个顶点
// 是则返回 true, 否则返回 false
    if graph[x[k-1], x[k]]=1 && tag[x[k]]=0 && (k<n-1 || k=n-1 && graph[x[k], 0]=1) then
        return true;
    else
        return false;
end route
```

4. 算法分析

哈密顿环问题的分析和求解方法与图的 *m* 着色问题非常相似。

6.4 算法效率的影响因素及改进途径

6.4.1 影响算法效率的因素

状态空间树的结构可以影响回溯算法的效率，体现在：

（1）分支情况，即分支是否均匀；

（2）树的深度，深度越深，通常效率越低下；

（3）对称程度，具有高对称性的状态空间树适合裁剪，即状态空间树越对称，则算法效率越高。参见 *n* 皇后问题的算法举例。

解的分布明显影响算法的最终效率。所以在评估算法效率时，需要考虑到解在不同子树中分布的数量和深度，以及分布是否均匀。

约束条件对应着回溯算法中的剪枝，所以约束条件的判断过程也影响着算法效率。在实际问题求解过程中，约束条件的判断需要能够通过简单计算得到。

6.4.2 回溯算法的改进途径

目前，针对回溯算法的改进，有以下途径：

（1）根据树分支设计改进策略，结点少的分支优先，解多的分支优先；

（2）利用状态空间树的对称性裁剪子树；

（3）分解为子问题。

6.5 典型问题的 C++ 程序

回溯算法求解问题的具体实验程序以及代码（C++）如下。

1. 0/1 背包问题

```cpp
#include "stdafx.h"
#include <iostream>
#include <stdio.h>
using namespace std;
#define MAXSIZE 100
#define TRUE1
#define FALSE 0
#define ERROR -1
```

```
typedef float value;
typedef float weight;
typedef int KeyType;                            // 定义关键字类型为整数类型
typedef struct                                  //元素定义
{
    weight w;                                   //重量
    value v;                                    //价值
    value q;                                    //单位重量价值
    int index;                                  //序号
    int job;                                    //表示是否被用
}Bag;
typedef struct                                  //定义背包集
{
    Bag r[MAXSIZE+1];                           //r[0]闲置或用作 " 哨兵单元"
    int length;                                 //背包个数
}Bags;
int n;                                          //包个数
int i;                                          //辅助整型变量
weight c;                                       //背包的容量
weight cw;                                      //当前重量
value bestp=0;                                  //当前最优价值
//sc 当前最优状态
Bags bestL;

value cp;                                       //当前价值
Bags L;                                         //定义背包集
int Partition(Bags &L,int low,int high)         //快速排序
// 交换顺序表 L 中子表 r[low.....high]的记录,枢轴记录到位,并返回其所在位置,此时在它之前(后)的记录
// 均不大于它
{
    float shuzhou;                              //定义枢轴, sc 此处不应该为整型
    L.r[0]=L.r[low];                            //用第一个记录作为枢轴记录
    shuzhou=L.r[low].q;
    while(low<high)
    {
        while(low<high && L.r[high].q<= shuzhou)        //sc
            --high;
        L.r[low]=L.r[high];
        while(low<high && L.r[low].q>=shuzhou)           //sc
            ++low;
        L.r[high]=L.r[low];
    }
    L.r[low]=L.r[0];
    return low;
}

void QuickSort(Bags &L,int low,int high)                //快速排序
```

```
//对顺序表L[low ....high]作快速排序
{
    int shuzhou;
    if(low<high)
    {
        shuzhou=Partition(L,low,high);                      //获得枢轴
        QuickSort(L,low,(shuzhou-1));                        //对枢轴前半部分排序
        QuickSort(L,(shuzhou+1),high);                       //对枢轴后半部分排序
    }
}

value bound(int i)
{//计算上界
    weight left=c-cw;                                        //剩余容量
    value bound=cp;
    //以物品单位重量价值递减顺序装入物品
    while(i<= n&&L.r[i].w<= left)
    {
        left-=L.r[i].w;
        bound+=L.r[i].v;
        i++;
    }
    //装满背包
    if(i<=n)
        bound+=L.r[i].v*left/L.r[i].w;
    return bound;
}
void backtrack(int i)
{
    if(i>n)
    {//到达叶子结点
        bestp=cp;
        bestL=L;
        cout<<bestp<<endl;
        return ;
    }
    //搜索子树
    if(cw+L.r[i].w<=c)
    {//进入左子树
        cw+=L.r[i].w;
        cp+=L.r[i].v;
        L.r[i].job=1;                                        //选中
        backtrack(i+1);
        cw-=L.r[i].w;
        cp-=L.r[i].v;
    }
    if(bound(i+1)>bestp)                                     //进入右子树
    {
        L.r[i].job=0;                                        //未选中
        backtrack(i+1);
```

```
        }

}

void knapsack(weight c)                            //0-1 背包问题主算法
{
    QuickSort(L,1,L.length);
    backtrack(1);                                   //回溯搜索
}                                                   //knapsack

int main()
{
    //输入要选择的背包信息
    cout<<"请输入背包的容量:";
    cin>>c;
    cout<<"请输入物品个数（注意：不能超过 100 个！）:";
    cin>>n;
    if(n>100)
    {
        cout<<"你输入的物品个数太多!!!"<<endl;
        return FALSE;
    }
    L.length=n;
    for(i=1;i<=n;i++)
    {
        cout<<"请输入第个"<<i<<"物品的重量: ";
        cin>>L.r[i].w;
        cout<<"请输入第个"<<i<<"物品的价值: ";
        cin>>L.r[i].v;
        L.r[i].q=L.r[i].v/L.r[i].w;                 //单位重量价值
        L.r[i].index=i;                             //索引号
        cout<<endl;

    }

    //执行 0/1 背包问题主算法
    knapsack(c);
    //输出结果
    cout<<"被选中的物品的总价值为: "<<bestp<<endl;
    for(int ii=1;ii<= n;ii++)
    {
        if(bestL.r[ii].job==1)
            cout<<"第"<<bestL.r[ii].index<<"个物品被选中"<<endl;
    }
    return TRUE;
}
```

结果输出如图 6-13 所示。

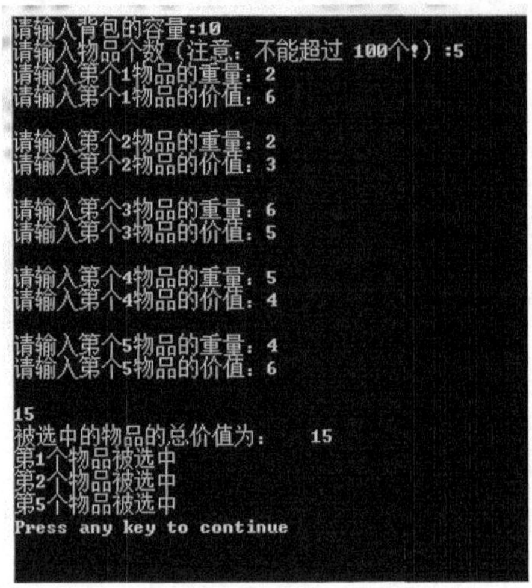

图 6-13　背包问题程序运行结果

2. *n* 皇后问题（递归实现）

具体代码如下。

```cpp
#include "stdafx.h"
#include <iostream>
#include "math.h"
using namespace std;

class Queen
{
    friend int nQueen(int);
    private:
    bool Place(int k);
    void Backtrack(int t);
    int  n,                          // 皇后个数
        *x;                          // 当前解
    long sum;                        // 当前已找到的可行方案数
};

int main()
{
    int n=4,m;
    cout<<n<<"皇后问题的解为："<<endl;
    m=nQueen(n);
    cout<<n<<"皇后问题共有";
    cout<<m<<"个不同的解!"<<endl;
    return 0;
}

bool Queen::Place(int k)
{
    for (int j=1;j<k;j++)
    {
        if ((abs(k-j)==abs(x[j]-x[k]))||(x[j]==x[k]))
        {
```

```
            return false;
        }
    }
    return true;
}

void Queen::Backtrack(int t)                  //t 扩展的是行
{
    if(t>n)
    {
        sum++;
        for (int i=1;i<=n;i++)
        {
            cout<<x[i]<<" ";
        }
        cout<<endl;
    }
    else
    {
        //探索第 t 行的每一列是否有元素满足要求
        for (int i=1;i<=n;i++)
        {
            x[t]=i;
            if (Place(t))
            {
                Backtrack(t+1);
            }
        }
    }
}

int nQueen(int n)
{
    Queen X;
    X.n=n;
    X.sum=0;
    int *p=new int[n+1];

    for(int i=0;i<=n;i++)
    {
        p[i]=0;
    }

    X.x=p;
    X.Backtrack(1);

    delete []p;
    return X.sum;
}
```

结果输出如图 6-14 所示。

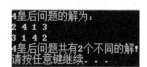

图 6-14 n 皇后问题程序运行结果

3. 图的 m 着色问题

具体代码如图 6-15 所示。

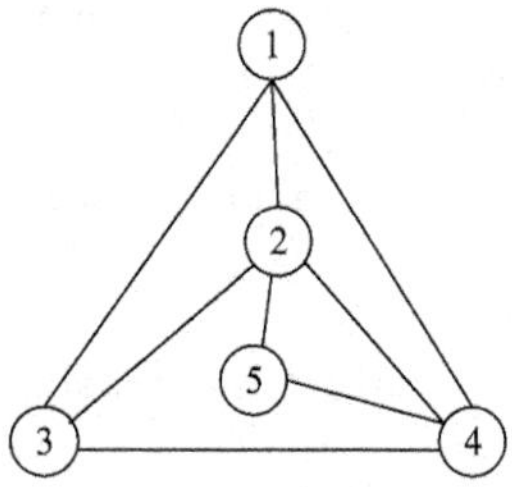

```
#include "stdafx.h"
#include <iostream>
#include <fstream>
using namespace std;

const int N=5;                          //图的顶点数
const int M=3;                          //色彩数
ifstream fin("5d8.txt");

class Color
{
    friend int mColoring(int, int, int **);
    private:
        bool Ok(int k);
        void Backtrack(int t);
        int n,                          //图的顶点数
            m,                          //可用的颜色数
            **a,                        //图的邻接矩阵
            *x;                         //当前解
        long sum;                       //当前已找到的可m着色方案数
};

int mColoring(int n,int m,int **a);

int main()
{
    int **a=new int *[N+1];
    for(int i=1;i<=N;i++)
    {
        a[i]=new int[N+1];
    }

    cout<<"图G的邻接矩阵为:"<<endl;
    for(int i=1; i<=N; i++)
    {
        for(int j=1; j<=N; j++)
        {
            fin>>a[i][j];
            cout<<a[i][j]<<" ";
        }
        cout<<endl;
    }
    cout<<"图G的着色方案如下: "<<endl;
    cout<<"当m="<<M<<"时, 图G的可行着色方案数目为: "<<mColoring(N,M,a)<<endl;
    for(int i=1;i<=N;i++)
    {
        delete[] a[i];
    }
    delete []a;
}

void Color::Backtrack(int t)
{
```

图 6-15　图的 m 着色问题

```
        if (t>n)
        {
            sum++;
            for (int i=1; i<=n; i++)
            cout<<x[i]<<" ";
            cout<<endl;
        }
        else
        {
            for (int i=1;i<=m;i++) {
                x[t]=i;
                if (Ok(t)) Backtrack(t+1);
            }
        }
    }
}

bool Color::Ok(int k)                    // 检查颜色可用性
{
    for (int j=1;j<=n;j++)
    {
        if ((a[k][j]==1)&&(x[j]==x[k]))  //相邻且颜色相同
            return false;
    }
    return true;
}

int mColoring(int n,int m,int **a)
{
    Color X;

    //初始化 X
    X.n=n;
    X.m=m;
    X.a=a;
    X.sum=0;
    int *p=new int[n+1];
    for(int i=0; i<=n; i++)
    {
        p[i] = 0;
    }
    X.x=p;
    X.Backtrack(1);
    delete []p;
    return X.sum;
}
```

结果输出如图 6-16 所示。

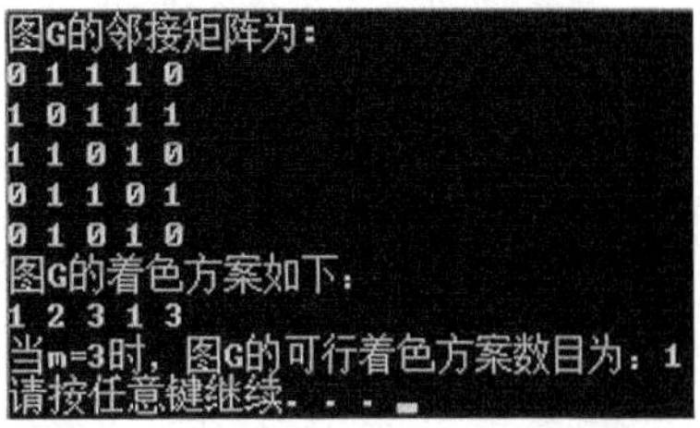

图G的邻接矩阵为：
01110
10111
11010
01101
01010
图G的着色方案如下：
1 2 3 1 3
当m=3时，图G的可行着色方案数目为：1
请按任意键继续. . .

图 6-16　图的 *m* 着色问题程序运行结果

4. 装载问题（递归实现）

具体代码如下。
```
#include "stdafx.h"
#include <iostream>
using namespace std;

template <class Type>
```

```
class Loading
{
    //friend Type MaxLoading(Type[],Type,int,int []);
    //private:
    public:
        void Backtrack(int i);
        int n,                              //集装箱数
            *x,                             //当前解
            *bestx;                         //当前最优解
        Type *w,                            //集装箱重量数组
             c,                             //第一艘轮船的载重量
             cw,                            //当前载重量
             bestw,                         //当前最优载重量
             r;                             //剩余集装箱重量
};

template <class Type>
void Loading <Type>::Backtrack (int i);

template<class Type>
Type MaxLoading(Type w[], Type c, int n, int bestx[]);

int main()
{
    int n=3,m;
    int c=50,c2=50;

    int w[4]={0,10,40,40};
    int bestx[4];

    m=MaxLoading(w, c, n, bestx);

    cout<<"轮船的载重量分别为: "<<endl;
    cout<<"c(1)="<<c<<",c(2)="<<c2<<endl;

    cout<<"待装集装箱重量分别为: "<<endl;
    cout<<"w(i)=";
    for (int i=1;i<=n;i++)
    {
        cout<<w[i]<<" ";
    }
    cout<<endl;

    cout<<"回溯选择结果为: "<<endl;
    cout<<"m(1)="<<m<<endl;
    cout<<"x(i)=";

    for (int i=1;i<=n;i++)
    {
        cout<<bestx[i]<<" ";
    }
    cout<<endl;
```

```
        int m2=0;
        for (int j=1;j<=n;j++)
        {
            m2=m2+w[j]*(1-bestx[j]);
        }
        cout<<"m(2)="<<m2<<endl;

        if(m2>c2)
        {
            cout<<"因为 m(2)大于 c(2),所以原问题无解! "<<endl;
        }
        return 0;
}

template <class Type>
void  Loading <Type>::Backtrack (int i)                  // 搜索第 i 层结点
{
    if (i>n)                                             // 到达叶结点
    {
        if (cw>bestw)
        {
            for(int j=1;j<=n;j++)
            {
                bestx[j]=x[j];                           // 更新最优解
                bestw=cw;
            }
        }
        return;
    }

    r-=w[i];
    if (cw+w[i]<=c)                                      // 搜索左子树
    {
        x[i]=1;
        cw+=w[i];
        Backtrack(i+1);
        cw-=w[i];
    }

    if (cw+r>bestw)
    {
        x[i]=0;                                          // 搜索右子树
        Backtrack(i+1);
    }
    r+=w[i];
}

template<class Type>
Type MaxLoading(Type w[], Type c, int n, int bestx[])    //返回最优载重量
{
    Loading<Type>X;
    //初始化 X
    X.x=new int[n+1];
    X.w=w;
```

```
        X.c=c;
        X.n=n;
        X.bestx=bestx;
        X.bestw=0;
        X.cw=0;
        //初始化 r
        X.r=0;

        for (int i=1;i<=n;i++)
        {
            X.r+=w[i];
        }

        X.Backtrack(1);
        delete []X.x;
        return X.bestw;
    }
```

结果输出如图 6-17 所示。

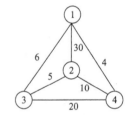

图 6-17 装载问题程序运行结果

5. 货郎（TSP）问题（见图 6-18）

```
#include "stdafx.h"
#include <iostream>
#include <fstream>
using namespace std;

ifstream fin("5d9.txt");              //存储图 G 的边的数据文件
const int N = 4;                      //图 G 的顶点数

template<class Type>
class Traveling
{
    template<class Type>
    friend Type TSP(Type **a, int n);
    private:
        void Backtrack(int i);
        int n,                        // 图 G 的顶点数
            *x,                       // 当前解
            *bestx;                   // 当前最优解
            Type **a,                 // 图 G 的领接矩阵
            cc,                       // 当前费用
            bestc;                    // 当前最优值
            int NoEdge;               // 无边标记
};

template <class Type>
inline void Swap(Type &a, Type &b);

template<class Type>
Type TSP(Type **a, int n);

int main()
{
    cout<<"图的顶点个数 n="<<N<<endl;
```

图 6-18 货郎（TSP）问题

```
    int **a=new int*[N+1];
    for(int i=0;i<=N;i++)
    {
        a[i]=new int[N+1];
    }

    cout<<"图的邻接矩阵为:"<<endl;

    for(int i=1;i<=N;i++)
    {
        for(int j=1;j<=N;j++)
        {
            fin>>a[i][j];
            cout<<a[i][j]<<" ";
        }
        cout<<endl;
    }
    cout<<"最短回路的长为: "<<TSP(a,N)<<endl;

    for(int i=0;i<=N;i++)
    {
        delete []a[i];
    }
    delete []a;

    a=0;
    return 0;
}

template<class Type>
void Traveling<Type>::Backtrack(int i)
{
    if (i==n)
    {
        if (a[x[n-1]][x[n]]!=0&&a[x[n]][1]!=0&&
            (cc+a[x[n-1]][x[n]]+a[x[n]][1]<bestc||bestc==0))
        {
            for (int j=1; j<=n; j++) bestx[j]=x[j];
            bestc=cc+a[x[n-1]][x[n]]+a[x[n]][1];
        }
    }
    else
    {
        for (int j=i; j<=n; j++)
        {
            // 是否可进入 x[j] 子树?
            if (a[x[i-1]][x[j]]!=0&&(cc+a[x[i-1]][x[i]]<bestc||bestc==0))
            {
                // 搜索子树
                Swap(x[i], x[j]);
                cc+=a[x[i-1]][x[i]];                  //当前费用累加
                Backtrack(i+1);                       //排列向右扩展,排列树向下一层扩展
                cc-=a[x[i-1]][x[i]];
                Swap(x[i], x[j]);
```

```
                }
            }
        }
    }

    template<class Type>
    Type TSP(Type **a, int n)
    {
        Traveling<Type> Y;
        Y.n=n;
        Y.x=new int[n+1];
        Y.bestx=new int[n+1];

        for(int i=1;i<=n;i++)
        {
            Y.x[i]=i;
        }

        Y.a=a;
        Y.cc=0;
        Y.bestc=0;

        Y.NoEdge=0;
        Y.Backtrack(2);

        cout<<"最短回路为: "<<endl;
        for(int i=1;i<=n;i++)
        {
            cout<<Y.bestx[i]<<" --> ";
        }
        cout<<Y.bestx[1]<<endl;

        delete [] Y.x;
        Y.x=0;
        delete [] Y.bestx;

        Y.bestx=0;
        return Y.bestc;
    }

    template <class Type>
    inline void Swap(Type &a, Type &b)
    {
        Type temp=a;
        a=b;
        b=temp;
    }
```

结果输出如图6-19所示。

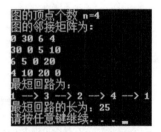

图6-19 货郎（TSP）问题程序运行结果

6. 最大团（MCP）问题

```
#include "stdafx.h"
#include <iostream>
#include <fstream>
using namespace std;
```

```cpp
const int N=5;                      //图 G 的顶点数
ifstream fin("5d7.txt");            //存储图 G 的边的数据文件

class Clique
{
    friend int MaxClique(int **,int[],int);
    private:
        void Backtrack(int i);
        int **a,                    //图 G 的邻接矩阵
            n,                      //图 G 的顶点数
            *x,                     //当前解
            *bestx,                 //当前最优解
            cn,                     //当前顶点数
            bestn;                  //当前最大顶点数
};

int MaxClique(int **a, int v[], int n);

int main()
{
    int v[N+1];
    int **a=new int *[N+1];
    for(int i=1;i<=N;i++)
    {
        a[i]=new int[N+1];
    }

    cout<<"图 G 的邻接矩阵为:"<<endl;
    for(int i=1; i<=N; i++)
    {
        for(int j=1; j<=N; j++)
        {
            fin>>a[i][j];
            cout<<a[i][j]<<" ";
        }
        cout<<endl;
    }

    cout<<"图 G 的最大团解向量为: "<<endl;
    cout<<"图 G 的最大团顶点个数为: "<<MaxClique(a,v,N)<<endl;

    for(int i=1;i<=N;i++)
        delete[] a[i];
    delete []a;
    return 0;
}

// 计算最大团
void Clique::Backtrack(int i)
{
    if(i>n)                         // 到达叶结点
    {
        for (int j=1; j<=n; j++)
```

```
            {
                bestx[j] = x[j];
                cout<<x[j]<<" ";
            }
            cout<<endl;
            bestn = cn;
            return;
        }
        // 检查顶点 i 与当前团的连接
        int OK=1;
        for (int j=1; j<i; j++)
        if (x[j]&&a[i][j]==0)
        {
            // i 与 j 不相连
            OK=0;
            break;
        }

        if (OK)                        // 进入左子树
        {
            x[i]=1;
            cn++;
            Backtrack(i+1);
            x[i]=0;
            cn--;
        }

        if (cn+n-i>=bestn)             // 进入右子树
        {
            x[i]=0;
            Backtrack(i+1);
        }
    }

int MaxClique(int **a, int v[], int n)
{
    Clique Y;

    //初始化Y
    Y.x=new int[n+1];
    Y.a=a;
    Y.n=n;
    Y.cn=0;
    Y.bestn=0;
    Y.bestx=v;
    Y.Backtrack(1);
    delete[] Y.x;
    return Y.bestn;
}
```

结果输出如图 6-20 所示。

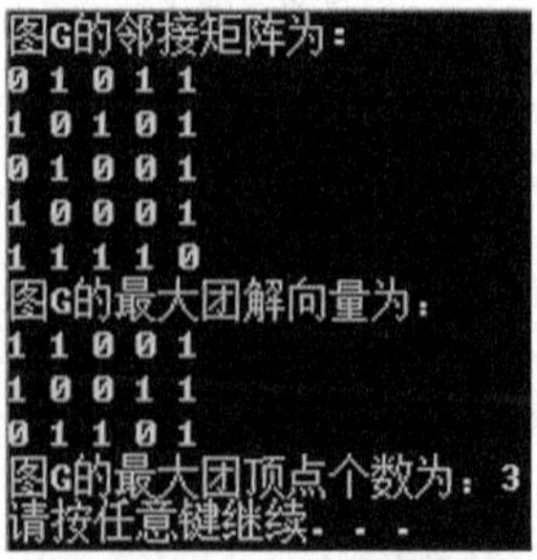

图 6-20　最大团（MCP）问题程序运行结果

6.6 小结

回溯算法以深度优先次序生成状态空间树中的结点，并使用剪枝函数减少实际生成的结点数。回溯算法只要问题的解是元组的形式，可以用状态空间树描述，并采用判断函数识别答案结点，就能采用回溯算法求解。回溯算法使用约束函数剪去不含可行解的分枝。当使用回溯算法求解最优化问题时，需设计限界函数，用于剪去不含最优解的分枝。约束函数和限界函数统称为剪枝函数。回溯算法是一种广泛适用的算法设计技术，回溯算法的求解时间常因实例而异，其计算时间可用蒙特卡洛方法估算。

<h1 style="text-align:center">练 习 题</h1>

6.1 符号三角形问题：下图是由 14 个 "+" 和 14 个 "−" 组成的符号三角形。两个同号下面都是 "+"，两个异号下面都是 "−"。

```
+ + − + − + +
 + − − − − +
  − + + + −
   − + + −
    − + −
     − −
      +
```

在一般情况下，符号三角形的第一行有 n 个符号。符号三角形问题要求对于给定的 n，计算有多少个不同的符号三角形，使其所含的 "+" 和 "−" 的个数相同。

6.2 连续邮资问题：设有 n 种不同票面的邮票，每封信规定最多只贴 m 张邮票。对于给定的 m、n，试用回溯算法编写一个算法，求出邮票的最大连续区间。例如，$n=4$，$m=5$，邮票集合为（1，4，12，21），则其邮资的最大联系区间为[1,71]。

6.3 运动员最佳配问题：羽毛球队有男女运动员各 n 人。给定两个 $n \times n$ 矩阵 P 和 Q。$P[i][j]$ 是男运动员 i 和女运动员 j 配合的竞争优势。由于技术配合和心理状态等各种因素影响，$P[i][j]$ 不一定等于 $Q[j][i]$。设计一个算法，计算男女运动员最佳配对法，使各组男女双方竞争优势乘积的总和达到最大。

6.4 四色方柱问题：设有四个立方体，每个立方体的每一面用红、黄、蓝、绿四种颜色之一染色。要把这四个立方体叠成一个方形柱体。使得柱体的四个侧面的每一侧均有四种不同的颜色。同时，四个顶面和四个侧面也有四种不同的颜色。试设计一个回溯算法，计算出四个立方体的一种满足要求的叠置方案。

6.5 批作业调度问题：给定 n 个作业的集合 $\{J_1, J_2, \cdots, J_n\}$。每个作业必须先由机器 1 处理，然后由机器 2 处理。作业 J_i 需要机器 j 的处理时间为 t_{ji}。对于一个确定的作业调度，设 F_{ji} 是作业 i 在机器 j 上完成处理的时间。所有作业在机器 2 上完成处理的时间和称为该作业调度的完成时间和。

6.6 圆排列问题：给定 n 个大小不等的圆 $c_1, c_2, \cdots, c_n$，现要将这 n 个圆排进一个矩形框中，且要求各圆与矩形框的底边相切，即从 n 个圆的所有排列中找出有最小长度的圆排列。

6.7 出栈序列统计问题：栈是常用的一种数据结构，有 n 个元素在栈顶端一侧等待进栈，栈顶端另一侧是出栈序列。已知栈的操作有两种：push 和 pop，前者是将一个元素进栈，后者是将栈顶元素弹出。现在用这两种操作，由一个操作序列可以得到一系列的输出序列。编程求出对于给定的 n，计算并输出：由操作数序列 1，2，…，n，经过一系列操作可能得到的输出序列总数。

6.8 数独问题：给定 9×9 表格，要求往空格中填充 1~9 数字，目标在每行、每列任何一个 3×3 子表格都恰好包含 1~9 九个数字，如下图所示。

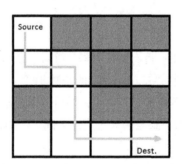

6.9 迷宫的老鼠问题：给出一个 $N \times N$ 矩阵 A，矩阵中的每个元素是一个二值数字（0 或 1）块，其中最左上角块 $A[0][0]$ 是源块，最右下角块 $A[N-1][N-1]$ 是目标块。一只老鼠需要从源块出发，最终到达目标块。要求：老鼠只能以两种方向行进：向右或向下。而且老鼠只能从数字 1 块通过，数字 0 块不允许通过，如下图所示。

6.10 骑士周游问题：给出一个 8×8 棋盘，用一个棋子代表一个骑士，一个骑士从当前位置通过向垂直方向移动两格，水平方向移动一格，或向垂直方向移动一格，水平方向移动两格的方式移动，那么，是否存在这样的可能：让骑士能够落在棋盘的每一格上恰好一次，而又不违反规则？

07 第7章　分支限界算法

分支限界算法类似于回溯算法，也是在问题的解空间树上搜索问题解的算法。但一般情况下，分支限界算法与回溯算法的求解目标不同。回溯算法的求解目标是按深度优先策略找出解空间树中满足约束条件的所有解，而分支限界算法的求解目标则是按广度优先策略找出满足约束条件的一个解，或是在满足约束条件的解中找出使某一目标函数值达到极大或极小的解，即在某种意义下的最优解。

分支限界算法的搜索策略是，在扩展结点处，先生成其所有的儿子结点（分支），然后再从当前的活结点表中选择下一个扩展结点。为了有效地选择下一扩展结点，加速搜索的进程，在每一活结点处，计算一个函数值（限界），并根据函数值，从当前活结点表中选择一个最有利的结点作为扩展结点，使搜索朝着解空间树上有最优解的分支推进，以便尽快地找出一个最优解。人们已经用分支限界算法解决了大量离散最优化的问题。

7.1 分支限界算法的思想

分支限界算法常以广度优先或以最小耗费（最大效益）优先的方式搜索问题的解空间树。问题的解空间树是表示问题解空间的一棵有序树，常见的有子集树和排列树。在搜索问题的解空间树时，分支限界算法与回溯算法的主要区别在于它们对当前扩展结点所采用的扩展方式不同。在分支限界算法中，每一个活结点只有一次机会成为扩展结点。活结点一旦成为扩展结点，就一次性产生其所有儿子结点。在这些儿子结点中，导致不可行解或导致非最优解的儿子结点被舍弃，其余儿子结点被加入活结点表中。此后，从活结点表中取下一结点成为当前扩展结点，并重复上述结点扩展过程。这个过程一直持续到找到所需的解或活结点表为空时为止。

从活结点表中选择下一扩展结点的不同方式导致不同的分支限界算法。最常见的有以下几种方式。

（1）队列式分支限界算法

队列式（FIFO）分支限界算法将活结点表组织成一个队列，并按队列的先进先出 FIFO（First In First Out）原则选取下一个结点为当前扩展结点，对当前扩展结点的所有儿子进行检测，满足约束条件的儿子，放入活结点表中，该扩展结点成为死结点，再从活结点表中取出的其他结点作为新的扩展结点——先广后深。例如，4-皇后问题（L 表示活结点表，下标表示该结点的编号）的求解，其过程如图 7-1 所示。到达答案结点 16 时，仅剩下活结点 17（它可导致另外一个答案结点）。这样直到找到一个解或活结点表为空为止，就得到关于 4-皇后问题的两个可行解。

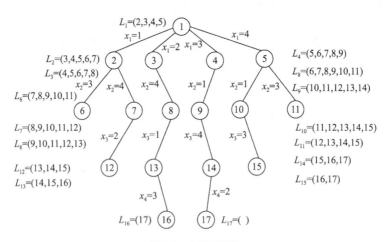

图 7-1　4-皇后问题

（2）后进先出分支限界算法

后进先出（Last In First One，LIFO）分支限界算法使用栈。一开始根结点入栈，从栈中弹出一个结点作为当前的扩展结点。对当前扩展结点，先从左到右地生成它所有的儿子结点，用约束条件检查，把所有满足约束函数的儿子入栈，再从栈中弹出一个结点（栈中最后进来的结点）为当前扩展结点，直到找到一个解或栈为空为止。

回溯算法、FIFO 和 LIFO 分支限界算法从活结点表中选择一个活结点，作为新 E-结点的做法是盲目的，它们只是机械地按照 FIFO 或 LIFO 原则选取下一个活结点。使用优先队列式分支限界算法可根据每个活结点的优先权进行选择。如果将一个问题状态的优先权定义为"在状态空间树上搜索一个答案结点所需的代价"，使得搜索代价小的活结点优先被检测，理论上应能较快搜索到一个答案结点。回溯算法和分支限界算法都可使用约束函数来剪去不含答案结点的分支，并都可使用限界函数剪去那些不含最优解的分支。

（3）优先队列式分支限界算法

在 LIFO 和 FIFO 分支限界算法中，对下一个 E-结点的选择规则相当死板，而且在某种意义上是盲目的。这种选择规则对于有可能快速检索到一个答案结点的结点没有给出任何优先权。如果对活结点使用一个"有智力的"排序函数作为优先权来选择下一个 E-结点，那么该评价函数通过衡量一个活结点的搜索代价来确定那个活结点，就能够引导尽快到达一个答案结点。

优先队列式（Least Cost，LC）分支限界算法将活结点表组织成一个优先队列，并按优先队列中规定的结点优先级选取优先级最高的下一个结点成为当前扩展结点。LC 分支限界算法也可用于求解最优化问题。如果增加一个全局变量 cost，并在搜索中对每个可行解计算目标函数值，并记录迄今为止的最优值，最终可得到问题的最优解。

本节以下内容重点讨论运用 LC 分支限界算法求可行解的方法。在本章以后几节中，分支限界算法将被用于求解最优化问题。

一个答案结点 X 的搜索代价 cost(X)定义为：从根结点开始，直到搜索到 X 为止所耗费的搜索时间。下面定义四个相关函数。

（1）代价函数 $c(.)$

若 X 是答案结点，则 $c(X)$ 是由状态空间树的根结点到 X 的搜索代价（成本）；若 X 不是答案结点且子树 X 上不含任何答案结点，则 $c(X)=\infty$；若 X 不是答案结点但子树 X 上包含答案结点，则 $c(X)$ 等于子树 X 中具有最小搜索代价（成本）的答案结点的代价（成本）。假定图 7-2（a）的状态空间树上包含三个答案结点 A、B 和 C，其中 A 的搜索代价最小，B 次之，C 最大，则 $c(T)=c(X)=c(Y)=c(A)=\mathrm{cost}(A)$，$c(Z)=c(B)=\mathrm{cost}(B)$，$c(W)=c(Q)=c(C)=\mathrm{cost}(C)$，$c(U)=c(V)=\infty$。

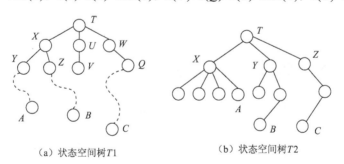

（a）状态空间树 $T1$　　　　　（b）状态空间树 $T2$

图 7-2　状态空间树示例

（2）相对代价函数 $g(.)$

衡量一个结点 X 的相对代价一般有两种标准：①在生成一个答案结点之前，子树 X 上需要生成的结点数目；②在子树 X 上，离 X 最近的答案结点到 X 的路径长度。容易看出，如果采用标准①总是生成最小数目的结点；如果采用标准②，则要成为 E-结点的结点只是由根到最近的那个答案结点路径上的那些结点。对于图 7-2（b）所示的状态空间树，设 A、B 和 C 是答案结点。若采用标准①，则 $g(X)=4$，$g(Y)=3$，$g(Z)=2$，于是算法将首先找到答案结点 C；若采用标准②，则 $g(X)=1$，$g(Y)=g(Z)=2$，于是算法将首先找到答案结点 A。

然而，计算每个结点的代价和相对代价都是十分高昂的，但要指出的是，要得到结点成本函数 $c(.)$ 所用的计算工作量与解原问题具有相同的复杂度，这是因为计算一个结点的代价通常要检索包含一个答案结点的子树 X 才能确定，因此要得到精确的成本函数一般是不现实的。在算法中检测活结点的次序通常能根据大致估计结点成本的函数来进行排列。

（3）相对代价估计函数 $\hat{g}(.)$

$\hat{g}(X)$ 作为 $g(X)$ 的估计值，用于估计结点 X 的相对代价，它是由 X 到达一个答案结点所需代价的估计函数。一般地，假定 $\hat{g}(X)$ 满足如下特性：如果 Y 是 X 的孩子，则有 $\hat{g}(Y) \leqslant \hat{g}(X)$。

（4）代价估计函数 $\hat{c}(.)$

$\hat{c}(X)$ 是代价估计函数，它由两部分组成：$\hat{c}(\cdot) = f(x) + \hat{g}(x)$，其中 $f(x)$ 是由根结点到结点 X 的代价（成本）；$\hat{g}(x)$ 是由 X 到达一个答案结点的代价估计函数（下界）。一般而言，可令 $f(X)$ 等于 X 在树中的层次。

以代价估计函数 $\hat{c}(.)$ 作为选择下一个扩展结点的评价函数，即总是选取 $\hat{c}(.)$ 值最小的活结点为下一个 E-结点。这种检索策略称之为最小代价检索，简称 LC 检索。LC 分支限界算法采取 LC 检索方法，以优先权队列作为活结点表，并以代价估计函数 $\hat{c}(.)$ 作为选择下一个扩展结点的评价函数。LC 分支限界算法同样需要使用剪枝函数。

如果 $f(.) \equiv 0$，则 $\hat{c}(X) = \hat{g}(X)$，LC 检索表现出深度优先搜索的特性，成为 D-检索。但这种做法并不很恰当，因为毕竟 $\hat{g}(x)$ 只是 $g(X)$ 的一个估计值，这种过分向纵深搜索有时并不能更快地接近答案结点，甚至会偏离答案结点。对于图 7-2（a）所示的状态空间树，如果 $g(W)>g(X)$，但因为 $\hat{g}$ 是估计函数，故也许会有 $\hat{g}(W)<\hat{g}(x)$，又因为一般有 $\hat{g}(Q)<\hat{g}(W)$，此时会导致在 Q 为根的子树上向纵深搜索，而偏离搜索代价最小的答案结点 A。为了不使算法过分偏向于纵深搜索，函数 $f(.)$ 的介入是十分必要的。

如果 $\hat{g}(.) \equiv 0$，且 $f(X)$ 等于 X 在树中的层次，则 LC-检索表现出宽度优先搜索特性，成为 FIFO 检索，一般要求 $f(.)$ 是一个非降函数。

7.2　求最优解的分支限界算法

分支限界算法的三种方式：FIFO 分支限界算法、LIFO 分支限界算法和 LC 分支限界算法都可用于求解最优化问题。

当分支限界算法用于求最优解时，需要使用上下界函数作为限界函数。请注意，这里的上下界函数用于剪去不含最优解的分支。下面再次使用代价函数的概念，但此处的代价函数不再是上一节的搜索代价，而是一个与最优化问题的目标函数有关的量。

定义 7-1　状态空间树上一个结点 X 的代价函数 $c(\cdot)$ 定义为：若 X 是答案结点，则 $c(X)$ 为 X 所代表的可行解的目标函数值；若 X 为非可行解结点，则 $c(X)=\infty$；若 X 代表部分向量，则 $c(X)$ 是以 X 为根的子树上具有最小代价的结点代价。显然，这样定义的 $c(X)$ 也是难以计算的，它的计算难度与求得问题最优解的难度相当。

定义 7-2　函数 $u(\cdot)$ 和 $\hat{c}(\cdot)$ 分别是代价函数 $c(\cdot)$ 的上界和下界函数。对所有结点 X，总有 $\hat{c}(X) \leqslant c(X) \leqslant u(X)$。

　　上下界函数的作用是一种限界作用，也是一种剪枝函数。在求解最优化问题时，它可以进一步压缩所生成的状态空间树的结点数目。对于许多问题虽然不能确切求得 $c(X)$，但却能得到 $\hat{c}(\cdot)$ 和 $u(X)$，使得 $\hat{c}(X) \leqslant c(X) \leqslant u(X)$。

　　以下只考虑极小化的问题，极大化问题可以通过改变目标函数的符号转化成极小化问题。那么算法需要一个上界值，即最小代价答案结点的代价值不会超过 U，也就是说，对于任意结点 X，若 $\hat{c}(X) > U$，则 X 子树可以剪除。这是因为 $\hat{c}(X)$ 是 X 子树上最小代价答案结点的代价，而 U 是整个树的最小代价的上界值。在算法以及搜索到一个答案结点后，所有满足 $\hat{c}(X) > U$ 的子树都可以剪除，但如果在得到答案结点之前则可能会将最小答案结点误剪除。为了能运用 $\hat{c}(X) >= U$ 作为剪枝条件，又不至于误剪去包含最小代价答案结点的子树，可以对所有结点 X，使用 $u(X) + \varepsilon$ 作为该子树的最小代价上界值，ε 是一个小量。

　　值得注意的是，U 的值是不断修改的，它根据在搜索中获取的越来越多的关于最小代价的上界信息，使 U 的值逐渐逼近该最小代价值，直到找到最小代价的答案结点。基于上下界函数的分支限界算法的限界方法可描述如下：

　　算法要求 U 的初值大于最优解的代价，并且在搜索状态空间树的过程中不断修正 U 的值，对于某个结点 X，U 的值可以按下列原则修正：

　　（1）如果 X 是答案结点，$\text{cost}(X)$ 是 X 所代表的可行解的目标函数值，$u(X)$ 是该子树上最小代价答案结点代价的上界值，则 $U = \min\{\text{cost}(X), u(X) + \varepsilon, U\}$；

　　（2）如果 X 代表部分向量，则 $U = \min\{u(X) + \varepsilon, U\}$。

　　于是，算法可以使用 $\hat{c}(X) \geqslant U$ 作为剪枝条件尽可能剪除多余分支。

　　下面两节描述的 FIFO 分支限界算法和 LC 分支限界算法都假定根结点不是答案结点。算法描述中"对结点 E 的每个孩子 X"可以理解为："依次生成状态空间树上结点 E 的所有满足约束条件的孩子结点 X"。

7.2.1　FIFO 分支限界算法

　　程序 7-1 的函数 FIFOBB 是采用 FIFO 队列为活结点表的分支限界算法，算法使用上下界函数进行剪枝，算法在队列 lst 为空时结束。为了在算法结束后能方便地构造出与最优值相应的最优解，算法必须存储相应子集树中从活结点到根结点的路径。为此目的，可在每个结点处设置指向其父结点的指针，并设置左、右儿子标志。找到最优值后，可以根据 parent 回溯到根结点，找到最优解。

【程序 7-1】基于上下界函数的 FIFO 分支限界算法。

```
template<class T>
Node<T>*FIFOBB(Node<T>*t,T&U)
{   //t 是指向状态树根的指针，U 的初值应大于最优解值，U 返回最优解值
    //函数返回答案结点指针 ans
    LiveList<Node<T>*>lst(mSize)              //lst 为 FIFO 队列
    Node<T>*ans=NULL,*x,*E=t;                 //ans 指向答案结点，E 为扩展结点
    do
    {
        for(对结点 E 的每个孩子)               //所有满足约束条件的孩子
            x=new Node;x->parent=E;          //构造 E 的孩子结点 X
            if(ĉ(X)<U)
```

```
        {                                  //未被限界函数剪枝的子树根 X
            lst.Append(x);                 //X 进队列
            if(x 是一个答案结点&&cost(x)<U)   //X 为答案结点时修正 U
            if(u(x)+ ε< cost(x))U=u(x)+ ε;
            else{U=cost(x);ans=x;
        }
        else if(u(x)+ ε< U) U=u(x)+ ε;     //X 为非答案结点时修正 U
    }
}
do
{
    if(lst.isempty()) return ans;          //若队列为空，则返回指针 ans
    lst.serve(E);                          //从队列中取出活结点
    }while(ĉ(E)≥U);                        //ĉ(E)<U 时，E 成为扩展结点
}while(1)
}
```

7.2.2　LC 分支限界算法

与程序 7-1 的 FIFOBB 相比，程序 7-2 的函数 LCBB 采用优先权队列作为活结点表。两者的区别在于前者只有当活结点表为空时，算法才结束；后者以优先权队列为空或 $\hat{c}(X)\geq U$ 为算法终止条件。$\hat{c}(X)$ 作为结点 X 的优先权。

【程序 7-2】基于上下界函数的 LC 分支限界算法。

```
template<class T>
Node<T>*LCBB(Node<T>*t,T&U)
{
    LiveList<Node<T>*>lst(mSize)              //lst 为优先权队列
    Node<T>*ans=NULL,*x,*E=t;
    do
    {
        for(对结点 E 的每个孩子)                  //所有满足约束条件的孩子
            x=new Node;x->parent=E;           //构造 E 的孩子结点 X
            if(ĉ(X)<U)
            {                                 //X 子树未被限界函数剪枝
                lst.Append(x);
                if(x 是一个答案结点&&cost(x)<U)    //X 为答案结点时修正 U
                    if(u(x)+ ε< cost(x))U=u(x)+ ε;
                    else{U=cost(x);ans=x; }
                else if(u(x)+ ε< U) U=u(x)+ ε;   //X 为非答案结点时修正 U
            }
    }
    if(!lst.isempty())
    {
        lst.serve(E);                         //从队列中取出活结点 E
        if(ĉ(E)≥U) return ans;                //若 ĉ(E)≥U，则算法结束
    }
    else return ans;                          //若队列为空，则算法结束
    }while(1)
}
```

7.3 组合问题中的分支限界算法

7.3.1 0/1 背包问题

1. 问题描述

给定 n 种物品和一个容量为 W 的背包,物品 i 的重量是 w_i,其价值为 v_i,对每种物品 i 只有两种选择:装入背包或不装入背包,如何选择装入背包的物品,使得装入背包中物品的总价值最大?

2. 算法思想

假设 n 种物品已按单位价值由大到小排序,这样第 1 个物品给出了单位重量的最大价值,最后一个物品给出了单位重量的最小价值。可以采用贪心算法求得 0/1 背包问题的一个下界,如何求得 0/1 背包问题的一个合理的上界呢?考虑最好的情况是,背包中装入的全部是第 1 个并且可以将背包装满,则可以得到一个非常简单的计算方法:$ub = W \times (v_1 / w_1)$。例如,有四个物品,其重量分别为 $(4,7,5,3)$,价值分别为 $(40,42,25,12)$,背包容量 $W=10$。首先,将给定物品按单位重量价值从大到小排序,结果如表 7-1 所示。应用贪心算法求得近似解为 $(1,0,1,0)$,获得的价值为 65,这可以作为 0/1 背包问题的下界。考虑最好的情况是,背包中装入的全部是第 1 个物品且可以将背包装满,则 $ub = W \times (v_1 / w_1) = 10 \times 10 = 100$,于是,得到了目标函数的界[65,100]。

表 7-1　0/1 背包为题的价值/重量排序结果

物品	重量（w）	价值（v）	价值/重量（v/w）
1	4	40	10
2	7	42	6
3	5	25	5
4	3	12	4

一般情况下,假设当前已经对前 i 个物品进行了某种特定的选择,且背包中已装入物品的重量是 w,获得的价值是 v,计算给结点的目标函数上界的一个简单方法是,将背包中剩余容量全部装入第 $i+1$ 个物品,并且可以将背包装满,于是,得到限界函数:

$$ub = v + (W - w) \times (v_{i+1} / w_{i+1})$$

例如,对于表 7-1 所示 0/1 背包问题,假设当前的部分解 $(1,0)$,即物品 1 装入背包,物品 2 没有装入背包,背包取得价值 40,此时,背包可以获得的最大价值是剩余容量全部装入的 3 个物品,即目标函数值为 $40+(10-4) \times 5=70$。

分支限界算法求解表 7-1 所示的 0/1 背包问题,其搜索空间如图 7-3 所示,具体的搜索过程如下。

(1) 在根结点 1,没有将任何物品装入背包,因此,背包的重量和获得的价值均为 0,计算根结点的目标函数值为 $10 \times 10=100$,将根结点加入待处理结点表 PT。

(2) 依次处理根结点的每一个孩子结点。在结点 2,将物品装入背包,背包的重量为 4,获得价值 40,目标函数值为 $40+(10-4) \times 6=76$,将结点 2 加入表 PT。

在结点 3,没有将物品 1 装入背包,因此,背包的重量和获得的价值仍为 0,目标函数值为 $10 \times 6=60$,将结点 3 加入表 PT。

(3) 在结点表 PT 中选取目标函数值取得极大的结点 2 优先进行搜索。

(4) 依次处理结点 2 的每一个孩子结点。在结点 4,将物品 2 装入背包,背包的重量为 11,不满足约束条件，将结点 4 丢弃。

在结点 5，没有将物品 2 装入背包，因此背包的重量和获得的价值与结点 2 相同，目标函数值为 40+(10−4)×5=70，将结点 5 加入表 PT。

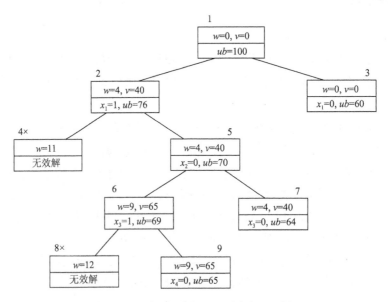

图 7-3　分支限界法求解 0/1 背包问题示例

（×表示该结点被丢弃，结点上方的数字表示搜索顺序）

（5）在表 PT 中选取目标函数值取得极大的结点 5 优先进行搜索。

（6）依次处理结点 5 的每一个孩子结点。在结点 6，将物品 3 装入背包，背包的重量为 9，获得价值 65，目标函数值为 65+(10−9)×4=69，将结点 6 加入表 PT。

（7）在表 PT 中选取目标函数值取得极大的结点 6 优先进行搜索。

（8）依次处理结点 6 的每一个孩子结点。在结点 8，将物品 4 装入背包，背包的重量为 12，不满足约束条件，将结点 8 丢弃。

在结点 9，没有将物品 4 装入背包，因此，背包的重量和获得的价值与结点 6 相同，目标函数值为 65。

（9）由于结点 9 是叶子结点，同时结点 9 的目标函数中是表 PT 中的极大值，所以，结点 9 对应的解即是问题的最优解，搜索结束。为了求得装入背包中的物品，从结点 9 向父结点进行回溯，得到最优解（1,0,1,0），获得最大价值 65。

3. 算法描述

设 n 个物品的重量存储在数组 $w[n]$ 中，价值存储在数组 $v[n]$ 中，背包容量为 W，分支限界算法求解 0/1 背包问题算法用伪代码描述如下。

【输入】n 个物品的重量 $w[n]$，价值 $v[n]$，背包容量 W。

【输出】背包获得的最大价值和装入背包的物品。

（1）根据限界函数计算目标函数的上界 up；采用贪心算法得到下界 down；

（2）计算根结点的目标函数值并加入待处理结点表 PT；

（3）循环直到某个叶子结点的目标函数值在表 PT 中取极大值

① $i =$ 表 PT 中具有最大值的结点；

② 对结点 i 的每个孩子结点 x 执行下列操作：

a. 如果结点 x 不满足约束条件，则丢弃该结点；

b. 否则，估算结点 x 的目标函数值 lb，将结点 x 加入表 PT 中；

（4）将叶子结点对应的最优值输出，回溯求得最优解的各个分量。

如图 7-3 所示的 0/1 背包问题，为了对每个扩展结点保存根结点到该结点的路径，将部分解 $(x_1, \cdots, x_i)$ 和该部分解的目标函数值都存储在待处理结点表 PT 中，在搜索过程中表 PT 的状态如图 7-4 所示。

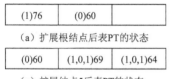

（a）扩展根结点后表PT的状态

（b）扩展结点2后表PT的状态

| (0)60 | (1,0,1)69 | (1,0,1)64 |

（c）扩展结点5后表PT的状态

| (0)60 | (1,0,1)64 | (1,0,1,0)65 |

（d）扩展结点6后表PT的状态

图 7-4　确定 0/1 背包问题最优解的各分量

4. 算法分析

一般情况下，在问题的解向量 $X = (x_1, x_2, \cdots, x_n)$ 中，分量 $x_i(1 \leq i \leq n)$ 的取值范围为某个有限集合 $S_i = \{a_{i1}, a_{i2}, \cdots, a_{ir}\}$，因此，问题的解空间由 $S_1 \times S_2 \times \cdots \times S_n$ 构成，并且第 1 层的根结点有 $|S_1|$ 棵子树，则第 2 层共有 $|S_1|$ 个结点，第 2 层的每个结点有 $|S_2|$ 棵子树，则第 3 层共有 $|S_1| \times |S_2|$ 个结点，依此类推，第 $n + 1$ 层共有 $|S_1| \times |S_2| \times \cdots \times |S_n|$ 个结点，它们都是叶子结点，代表问题的所有可能解。

分支限界算法和回溯算法遍历具有指数阶个结点的解空间树，在最坏的情况下，时间复杂性肯定为指数阶。与回溯算法不同的是，分支限界算法首先扩展解空间树中的上层结点，并采用限界函数，有利于实行大范围剪枝；同时根据限界函数不断调整搜索方向，选择最有可能取得最优解的子树优先进行搜索。所以，如果选择了结点的合理扩展顺序以及设计了一个好的限界函数，分支界限算法可以快速得到问题的解。

分支限界算法的较高效率是以付出一定代价为基础的，其工作方式也造成了算法设计的复杂性。首先，一个更好的限界函数通常需要花费更多的时间计算相应的目标函数值，而且对于具体的问题实例，通常需要进行大量实验，才能确定一个好的限界函数；其次，由于分支限界算法对解空间树中结点的处理是跳跃式的，因此，在搜索到某个叶子结点得到最优值时，为了从该叶子结点求出对应的最优解中的各个分量，需要对每个扩展结点保存该结点到根结点的路径，或者在搜索过程中构建搜索经过的树结构，这使得算法的设计较为复杂；最后，算法要维护一个待处理结点表 PT，并且需要在表 PT 中快速查找取得极值的结点等。这都需要较大的存储空间，在最坏的情况下，分支限界算法需要的空间复杂性是指数阶。

7.3.2　带限期的作业排序

1. 问题描述

对于单处理机的带时限作业排序问题，如果每个作业具有相同的处理时间，则可以用贪心算法求解。如果每个作业的处理时间允许不同，带时限的作业排序问题可描述为：设有 n 个作业和一台处理机，每个作业所需的处理时间、要求的时限和收益可用三元组 (t_i, d_i, p_i)，$0 \leq i < n$ 表示，其中，作业 i 的所需时间为 t_i，如果作业 i 能够在时限 d_i 内完成，将可收益 p_i，求使得总收益最大的作业子集 J。

设有带时限的作业排序实例：$n=4$，$(p_0, d_0, t_0)=(5, 1, 1)$，$(p_1, d_1, t_1)=(10, 3, 2)$，$(p_2, d_2, t_2)=(6, 2, 1)$ 和 $(p_3, d_3, t_3)=(3, 1, 1)$，求使得总收益最大的作业子集 J。

2. 算法思想

分析这一问题的解结构与子集和数相类似，可以采用固定大小或可变大小元组。这里采用可变大小元组 $(x_0, x_1, \cdots, x_k)$ 表示解，x_i 为作业编号。问题的显式约束为：$x_i \in \{0, 1, \cdots, n-1\}$ 且 $x_i < x_{i+1}(0 \leq i < n-1)$，隐式约束为：对于选入子集 J 的作业 $(x_0, x_1, \cdots, x_k)$，存在一种作业排列使 J 中作业均能如期完成。问题的目标函数是作业子集 J 中所有作业所获取的收益之和 $\sum_{i \in J} p_i$，使得总收益最大的作业子集是问题的最优解。如果希望以最小值为最优解，则可以适当改变目标函数，将其改为未入选子集 J 的作业所导致的损失，即为：

$$\sum_{i=1}^{n} p_i - \sum_{i \in J} p_i = \sum_{i \notin J, i=1,2,\ldots n} p_i 。$$

对于给定的作业子集，即使作业的处理时间不同，对于一个作业子集，算法可以有效地判定是否存在一种排列，使得子集中的作业按该次序处理都不超期。

如果采用带上下界函数的分支限界算法求解这一问题，还必须设计上下界函数。设 X 是状态空间树上的一个结点，$J=(x_0, x_1, \cdots, x_k)$ 是已入选的作业子集，它代表一条从根到 X 的路径。结点 X 的下界函数值定义为：$\hat{c}(X) = \sum_{i \notin J, i < x_k} p_i$

$\hat{c}(X)$ 实际上是由作业子集 $(x_0, x_1, \cdots x_k)$ 中，未能入选 J 的作业所造成的损失。它必定是最终损失的下界，即有 $\hat{c}(X)<=c(X)$。结点 X 的上界函数可定义为：

$$u(X) = \sum_{i \notin J, i=1,2,\cdots,n} p_i = \sum_{i \notin J, i < x_k} p_i + \sum_{i=(x_k+1),\cdots,n} p_i$$

$u(X)$ 值由两部分组成：一是迄今为止未入选 J 的作业所造成的损失，二是假定作业 X_k 以后所有作业都未入选所造成的损失。显然，这个值是在 X 处可以预计的最大损失，必有 $c(X) \leq u(X)$。

3. 算法描述

图 7-5 所示为该实例的可变大小元组表示的状态空间树。对于方形结点表示 X，$\hat{c}(X)=\infty$ 代表因不满足约束条件而被剪枝的子树。例如，结点 12 代表作业子集 $J=\{0,1,2\}$，不存在一种可能的作业排列，使得 J 中作业都能如期完成，因此，结点 12 用方形结点表示。

采用程序 7-1 的 FIFOBB 函数对如图 7-5 所示的状态空间树进行搜索。首先由根结点 1 产生结点 2,3,4,5。由于 $u(2)=19$，$u(3)=14$，$u(4)=18$，$u(5)=21$，则 U 的值在生成结点 3 时被修改为 14。因为 $\hat{c}(4)$ 和 $\hat{c}(5)$ 的值均大于 $U=14$，所以结点 4 和 5 因此被剪去（被限界）。按照 FIFO 原则，结点 2 将成为下一个 E-结点，生成其孩子 6、7 和 8。$u(6)=9$，因此 U 被修改成 9。于是结点 7 被剪去。结点 8 是不可行的结点，也被剪去。结点 3 成为新的 E-结点，生成孩子结点 9 和 10。$U=u(9)=8$，$\hat{c}(10)=11$，结点 10 被剪去，下一个 E-结点为结点 6，但其两孩子结点 12 和 13 均不可行。结点 9 只有一个不可行孩子结点 15。此时队列为空，算法输出最优解 $J=(1,2)$，其最小损失值为 8。

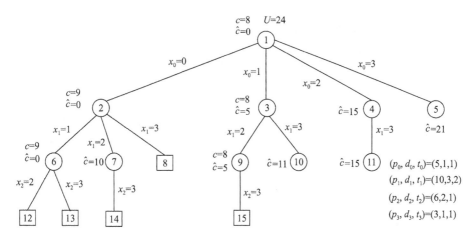

图 7-5　可变大小元组状态空间树

下面实现带时限的作业排序的 FIFO 分支限界算法。函数 FIFOBB 采用先进先出队列为活结点表。状态看空间树的结点结构 Node 和活结点的结点结构 qNode 参见程序 7-3 活结点表中的结点 qNode 中保存一个指向相应的 Node 类型结点。程序 7-3 的函数 JSFIFOBB 具有程序 7-1 描述的算法框架，它要求作业事先已按时限的非减次序排列。函数 JSFIFOBB 返回最优解值。函数 GenerateAns 根据函数 JSFIFOBB 所生成的状态空间树，产生问题的最优解（$x[0], x[2], \cdots, x[k]$）。函数 GenerateAns 在一维数组 X 中保存最优解向量，参数 k 返回可变长度解 X 的长度。假定作业按时限的非减次序排列，该实例的作业将形成如图 7-6 所示的状态空间树。

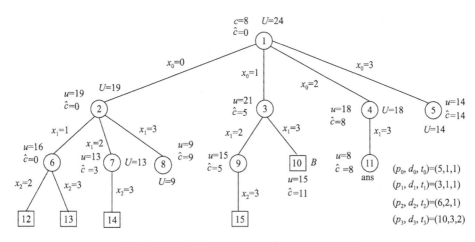

图 7-6　可变大小元组状态空间树（按时限非减排列）

【程序 7-3】带时限的作业排序。

```
Struct Node{                          //状态空间树结点结构
    Node(Node *par, int k)
    {
        parent=par;j=k;
    }
    Node *parent;                     //指向该结点的双亲结点
    int j;                            //该结点代表的解分量 x[i]=j
};
```

```
Template<class T>
Struct qNode{ //活结点表中的活结点结构
    qNode(){}
    qNode(T p, T los, int sd, int k, Node *pt)
    {
        prof=p; loss=los; d=sd; ptr=pt; j=k;
    }
    T prof, loss;                        //当前结点 X 的下界函数ĉ(X)=loss，上界函数 u(X)=24-prof
    int j, d;                            //当前活结点所代表的解的分量 x[i]=j，d 是迄今为止的时间
    Node *prt;                           //指向状态空间树中相应的结点
};
template<class T>
class JS{
public:
    JS(T *prof, int *time, int size);
    T JSFIFPBB();                        //求最优解值
    void GenerateAns(int *x, int &k);    //一维数组 X 为最优解向量，k 中返回 X 的分量数
private:
    T *p, total;                         //p 为收益数组，total 初值为 n 个作业收益之和
    int *t,*d,n;                         //t 为作业处理时间数组，d 为按非减次序排列的作业时限数组
    Node *ans,*root;                     //root 指向状态空间树的根，ans 指向最优解答案结点
};
template<class T>
T JS<T>::JSFIFPBB()
{
    Node *E,*child;
    Queue<qNode<T>>q(mSize);             //生成一个 FIFO 队列实例 q
    E=root=new Node(NULL,-1);            //构造状态空间树的根结点 root
    qNode<T>ep(0,0,0,-1,root),ec;        //ep 为扩展结点
    T U=total+epsilon                    //上界变量 U 赋初值，total 为作业收益和，epsilon 为小量
      While(1){
      T loss=ep.loss, prof=ep.prof; E=ep.ptr;       //loss 为已造成的损失，prof 为已获收益
      for(int j=ep.j+1;j<n;j+=)          //考察所有孩子
        if(ep.d+t[j]<=d[j]&&loss<U)
          ehild=new Node(E,j);           //构造 E 的孩子结点
          ec.prof=prof+p[j];ec.d=ep.d+t[j];
          ec.ptr=child;ec.loss=loss;ec.j=j;
          q.Append(ec);                  //活结点进队列
          T cost=total-ec.prof;          //计算上界函数值
          if(cost<U){                    //修改上界变量 U
             U=cost;ans=child;
            }
        };
        loss=loss+p[j];
    }
    do{
        if(q.IsEmpty()) return total=U;
        ep=q.Front();q.Sever();          //选择下一个扩展结点
    }while(ep.loss>=U);
  }
  }
```

如果采用 LC 分支限界算法进行求解，实际生成的状态空树的结点与 FIFOBB 是不同的。假定作业时限已按时限的非减次序排列，则程序 7-3 中算法每扩展一个活结点所需的时间是 O(1)。算法的执行时间取决于状态空间树上实际生成的结点数目。

7.4　图问题中的分支限界算法

7.4.1　旅行商问题

1. 问题描述

旅行商问题（Travel Salesman Problem，TSP）的定义是给定 n 个城市，需找出一种周游方案，商人从某个城市出发，遍历所有的城市一次且仅一次，然后再回到出发的城市，使得整个周游的路程最短。

如图 7-7（a）所示是一个带权无向图，图 7-7（b）是该图的代价矩阵。

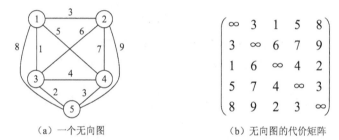

（a）一个无向图　　　　　　　（b）无向图的代价矩阵

图 7-7　无向图及其代价矩阵

2. 算法思想

首先确定目标函数的界[down,up]，可以采用贪心算法确定旅行商问题的每一个上界。如何求得旅行商问题的一个合理下界呢？对于无向图的代价矩阵，把矩阵中每一行最小的元素相加，可以得到一个简单的下界。但是还有一个信息量更大的下界：考虑一个旅行商问题的完整解，在每条路径上，每个城市都有两条邻接边，一条是进入这个城市的，一条是离开这个城市的，那么，如果把矩阵中每一行最小的两个元素相加再除以 2，假设图中所有的代价都是整数，再对整个结果向上取整，即得到了一个合理的下界。需要强调的是，这个结果可能不是一个可行解（可能没有构成哈密顿回路），但给出了一个参考下界。对于图 7-7（a）所示带权无向图采用贪心法求得近似解为 $1 \rightarrow 3 \rightarrow 5 \rightarrow 4 \rightarrow 2 \rightarrow 1$，其路径长度为 1+2+3+7+3=16，这可以作为旅行商问题的上界。把矩阵中每一行最小的两个元素相加在除以 2，得到旅行商问题的下界：[(1+3)+(3+6)+(1+2)+(3+4)+(2+3)]/2=14。于是，得到了目标函数的界[14,16]。

一般情况下，假设当前已确定的路径为 $U = (r_1, r_2, \dots, r_k)$，即路径上已确定了 k 个顶点，此时，该部分解的目标函数值得计算方法（即限界函数）如下：

$$lb = \left(2\sum_{i=1}^{k-1} c[r_i][r_{i+1}] + \sum_{i=1,k} r_i \text{行不在路径上的最小元素} + \sum_{i \notin U} r_j \text{行最小的两个元素} \right) / 2$$

应用分支限界算法对图 7-7 中无向图的旅行商问题，其搜索空间如图 7-8 所示，具体搜索过程如下。

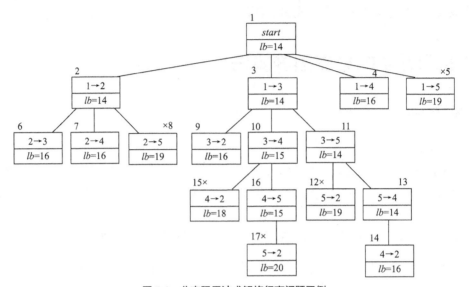

图 7-8　分支限界法求解旅行商问题示例

（×表示该结点被舍弃，结点上方的数字表示搜索顺序）

（1）在根结点 1，计算目标函数值为 lb=[(1+3)+(3+6)+(1+2)+(3+4)+(2+3)]/2=14，将根结点加入待处理结点表 PT。

（2）依次处理根结点的每一个孩子结点。在结点 2，已确定的路径是 1→2，路径长度为 3，目标函数值为[2×3+1+6+(1+2)+(3+4)+(2+3)]/2=14，将结点 2 加入表 PT。

在结点 3，已确定的路径是 1→3，路径长度为 1，目标函数值为[2×1+3+2+(3+6)+(3+4)+(2+3)]/2=14，将结点 3 加入表 PT。

在结点 4，已确定的路径长度是 1→4，路径长度为 5，目标函数值为[2×5+1+3+(3+6)+(1+2)+(2+3)]/2=16，将结点 4 加入表 PT。

在结点 5，已确定的路径长度是 1→5，路径长度为 8，目标函数值为[2×8+1+2+(3+6)+(1+2)+(3+4)]/2=19，将结点 5 丢弃。

（3）在表 PT 中选取目标函数值极小的结点 2 优先进行搜索。

（4）依次处理结点 2 的每一个孩子。在结点 6，已经确定路径 1→2→3，路径长度为 3+6=9，目标函数值为[2×9+1+1+ (3+4)+(2+3)]/2=16，将结点 6 加入表 PT。

在结点 7，已经确定路径 1→2→4，路径长度为 3+7=10，目标函数值为[2×10+1+3+(1+2)+(2+3)]/2=16，将结点 7 加入表 PT。

在结点 8，已经确定路径 1→2→5，路径长度为 3+9=12，目标函数值为[2×12+1+2+(1+2)+(3+4)]/2=19，将结点 8 丢弃。

（5）在表 PT 中选取目标函数值极小的结点 3 优先进行搜索。

（6）依次处理结点 3 的每一个孩子结点。在结点 9，已经确定路径 1→3→2，路径长度为 1+6=7，目标函数值为[2×7+3+3+ (3+4) + (2+3)]/2=16，将结点 9 加入表 PT。

在结点 10，已经确定路径 1→3→4，路径长度为 1+4=5，目标函数值为[2×5+3+3+ (3+6) +

(2+3)]/2=15，将结点 10 加入表 PT。

在结点 11，已经确定路径1→3→5，路径长度为 1+2=3，目标函数值为[2×3+3+3+(3+6)+(3+4)]/2=14，将结点 11 加入表 PT。

（7）在表 PT 中选取目标函数值极小的结点 11 优先进行搜索。

（8）依次处理结点 11 的每一个孩子。在结点 12，已经确定路径1→3→5→2，路径长度为1+2+9=12，目标函数值为[2×12+3+3+ (3+4)]/2=19，超出目标函数的界，将结点 12 丢弃。

在结点 13，已经确定路径1→3→5→4，路径长度为 1+2+3=6，目标函数值为[2×6+3+4+(3+6)]/2=14，将结点 13 加入表 PT。

（9）在表 PT 中选取目标函数值极小的结点 13 优先进行搜索。

（10）依次处理结点 13 的每一个孩子。在结点 14，已经确定路径1→3→5→4→2，路径长度为 1+2+3+7=13，目标函数值为[2×13+3+3]/2=16，最后从城市 2 回到城市 1，路径长度为1+2+3+7+3=16，由于结点 14 为叶子结点，得到一个可行解，其路径长度为 16。

（11）在表 PT 中选取目标函数值极小的结点 10 优先进行搜索。

（12）依次处理结点 10 的每一个孩子。在结点 15，已经确定路径1→3→4→2，路径长度为1+4+7=12，目标函数值为[2×12+3+3+ (2+3)]/2=18，超出目标函数的界，将结点 15 丢弃。

在结点 16，已经确定路径1→3→4→5，路径长度为 1+4+3=8，目标函数值为[2×8+3+2+(3+6)]/2=15，将结点 16 加入表 PT。

（13）在表 PT 中选取目标函数值极小的结点 16 优先进行搜索。

（14）依次处理结点 16 的每一个孩子。在结点 17，已经确定路径1→3→4→5→2，路径长度为1+4+3+9=17，目标函数值为[2×17+3+3]/2=20，超出目标函数的界，将结点 17 丢弃。

（15）表 PT 中目标函数值均为 16，且有一个是叶子结点 14，所以，结点 14 对应的解即是旅行商问题的最优解，搜索过程结束。为了求得最优解的各个分量，从结点 14 开始向父结点进行回溯，得到最优解为1→3→5→4→2→1。

3. 算法描述

设数组 $x[n]$ 存储路径上的顶点，分支限界算法求解旅行商问题的算法用伪代码描述如下。

【输入】图 $G=(V，E)$。

【输出】最短哈密顿回路。

（1）根据限界函数计算目标函数的下界 down；采用贪心算法得到上界 up；

（2）计算根结点的目标函数值并加入待处理结点表 PT；

（3）循环直到某个叶子结点的目标函数值在表 PT 中取得极小值

1）$i =$ 表 PT 中具有最小值的结点；

2）对结点 i 的每个孩子结点 x 执行下列操作：

a. 估算结点 x 的目标函数值 lb；

b. 若(lb<=up)，则将结点 x 加入表 PT 中；否则丢弃该结点。

（4）将叶子结点对应的最优值输出，回溯求得最优解的各个分量。

7.4.2 单源点最短路径问题

1. 问题描述

在图 7-9 所给的有向图 G 中，每一边都有一个非负权。要求图 G 的从源点 s 到目标顶点 t 之间的最短路径。

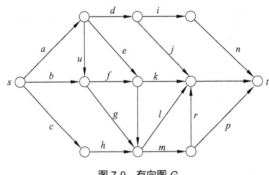

图 7-9 有向图 G

2. 算法思想

解单源最短路径问题的优先队列分支限界算法用一极小堆来存储活结点表。其优先级是结点所对应的当前路长。算法从图 G 的源顶点 s 和空优先队列开始。结点 s 被扩展后，它的三个儿子结点被依次插入堆中。此后，算法从堆中取出具有最小当前路长的结点作为当前扩展结点，并依次检查与当前扩展结点相邻的所有顶点。如果从当前扩展结点 i 到顶点 j 有边可达，且从源出发，途径顶点 i 再到顶点 j 所相应的路径的长度小于当前最优路径长度，则将该顶点作为活结点插入到活结点优先队列中。这个结点的扩展过程一直继续到活结点优先队列为空时为止。

如图 7-10 所示是用优先队列式分支限界法解如图 7-9 所示的有向图 G 的单源最短路径问题所产生的解空间树。其中，每一个结点旁边的数字表示该结点所对应的当前路长。由于图 G 中各边的权均非负，所以结点所对应的当前路长也是解空间树中以该结点为根的子树中所有结点所对应的路长的一个下界。在算法扩展结点的过程中，一旦发现一个结点的下界不小于当前找到的最短路长，则算法剪去以该结点为根的子树。

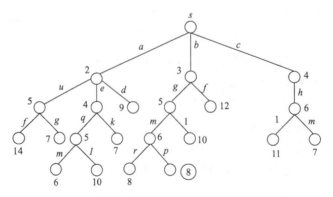

图 7-10 有向图 G 的单源最短路径问题的解空间树

3. 算法描述

在算法中，利用结点间的控制关系进行剪枝。例如，在上例中，从源顶点 s 出发，经过边 a、e、q（路长为 5）和经过边 c、h（路长为 6）的两条路径到达图 G 的同一个顶点。在该问题的解空间树中，这两条路径相应于解空间树的两个不同的结点 A 和 B。由于结点 A 所相应的路长小于结点 B 所相应的路长，因此以结点 A 为根的子树中所包含从 s 到 t 的路长小于以结点 B 为根的子树重所包含的从 s 到 t 的路长。因而可以将以结点 B 为根的子树剪去，这时称结点 A 控制了结点 B，显然算法可将被控制结点所相应的子树剪去。

下面给出的算法要找出从源顶点 s 到图 G 中所有其他顶点之间的最短路径，主要利用结点控制关系剪枝。在一般情况下，如果解空间树中以结点 y 为根的子树中所含的解优于以结点 x 为根的子树中所含的解，则结点 y 控制了结点 x，以被控制的结点 x 为根的子树可以剪去。

在具体实现时，算法用邻接矩阵表示所给的图 G。在类 Graph 中用二维数组 c 存储图 G 的邻接矩阵，用数组 *dist* 记录从源点到各顶点的距离；用数组 *prev* 记录从原点到各顶点的路径上前驱顶点。

由于要找的是从源到各顶点的最短路径，所以选用最小堆表示活结点优先队列。最小堆中元素的类型为 MinHeapNode。该类型结点包含域 i，用于记录该活结点所表示的图 G 中相应顶点的编号；*length* 表示从源到该顶点的距离。

```cpp
template<class Type>
class Graph{
    friend woid main(void);
    public:
        void ShorestPaths(int);
    private:
        int n,                      //图 G 的顶点数
          *prev;                    //前驱顶点数组
        Type **c,                   //图 G 的邻接矩阵
            *dist;                  //最短距离数组
};
template<class Type>
class MinHeapNode{
    friend Graph<Type>
    public:
        operator int () const {return length;}
    private:
        int i;                      //顶点编号
        Type length;                //当前路长
};
```

具体算法可描述如下：

```cpp
template<class Type>
void Graph<Type>::ShorestPaths(int v)
{//单源点最短路径问题的优先队列式分支限界法
 //定义最小堆的容量为 1000
    MinHeap<MinHeapNode<Type>>H(1000);
    //定义源为初始扩展结点
    MinHeapNode <Type>E;
    E.i=v;
    E.length=0;
    dist[v]=0;
```

```
                    //搜索问题的解空间
            while (true) {
                for (int j=1; j<=n; j++)
                  if ((c[E.i][j]<inf)&&(E.length+c[E.i][j]<dist[j])) {
                      // 顶点 i 到顶点 j 可达,且满足控制约束
                      dist[j]=E.length+c[E.i][j];
                      prev[j]=E.i;
                      // 加入活结点优先队列
                      MinHeapNode<Type> N;
                      N.i=j;
                      N.length=dist[j];
                      H.Insert(N);}
                try {H.DeleteMin(E);}                 // 取下一扩展结点
                catch (OutOfBounds) {break;}          // 优先队列空
                }
        }
```

算法开始时创建一个最小堆,用于表示活结点的优先队列。堆中每个结点的 length 值是优先队列的优先级。接着算法将源点 v 初始化为当前扩展结点。

算法中的 while 循环体完成对解空间内部结点的扩展。对于当前扩展结点,算法依次检查与当前扩展结点相邻的所有顶点。如果从当前扩展结点 i 到顶点 j 有边可达,且从源出发,途经顶点 i 再到顶点 j 的所相应的路径的长度小于当前最优路径长度,则将顶点作为活结点插入到活结点优先队列中。完成对当前结点的扩展后,算法从活结点优先队列中取出下一个活结点作为当前扩展结点,重复上述结点的分支扩展。这个结点的扩展过程一直继续到活结点优先队列为空时为止。算法结束后,数组 dist 返回从源点到各顶点的最短距离。相应的最短路径可利用从前驱顶点数组 prev 记录的信息构造出来。

7.5　典型问题的 C++程序

下面来看看分支限界算法对问题的 C++实现的具体程序。

1. 0/1 背包问题

本程序中,规定物品数量为 3,背包容量为 30,输入为六个数,前三个为物品重量,后三个数为物品价值。

具体代码如下。

```
#include<iostream>
#include<stack>
using namespace std;
#define N 100
class
HeapNode                           //定义 HeapNode 结点类
{
   public:
       double upper,price,weight;   //upper 为结点的价值上界,price 是结点所对应的价值,weight
   为结点所相应的重量
   int   level,x[N];               //活结点在子集树中所处的层序号
};
```

```
double MaxBound(int i);
double Knap();
void AddLiveNode(double up,double cp,double cw,bool ch,int level);
stack<HeapNode>
High;                           //最大队 High
double  w[N],p[N];              //把物品重量和价值定义为双精度浮点数
double  cw,cp,c=30;             //cw 为当前重量, cp 为当前价值, 定义背包容量为 30
int  n=3;                       //货物数量为 3

int main()
{
    cout<<"请按顺序输入 3 个物品的重量:(按回车键区分每个物品的重量)"<<endl;
    int i;
    for(i=1;i<=n;i++)
    cin>>w[i];                  //输入三个物品的重量
    cout<<"请按顺序输入 3 个物品的价值:(按回车键区分每个物品的价值)"<<endl;
    for(i=1;i<=n;i++)
        cin>>p[i];              //输入三个物品的价值
    cout<<"最大价值为: ";
    cout<<Knap()<<endl;         //调用 knap 函数 输出最大价值
    return 0;
}
double MaxBound(int j)          //MaxBound 函数求最大上界
{
    double
    left=c-cw,b=cp;             //剩余容量和价值上界
    while(j<=n&&w[j]<=left)     //以物品单位重量价值递减装填剩余容量
    {
        left-=w[j];
        b+=p[j];
        j++;
    }
    if(j<=n)
        b+=p[j]/w[j]*left;      //装填剩余容量装满背包
    return b;
}
void AddLiveNode(double up,double cp,double cw,bool ch,int lev)
//将一个新的活结点插入到子集数和最大堆 High 中
{
    HeapNode be;
    be.upper=up;
    be.price=cp;
    be.weight=cw;
    be.level=lev;
    if(lev<=n)
        High.push(be);          //调用 stack 头文件的 push 函数
}
double Knap()                   //优先队列分支限界法, 返回最大价值, bestx 返回最优解
{   int i=1; cw=cp=0; double
    bestp=0,up=MaxBound(1);     //调用 MaxBound 求出价值上界, best 为最优值
    while(1)                    //非叶子结点
```

183

```
    { double wt=cw+w[i];
        if(wt<=c)                          //左儿子结点为可行结点
           { if(cp+p[i]>bestp) bestp=cp+p[i];
               AddLiveNode(up,cp+p[i],cw+w[i],true,i+1);
           }
        up=MaxBound(i+1);
        if(up>=bestp)                      //右子数可能含最优解
        AddLiveNode(up,cp,cw,false,i+1);
        if(High.empty()) return bestp;
        HeapNode node=High.top();          //取下一扩展结点
        High.pop(); cw=node.weight; cp=node.price; up=node.upper;
        i=node.level;
    }
}
```

输出结果如图 7-11 所示。

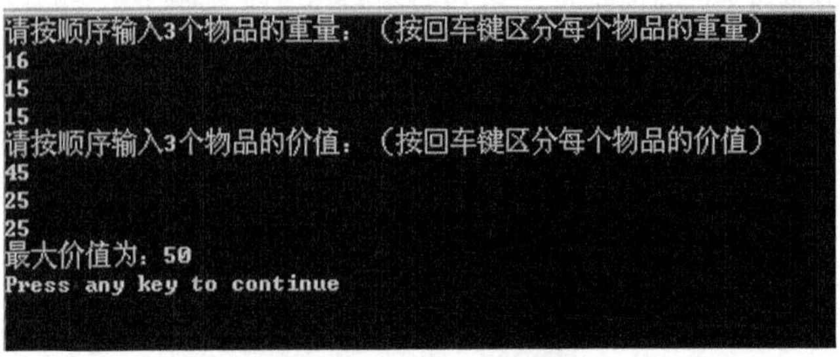

图 7-11 程序执行结果

2. 旅行商问题

本程序中，n 表示城市个数，*bestc* 存储最小的旅行费用，*ans[i]* 存储一个最佳旅行路径，函数 *init* 的功能是初始化各个城市之间的旅行花费，主体代码由函数 Traveling 实现。

具体代码如下。

```
#include<iostream>
using namespace std;
#define NoEdge -1
#define MAX 20
int G[MAX][MAX];
int ans[MAX],x[MAX];
int bestc,cc;
void init(int n)
{
    int i,j,len;
    memset(G, NoEdge,sizeof(G));
    while(cin>>i>>j)
    {
        if(i==0&&j==0)break;
        cin>>len;
        G[i][j]=len;
        G[j][i]=len;
    }
    for(i=1;i<=n;i++) x[i]=i;
    bestc=0x7fffffff;
    cc=0;
```

```
}
void Swap(int &i,int &j)
{
    int t=i;
    i=j;
    j=t;
}
void Traveling (int i,int n)
{
    int j;
    if(i==n+1)
    {
        if(G[x[n-1]][x[n]]!=NoEdge && G[x[n]][1]!= NoEdge &&(cc+ G[x[n]][1]<bestc))
        {
            for(j=1;j<=n;j++)ans[j]=x[j];
            bestc=cc+= G[x[n]][1];
        }
    }
    else
    {
        for(j=i;j<=n;j++)
        {
            if(G[x[i-1]][x[j]]!=NoEdge && (cc+ G[x[i-1]][x[j]]<bestc))
            {
                Swap(x[i],x[j]);
                cc+= G[x[i-1]][x[i]];
                Traveling ( i+1,n);
                cc-= G[x[i-1]][x[i]];
                Swap(x[i],x[j]);
            }
        }
    }
}


void print(int n)
{
    cout<<"最小的旅行费用为: "<<bestc<<endl;
    cout<<"最佳路径是: ";
    for(int i=1;i<=n;i++)
        cout<<ans[i]<< "->";
    cout<<ans[1]<<endl;
}

int main()
{
    int n;
    cout<<"请输入需要旅行多少个城市: "<<endl;
    while(cin>>n&&n)
    {
        cout<<"输入两个城市之间的距离，例如 1 2 20，输入 0 0 结束"<<endl;
        init(n);
        Traveling(2,n);
        print(n);
    }
```

```
        return 0;
}
```

输出结果如图 7-12 所示。

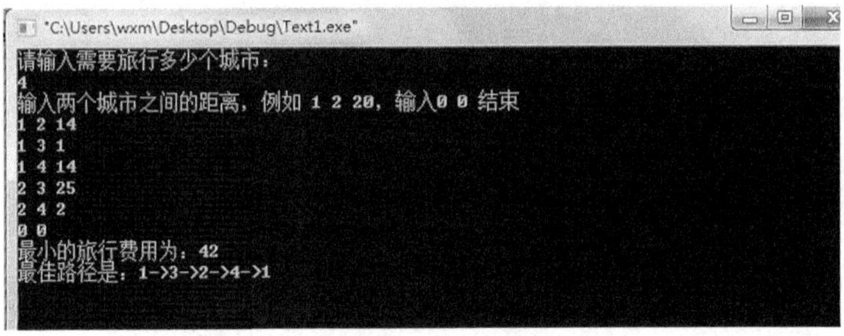

图 7-12　程序执行结果

7.6　小结

本章介绍的分支限界算法类似于回溯算法，是在问题的解空间树上搜索问题解的算法。分支限界算法的求解目标通常是找出满足约束条件的一个解，或是在满足约束条件的解中找出使某一目标函数值达到极大或极小的解，即在某种意义下的最优解。

类似于回溯算法，分支限界算法在搜索解空间时，也经常使用树形结构来组织解空间（常用的树结构是子集树和排列树）。不同的是，回溯算法使用深度优先方法搜索树结构，而分支限界一般用广度优先或最小耗费方法来搜索这些树。

本章详细叙述了队列式分支限界算法和优先队列式分支限界法的算法框架，并用许多典型问题，如 0/1 背包问题、带限期作业排序、旅行商问题、单源最短路径问题等，从算法的不同侧面阐述了应用分支限界算法的技巧。这些典型问题大部分已在第 5 章中出现过。对同一问题用两种不同的算法策略求解更容易体会算法的精髓和各自的优点，可以很容易比较回溯算法与分支限界算法的异同。

练 习 题

7.1　实现带时限的作业排序函数 GenerateAns。

7.2　设有带时限的作业排序问题实例 $(p_1, p_2, \cdots, p_5) = (6, 3, 4, 8, 5)$，$(t_1, t_2, \cdots, t_5) = (2, 1, 2, 1, 1)$ 和 $(d_1, d_2, \cdots, d_5) = (3, 1, 4, 2, 4)$。求问题的最优解及对应于最优解的收益损失。画出 JSFIFOBB 算法实现生成的那部分状态空间树。

7.3　设有 0/1 背包问题实例 $n=5$，对于以下两种情况：

（1）$(p_1, p_2, \cdots, p_5) = (10, 15, 6, 8, 4)$，$(w_1, w_2, \cdots, w_5) = (4, 6, 3, 4, 2)$ 和 $m=12$；

（2）$(p_1, p_2, \cdots, p_5) = (w_1, w_2, \cdots, w_5) = (4, 4, 5, 8, 9)$ 和 $m=15$。

分别求问题的最优解和最优解值，并画出采用 LC 分支限界算法实际生成的那部分状态空间树。

7.4　设有旅行商问题实例由如下代价矩阵定义：

$$\begin{pmatrix} \infty & 7 & 3 & 12 & 8 \\ 3 & \infty & 6 & 14 & 9 \\ 5 & 8 & \infty & 6 & 18 \\ 9 & 3 & 5 & \infty & 11 \\ 18 & 14 & 9 & 8 & \infty \end{pmatrix}$$

（1）求此代价矩阵的归约矩阵。

（2）画出使 LC 分支限界算法生成的那部分状态空间树，标出每个结点的 $\hat{c}$。

（3）给出状态空间树上每个结点对应的归约矩阵。

7.5 对下列旅行商代价矩阵，画出它的实例状态空间树。对书中每个结点计算下界函数值。画出算法实际生成的那部分状态空间树。

$$\begin{pmatrix} \infty & 11 & 10 & 9 & 6 \\ 8 & \infty & 7 & 3 & 4 \\ 8 & 4 & \infty & 4 & 8 \\ 11 & 10 & 5 & \infty & 5 \\ 6 & 9 & 5 & 5 & \infty \end{pmatrix}$$

7.6 对于集合 $S=\{1,2,5,6,8\}$，求子集，要求该子集的元素之和为 9。

7.7 给出一个正整数 n，有基本元素 a，要求通过最少次数的乘法，求出 a^n。

7.8 在一个商店中购物，设第 i 种商品的价格为 C_i。但商店提供一种折扣，即给出一组商品的组合，如果一次性购买了这一组商品，则可以享受较优惠的价格。现在给出一张购买清单和商店所提供的折扣清单，要求利用这些折扣，使总付款最少。

7.9 假设有 n 个任务由 k 个可并行工作的机器完成。完成任务 i 需要的时间为 t_i。试设计一个算法找出完成这 n 个任务的最佳调度，使得完成全部任务的时间最短。

7.10 15 数码难题：在 4×4 的棋盘上，摆放 15 个棋子，每个棋子分别标有 1~15 的某一个数字。棋盘中有一个空格，空格周围的棋子可以移到空格中。现要求找到一种移动步骤最少的方法，使无序的数字经过移动后得到一个升序的排列。

附录　实验指导

　　"算法分析与设计"是一门面向设计的，处于计算机类相关学科核心地位的课程。无论是计算机系统、系统软件和解决计算机的各种应用课题都可归结为算法的设计。通过本课程的学习，学生将消化理论知识，加深对讲授内容的理解，尤其是一些算法的实现及其应用；并掌握计算机领域中许多常用的非数值计算的算法设计技术：递归算法、分治算法、贪心算法、动态规划算法、回溯算法、分支限界算法，增强独立编程和调试程序的能力；与此同时，读者将对算法的分析与设计有更深刻的认识，并掌握算法分析的方法。

　　上机实验一般应包括以下几个步骤。

　　（1）准备好上机所需的程序。手编程序应书写整齐，并经人工检查无误后才能上机。

　　（2）上机输入和调试自己所编写的程序。一人一组，独立上机调试。若上机时出现问题，最好独立解决。

　　（3）上机结束后，整理出实验报告。实验报告应包括：题目、程序清单、运行结果、对运行情况所做的分析等。

实验一　递归与分治算法

1.1　实验目的与要求

1. 进一步熟悉 C/C++语言的集成开发环境；
2. 通过本实验加深对递归与分治策略的理解和运用。

1.2　实验课时

4 学时（课内 2 学时+课外 2 学时）

1.3　实验原理

分治（Divide-and-Conquer）的思想：一个规模为 n 的复杂问题的求解，可以划分成若干个规模小于 n 的子问题，再将子问题的解合并成原问题的解。

需要注意的是，分治法使用递归的思想。划分后的每一个子问题与原问题的性质相同，可用相同的求解方法。最后，当子问题规模足够小时，可以直接求解，然后逆求原问题的解。

1.4　实验题目

1. 范例：汉诺塔（hanoi）问题

设有 A、B、C 共 3 根塔座，在塔座 A 上堆叠 n 个金盘，每个盘大小不同，只允许小盘在大盘之上，最底层的盘最大，如附图 1 所示。现在要求将 A 上的盘全都移到 C 上，在移的过程中要遵循以下原则：每次只能移动一个盘；圆盘可以插在 A、B 和 C 任一个塔座上；在任何时刻，大盘不能放在小盘的上面。附图 1 所示为初始状态。

hanoi 问题递归求解思想：

我们把一个规模为 n 的 hanoi 问题：1 到 n 号盘按照移动规则从 A 上借助 B 移到 C 上表示为 H(A,B,C,n)；原问题划分成如下三个子问题：

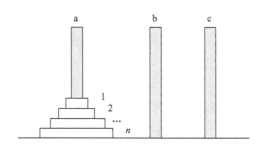

附图 1　Hanoi 塔问题的初始状态

（1）将 1 到 $n-1$ 号盘按照移动规则从 A 上借助 C 移到 B 上 H(A,C,B,n-1)；

（2）将 n 号盘从 A 上直接移到 C 上；

（3）将 1 到 $n-1$ 号盘按照移动规则从 B 上借助 A 移到 C 上 H(B,A,C,n-1)；

经过三个子问题求解，原问题的也即求解完成。

hanoi 问题递归求解代码：

```
void H(char A,charB,charC,int n)
{
    if(n>0)
    {
        H(A,C,B,n-1);
        printf("%d from %c to %c",n,A,C);
        H(B,A,C,n-1);
    }
}
```

2. 上机题目：格雷码构造问题

Gray 码是一个长度为 2^n 的序列。序列无相同元素，每个元素都是长度为 n 的串，相邻元素恰好只有一位不同。试设计一个算法对任意 n 构造相应的 Gray 码（分治、减治、变治皆可）。

对于给定的正整数 n，格雷码为满足如下条件的一个编码序列。

（1）序列由 $2n$ 个编码组成，每个编码都是长度为 n 的二进制位串。

（2）序列中无相同的编码。

（3）序列中位置相邻的两个编码恰有一位不同。

1.5 思考题

（1）递归的关键问题在哪里？

（2）递归与非递归之间如何实现程序的转换？

（3）分析二分查找和快速排序中使用的分治思想。

（4）分析二次取中法和锦标赛算法中的分治思想。

实验二 贪心算法

2.1 实验目的与要求

1. 理解贪心算法的基本思想；

2. 运用贪心算法解决实际问题，加深对贪心算法的理解和运用。

2.2 实验课时

4 学时（课内 2 学时+课外 2 学时）

2.3 实验原理

贪心算法的思想：

（1）贪心算法（Greedy Approach）能得到问题的最优解，要证明我们所做的第一步选择一定包含着一个最优解，即存在一个最优解的第一步是从我们的贪心选择开始。

（2）在做出第一步贪心选择后，剩下的子问题应该是和原问题类似的规模较小的子问题，为此我们可以用数学归纳法来证明贪心选择能得到问题的最优解。

2.4 实验题目

1. 范例：单源最短路径

在无向图 $G=(V,E)$ 中，假设每条边 $E[i]$ 的长度为 $w[i]$，找到由顶点 V_0 到其余各点的最短路径。

按路径长度递增次序产生最短路径算法。

首先把 V 分成两组：

（1）S：已求出最短路径的顶点的集合；

（2）$V-S=T$：尚未确定最短路径的顶点集合。

然后将 T 中顶点按最短路径递增的次序加入到 S 中，需保证：

（1）从源点 V_0 到 S 中各顶点的最短路径长度都不大于从 V_0 到 T 中任何顶点的最短路径长度；

（2）每个顶点对应一个距离值。S 中顶点：从 V_0 到此顶点的最短路径长度；T 中顶点：从 V_0 到此顶点的只包括 S 中顶点作中间顶点的最短路径长度。

依据：可以证明 V_0 到 T 中顶点 V_k 的最短路径，或是从 V_0 到 V_k 的直接路径的权值；或是从 V_0 经 S 中顶点到 V_k 的路径权值之和。（反证法可证）

单源最短路径代码：

```
void Dijkstra(AdjMGraph  G, int v0, int *dist, int *path)
{
    int n=G.Vertices.size;
    inti,j,k ,pre ,min ;
    int *s=(int *)malloc(sizeof(int)*n);
    for (i=0;i<n;i++)                //初始化
    {
        s[i]=0;
        dist[i]=G->edge[v0][i];
        if(i!=v0&&dist[i]<MaxWeight)
            path[i]=v0;
        else
            path[i]=-1;
    }
    s[v0]=1;                     //标记 v0 已从集合 T 中加入到 S
    for (i=1; i<n; i++)
    {
        min=MaxWeight;
        for(j=0;j<n; j++)            //找最小 dist[j]
        if (s[j]==0&&dist[j]< min )
        {
            min = dist[j];
            k=j;
        }
        if(min == MaxWeight)
            return;
        S[k]=1;                     //标记 k 已从集合 T 中加入到 S
```

```
        for (j = 0; j<n; j++)              //修改 dist[j]
            if (s[j]==0&&dist[j]>dist[k]+ G->edge[k][j])
            {
                dist[j]=dist[k]+G->edge[k][j];
                path[j]=k;
            }
        }
}
```

2. 上机题目：最小延迟调度问题

给定等待服务的客户集合 $A=\{1,2,\cdots,n\}$，预计对客户 i 的服务时长为 $t_i>0$，$T=(t_1,t_2,\cdots,t_n)$，客户 i 希望的服务完成时刻为 $d_i>0$，$D=(d_1,d_2,\cdots,d_n)$；一个调度 $f:A\to N$，$f(i)$ 为客户 i 的开始时刻。如果对客户 i 的服务在 d_i 之前结束，那么对客户 i 的服务没有延迟，即如果在 d_i 之后结束，那么这个服务就被延迟了，延迟的时间等于该服务的实际完成时刻 $f(i)+t_i$ 减去预期结束时刻 d_i。一个调度 f 的最大延迟是所有客户延迟时长的最大值 $\max_{i\in A}\{f(i)+t_i-d_i\}$。附图 2 所示是不同调度下的最大延迟。使用贪心策略找出一个调度使得最大延迟达到最小。

$A=\{1, 2, 3, 4, 5\}$，$T=<5, 8, 4, 10, 3>$，$D=<10, 12, 15, 11, 20>$

调度1：$f_1(1)=0$，$f_1(2)=5$，$f_1(3)=13$，$f_1(4)=17$，$f_1(5)=27$
 各任务延迟：0, 1, 2, 16, 10；最大延迟：16

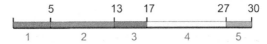

调度2：$f_2(1)=0$，$f_2(2)=15$，$f_2(3)=23$，$f_2(4)=5$，$f_2(5)=27$
 各任务延迟：0, 11, 12, 4, 10；最大延迟：12

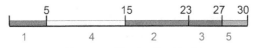

附图 2　两种调度下的最大延迟

2.5　思考题

（1）哈夫曼编码问题的编程如何实现？

（2）使用贪心策略求解背包问题。

（3）分析普里姆算法和克鲁斯卡尔算法中的贪心策略。

（4）思考如何证明贪心策略的正确性。

（5）使用贪心策略求解多机调度问题。

实验三　动态规划算法

3.1　实验目的与要求

1. 理解动态规划算法的基本思想；

2. 运用动态规划算法解决实际问题，加深对贪心算法的理解和运用。

3.2　实验课时

4 学时（课内 2 学时+课外 2 学时）

3.3　实验原理

动态规划（Dynamic Programming）算法思想：把待求解问题分解成若干个子问题，先求解子问题，然后由这些子问题的解得到原问题的解。动态规划求解过的子问题的结果会被保留下来，不像递归那样每个子问题的求解都要从头开始反复求解。动态规划求解问题的关键在于获得各个阶段子问题的递推关系式：

（1）分析原问题的最优解性质，刻画其结构特征；

（2）递归定义最优值；

（3）自底向上（由后向前）的方式计算最优值；

（4）根据计算最优值时得到的信息，构造一个最优解。

3.4　实验题目

1.　范例：多阶段决策问题——最短路径

如附图 3 所示从 $A0$ 点要铺设一条管道到达 $A6$ 点，中间必须经过 5 个中间站，第一站可以在 $A1$、$B1$ 两地中任选一个站点，其他站点类似，连接两地间管道的距离（造价）用如附图 3 所示中连线的数字表示，求 $A0$ 到 $A6$ 间的最短造价路径。

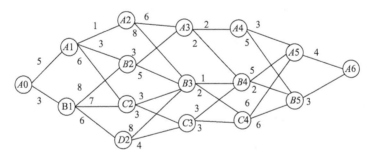

附图 3　一个 7 段图

代码清单：

```
#define m1 8
#define m 7
#define n1 17
#include<stdio.h>
#include<conio.h>
main()
{
    inti,j,k,fw;
    int n[m1];
    int c[m1][m1][m1];
    int s[m1][m1];
    int f[m1][m1];
    int b[n1];
```

```
            //clrscr();
            for (i=0;i<=m;i++)
            {
                n[i]=0;
                for(j=0;j<=m;j++)
                {
                    s[i][j]=0;
                    f[i][j]=0;
                    for(k=0;k<=m;k++)
                        c[i][j][k]=0;
                }
            }
            printf("\n输入每个阶段的结点数目:");
            for(i=1;i<=m;i++)
                scanf("%d",&n[i]);
            printf("\n输入每阶段的结点的编号:");
            for(i=1;i<=m;i++)
                for(j=1;j<=n[i];j++)
                    scanf("%d",&s[i][j]);
            printf("\n输入i阶段结点s[i,j]与i+1阶段中结点s[i+1,k]之间的权值:");
            for(i=1;i<=m-1;i++)
                for(j=1;j<=n[i];j++)
                    for(k=1;k<=n[i+1];k++)
                        scanf("%d",&c[i][j][k]);
            printf("\n反推法计算第一步的最优值:");
            for(j=1;j<=n[m-1];j++)
            {
                f[m-1][j]=c[m-1][j][1];
                b[s[m-1][j]]=s[m][1];
            }
            printf("\n计算第二步递归定义的其他最优值:");
            for(i=m-2;i>=1;i--)
                for(j=1;j<=n[i];j++)
                {
                    f[i][j]=c[i][j][1]+f[i+1][1];
                    b[s[i][j]]=s[i+1][1];
                    if(n[i+1]!=1)
                        for(k=2;k<=n[i+1];k++)
                        {
                            fw=c[i][j][k]+f[i+1][k];
                            if(f[i][j]>fw)
                            {
                                f[i][j]=fw;
                                b[s[i][j]]=s[i+1][k];
                            }
                        }
                }

            i=1;
            printf("\n%4d",i);
            while(b[i]!=n1-1)
            {
                printf("%4d",b[i]);
                i=b[i];
            }
```

```
    printf("%4d\n",b[i]);
    printf("\nthemininum cost is %d:",f[1][1]);
    getch();
}
/*5 3 1 3 6 100 100 8 7 6 6 8 100 3 5 100 100 3 3 100 8 4 2 2 100 100 1 2 100 3 3 3 5
5 2 6 6 4 3*/
```

2. 上机题目：最大子段和问题

给定 n 个整数（可以为负数）组成的序列$(a_1,a_2,\cdots,a_n)$，使用动态规划思想求该序列的子段和的最大值。注：当所有整数均为负整数时，其最大子段和为 0。

例如，对于六元组$(-2, 11, -4, 13, -5, -2)$，其最大字段和为：$a_2 + a_3 + a_4 = 20$。

除了动态规划，该问题可以使用顺序求和+比较（蛮力法）和分治法求解，思考其求解过程。

3.5 思考题

（1）深刻理解动态规划与递归求解问题的区别是什么？

（2）动态规划思想解题的步骤是什么？

（3）动态规划思想和贪心算法在求解问题时的区别是什么？

（4）使用动态规划算法求解最长公共子序列（LCS）问题。

（5）使用动态规划算法求解最长最大字段和问题。

实验四　回溯算法

4.1 实验目的与要求

1. 通过回溯算法的示例程序理解回溯算法的基本思想；
2. 运用回溯算法解决实际问题，进一步加深对回溯算法的理解和运用。

4.2 实验课时

4 学时（课内 2 学时+课外 2 学时）。

4.3 实验原理

回溯算法（Backtrack）的基本做法是搜索，或是一种组织得井井有条的、能避免不必要搜索的穷举式搜索法。这种方法适用于解一些组合数相当大的问题。

回溯算法在问题的解空间树中，按深度优先策略，从根结点出发搜索解空间树。算法搜索至解空间树的任意一点时，先判断该结点是否包含问题的解：如果肯定不包含，则跳过对该结点为根的子树的搜索，逐层向其祖先结点回溯；否则，进入该子树，继续按深度优先策略搜索。

回溯算法的基本步骤：

（1）针对所给问题，定义问题的解空间；

（2）确定易于搜索的解空间结构；

（3）以深度优先方式搜索解空间，并在搜索过程中用剪枝函数避免无效搜索。

常用剪枝函数：

（1）用约束函数在扩展结点处剪去不满足约束的子树；

（2）用限界函数剪去得不到最优解的子树。

4.4 实验题目

1. 范例：0-1 背包问题

有 n 件物品和一个容量为 c 的背包。第 i 件物品的容量是 $w[i]$，价值是 $p[i]$。求解将哪些物品装入背包可使价值总和最大。

代码清单：

```
#include<conio.h>
#define c 30
#define n 3
int bound(inti,intcw,intcp,int w[],int p[])
{
    int cleft=c-cw;
    int b=cp;
    while(i<=n && w[i]<=cleft)
    {
        cleft-=w[i];
        b+=p[i];
        i++;
    }
    if(i<=n)
        b+=p[i]/w[i]*cleft;
    return b;
}

void back(inti,intcw,intcp,int *bestp,int w[],int p[],int x[])
{
    if(i>n)
    {
        *bestp=cp;
        return;
    }
    if(cw+w[i]<=c)
    {
        cw+=w[i];
        cp+=p[i];
        x[i]=1;
        back(i+1,cw,cp,bestp,w,p,x);
        cw-=w[i];
        cp-=p[i];
    }
    if(bound(i+1,cw,cp,w,p)>*bestp)
    {
        x[i]=0;
        back(i+1,cw,cp,bestp,w,p,x);
    }
}
```

```
main()
{
    intcw=0,cp=0,bestp=0,x[5];
    int w[]={0,16,15,15},p[]={0,45,25,25};
    inti;
    clrscr();
    back(1,cw,cp,&bestp,w,p,x);
    printf(" %d\n",bestp);
    for(i=1;i<=n;i++)
        printf("%2d",x[i]);
    getch();
}
```

2. 上机题目：排兵布阵问题

某游戏中,不同的兵种处于不同的地形上时,其攻击能力也一样,现有 n 个不同兵种的角色(1, 2, ..., n),需安排在某战区 n 个点上，角色 i 在 j 点上的攻击力为 A_{ij}，使用回溯法设计一个布阵方案，使总的攻击力最大。注：个人决定 A 矩阵的初始化工作。该问题求解算法的输入数据形如附图 4 所示。

防卫点

	1	2	3	4	5
1	60	40	80	50	60
2	90	60	80	70	20
3	30	50	40	50	80
4	90	40	30	70	90
5	60	80	90	60	50

角色

附图 4 排兵布阵问题的初始状态

4.5 思考题

（1）什么是启发式搜索问题？

（2）搜索算法的解空间树的如何定义？

（3）0-1 背包问题的动态规划算法如何求解？

（4）n 皇后问题使用回溯法如何求解？

（5）使用回溯法求解装载问题。

实验五　分支限界算法

5.1　实验目的与要求

1. 通过分支限界算法的示例程序进一步理解分支限界算法的基本思想；

2. 运用分支限界算法解决实际问题，进一步加深对分支限界算法的理解和运用。

5.2 实验课时

4 学时（课内 2 学时+课外 2 学时）。

5.3 实验原理

分枝限界（Branch-and-Bound）算法是另一种系统地搜索解空间的方法，它与回溯算法的主要区别在于对 E-结点的扩充方式。每个活结点有且仅有一次机会变成 E-结点。当一个结点变为 E-结点时，则生成从该结点移动一步即可到达的所有新结点。在生成的结点中，抛弃那些不可能导出（最优）可行解的结点，其余结点加入活结点表，然后从表中选择一个结点作为下一个 E-结点。从活结点表中取出所选择的结点并进行扩充，直到找到解或活动表为空，扩充过程才结束。

有两种常用的方法可用来选择下一个 E-结点（虽然也可能存在其他的方法）：

（1）先进先出（FIFO）即从活结点表中取出结点的顺序与加入结点的顺序相同，因此活结点表的性质与队列相同。

（2）（优先队列）最小耗费（LC）或最大收益法在这种模式中，每个结点都有一个对应的耗费或收益。如果查找一个具有最小耗费的解，则活结点表可用最小堆来建立，下一个 E-结点就是具有最小耗费的活结点；如果希望搜索一个具有最大收益的解，则可用最大堆来构造活结点表，下一个 E-结点是具有最大收益的活结点。

5.4 实验题目

1. 范例：旅行商售货员（TSP）问题

某售货员要到若干城市去推销商品，已知各城市之间的路程（或旅费）。他要选定一条从驻地出发，经过每个城市一次，最后回到驻地的路线，使总的路程（或总旅费）最小。

实验提示：旅行商问题的解空间树是一个排列树。有两种实现的方法。第一种是只使用一个优先队列，队列中的每个元素中都包含到达根的路径。另一种是保留一个部分解空间树和一个优先队列，优先队列中的元素并不包含到达根的路径。以下为第一种方法。

由于我们要寻找的是最小耗费的旅行路径，因此可以使用最小耗费分支限界算法。在实现过程中，使用一个最小优先队列来记录活结点，队列中每个结点的类型为 MinHeapNode。每个结点包括如下区域：x（从 1 到 n 的整数排列，其中 x[0] = 1），s（一个整数，使得从排列树的根结点到当前结点的路径定义了旅行路径的前缀 x[0:s]，而剩余待访问的结点是 x[s + 1 : n − 1]），cc（旅行路径前缀，即解空间树中从根结点到当前节点的耗费），lcost（该节点子树中任意叶节点中的最小耗费），rcost（从顶点 x[s : n − 1]出发的所有边的最小耗费之和）。当类型为 MinHeapNode(T)的数据被转换成为类型 T 时，其结果即为 lcost 的值。分支限界算法的代码见程序。

程序首先生成一个容量为 100 的最小堆栈，用来表示活结点的最小优先队列。活结点按 lcost 值从最小堆中取出。接下来，计算有向图中从每个顶点出发的边中耗费最小的边所具有的耗费 MinOut。如果某些顶点没有出边，则有向图中没有旅行路径，搜索终止。如果所有的顶点都有出边，则可以启动最小耗费分支限界搜索。根的孩子 B 作为第一个 E-结点，在此结点上，所生成的旅行路径前缀只有一个顶点 1，因此 s=0，x[0]=1，x[1:n−1]是剩余的顶点（即顶点 2,3,…,n）。旅行路径前缀 1 的开销为 0，即 cc = 0，并且，rcost=n && i=1 时 MinOut。

在程序中，bestc 给出了当前能找到的最少的耗费值。初始时，由于没有找到任何旅行路径，因此 bestc 的值被设为 NoEdge。

旅行商问题的最小耗费分枝定界算法如下。

```
templateT AdjacencyWDigraph::BBTSP(int v[])
{    // 旅行商问题的最小耗费分枝定界算法
    // 定义一个最多可容纳 1000 个活节点的最小堆栈
    MinHeap>H(1000);
    T *MinOut = new T [n+1];
                                    // 计算 MinOut= 离开顶点 i 的最小耗费边的耗费
    T MinSum = 0;                   // 离开顶点 i 的最小耗费边的数目
    for (inti = 1; i<= n; i++)
    {
        T Min = NoEdge;
        for (int j = 1; j <= n; j++)
            if (a[j] != NoEdge&& (a[j] < Min || Min == NoEdge))
                Min = a[j];
        if (Min == NoEdge)
            return NoEdge;          // 此路不通
        MinOut = Min;
        MinSum += Min;
    }
                                    // 把 E-结点初始化为树根
    MinHeapNode E;
    E.x = new int [n];
    for (i=0; i<n; i++)
        E.x=i+1;
    E.s=0;                          // 局部旅行路径为 x [ 1 : 0 ]
    E.cc=0;                         // 其耗费为 0
    E.rcost=MinSum;
    T bestc=NoEdge;                 // 目前没有找到旅行路径
    // 搜索排列树
    while (E.s<n-1)
    {                               // 不是叶子
        if(E.s==n-2)
        {                           // 叶子节点的父结点
                                    // 通过添加两条边来完成旅行
                                    // 检查新的旅行路径是不是更好
            if (a[E.x[n-2]][E.x[n-1]]!= NoEdge&& a[E.x[n-1]][1]!=NoEdge&& (E.cc +
                a[E.x[n-2]][E.x[n-1]]+a[E.x[n-1]][1]<bestc||bestc==NoEdge))
            {                       // 找到更优的旅行路径
                bestc=E.cc + a[E.x[n-2]][E.x[n-1]]+a[E.x[n-1]][1];
                E.cc=bestc;
                E.lcost=bestc;
                E.s++;
                H.Insert( E ) ;
            }
            else
                delete [] E.x;
        }
        else
```

```
        {                                          // 产生孩子
    for (int i=E.s+1; i<n; i++)
        if (a[E.x[E.s]][E.x]!=NoEdge)
            {                                      // 可行的孩子, 限定了路径的耗费
            T cc=E.cc+a[E.x[E.s]][E.x];
            T rcost=E.rcost-MinOut[E.x[E.s]];
            T b=cc+rcost;                          // 下限
            if (b<bestc||bestc==NoEdge)
            {// 子树可能有更好的叶子
                // 把根保存到最大堆栈中
                MinHeapNode N;
                N.x=new int [n];
                for (int j=0; j<n; j++)
                    N.x[j]=E.x[j];
                N.x[E.s+1]=E.x;
                N.x=E.x[E.s+1];
                N.cc=cc;
                N.s=E.s+1;
                N.lcost=b;
                N.rcost=rcost;
                H.Insert( N ) ;
            }
        }                                          // 结束可行的孩子
        delete [] E.x;
    }                                              // 对本结点的处理结束
    try
    {
        H.DeleteMin(E);
    }                                              // 取下一个 E-结点
    catch(OutOfBounds)
    {
        break;
    }                                              // 没有未处理的结点
}
if (bestc==NoEdge)
    return NoEdge;                                // 没有旅行路径将最优路径复制到 v[1:n] 中
for (i=0; i<n; i++)
    v[i+1]=E.x;
while (true)
{                                                // 释放最小堆中的所有结点
    delete [] E.x;
    try
    {
        H.DeleteMin(E);
    }
        catch (OutOfBounds)
    {
        break;
    }
}
returnbestc;
}
```

2．上机题目：运动员最佳配对问题

羽毛球队有男女运动员各 n 人。给定两个 $n \times n$ 矩阵 P 和 Q；$P[i][j]$ 表示男运动员 i 和女运动员 j 配对组成混合双打的男运动员竞赛优势，$Q[i][j]$ 表示女运动员 i 和男运动员 j 配对组成混合双打的女运动员竞赛优势（注意：由于多种原因，$P[i][j]$ 未必等于 $Q[j][i]$），男运动员 i 和女运动员 j 配对组成混合双打的男女运动员双方总体竞赛优势为 $P[i][j]* Q[j][i]$。用分支限界法设计一个算法，计算男女运动员的最佳配对，即各组男女运动员双方总体竞赛优势的总和达到最大。

5.5　思考题

（1）批处理作业调度问题的分支限界算法如何求解？

（2）0-1 背包问题的分支限界算法如何求解？

参 考 文 献

1. 张德富. 算法设计与分析. 北京：国防工业出版社，2009.

2. 余祥宣，崔国华，邹海明. 计算机算法基础. 武汉：华中科技大学出版社，2006.

3. 陈慧南. 算法设计与分析——C++语言描述. 第2版. 北京：电子工业出版社，2012.

4. 张军，钟竞辉等. 算法设计与分析. 北京：清华大学出版社，2011.

5. 石志国，刘翼伟，姚亦飞. 算法分析与设计. 北京：北京交通大学出版社，2010.

6. 邹恒明. 算法之道. 第2版. 北京：机械工业出版社，2013.

7. 王红梅. 算法设计与分析. 北京：清华大学出版社，2006.